长江大保护工程
施工质量控制与实践

城镇排水管网工程

徐翔　罗龙海　吕汶汛　罗勇　主编

中国三峡出版传媒

中国三峡出版社

图书在版编目（CIP）数据

城镇排水管网工程 / 徐翔等主编. —北京：中国三峡出版社，2021.12
（长江大保护工程施工质量控制与实践）
ISBN 978-7-5206-0214-3

Ⅰ.①城… Ⅱ.①徐… Ⅲ.①市政工程—排水管道—管网 Ⅳ.①TU992.2

中国版本图书馆 CIP 数据核字（2021）第 249434 号

责任编辑：彭新岸

中国三峡出版社出版发行
（北京市通州区新华北街156号　101100）
电话：（010）57082645 57082640
http://media.ctg.com.cn

北京中科印刷有限公司印刷　新华书店经销
2021 年 12 月第 1 版　2021 年 12 月第 1 次印刷
开本：787×1092　1/16　印张：16
字数：389千字
ISBN 978-7-5206-0214-3　定价：90.00元

本书编委会

前 言
Preface

　　2018 年 4 月 26 日，习近平总书记在武汉主持召开深入推动长江经济带发展座谈会并发表重要讲话，在此次座谈会上习近平总书记指出"三峡集团要发挥好应有作用，积极参与长江经济带生态修复和环境保护建设"，为三峡集团指明了新时代发展方向，为三峡集团从事长江大保护工作提供了根本遵循。2018 年 7 月，推动长江经济带发展领导小组办公室印发《关于支持三峡集团在共抓长江大保护中发挥骨干主力作用的指导意见》，明确三峡集团在共抓长江大保护中发挥骨干主力作用。

　　2018 年 12 月 13 日，长江生态环保集团有限公司（简称长江环保集团）在湖北武汉注册成立，作为三峡集团开展长江大保护工作的实施主体。长江环保集团是在深入学习贯彻习近平新时代中国特色社会主义思想、深入践行习近平生态文明思想的历史背景下诞生的，主要以"长江水质根本好转"为目标愿景，以长江经济带生态优先、绿色发展为己任，致力于长江经济建设中生态环保相关的规划、设计、投资、建设、运营、技术研发、产品和服务等。

　　长江大保护项目遍布长江沿线 11 个省市，已实现由芜湖、九江、岳阳、宜昌四个试点城市向全江全面铺开的转换，通过探索实践，凝练总结并遵循 163 字科学治水方案，指引长江大保护工作高质量、可持续健康发展。

　　中国建筑第二工程局有限公司是集投资、建造、运营一体化发展的国有大型总承包工程服务商，是世界 500 强企业中国建筑股份有限公司的全资子公司，拥有市政公用、建筑工程施工总承包特级资质。作为长江大保护的联盟单位成员，与长江环保集团及其他相关单位一同担负起保护长江的重任。

　　长江大保护项目涉及市政管网、污水处理厂、河湖治理、水利工程、生态环境修复等众多专业和业态，专业化要求程度高，且项目地所在区域多数为城市建成区，周边环境复杂，点多面广，隐蔽工程多，施工质量管控难度大，因此有必要形成一套具有长江大保护项目特色的质量管控标准。为了系统梳理总结长江大保护项目工程质量管控经验和工艺技术，为长江大保护工程施工提供指导和参考，我们组织编写了《长江大保护工程施工质量控制与实践》丛书。本套丛书以"厂、网、河、湖、岸"一体为主线，系统梳理总结污水处理厂、管网工程、河湖生态治理等工程施工质量管控要点与措施，从主要工序、关键环节入手，提炼质量控制标准和要点，梳理质量通病及防治措施，并选取长江大保护项目典型案例进行解读分析。

本套丛书共三册，分别为《长江大保护工程施工质量控制与实践　城镇排水管网工程》《长江大保护工程施工质量控制与实践　城镇污水处理厂工程》《长江大保护工程施工质量控制与实践　河、湖、岸生态治理工程》。本书为丛书第一册——《长江大保护工程施工质量控制与实践　城镇排水管网工程》。城镇排水管网工程是市政工程的重要组成部分，长江大保护项目中涉及的排水管网工程主要是城镇雨污水管道，通过及时收集城市中的生活污水、工业废水和初期雨水，并将其输送到污水处理厂进行适当处理后再排放。城镇排水管网施工质量优劣直接影响着城市排水与污水收集系统功能的发挥，对城市正常运行起着较为重要的作用。为了提高城镇排水管网工程质量，就必须在施工过程中加强质量控制，选用科学合理的管网施工技术和方法，确保排水管网工程质量达到合格标准，从而促进城镇污水全收集、收集全处理、处理全达标以及综合利用，保障城市水环境质量。本书从长江大保护城镇排水管工程涉及的土石方与地基处理、开槽施工、管道附属构筑物、管道功能性试验、调蓄池与提升泵站、地下综合管廊、城市海绵设施、不开槽施工、非开挖修复、路面恢复等方面的施工质量着手，着重分析了施工质量控制要点与质量通病防治措施。

本套丛书秉承了三峡质量文化，可作为市政环保行业工程建设管理培训基础教材，指导相关管理人员尤其是初涉者对市政环保行业工程质量控制进行系统深入的了解，提升长江大保护项目工程质量管控水平。

在本套丛书的编写过程中，得到了长江环保集团公司领导、相关部门和单位，中建二局及其西南公司各级领导、部门以及大保护项目相关参建单位的大力支持和帮助，谨此表示诚挚的感谢。

由于编者学识的限制，书中难免有一些缺点和不足，敬请不吝赐教。

编　者
2021 年 10 月

目　录
C o n t e n t s

第 5 章　调蓄池与提升泵站　　　　　　　　　　66

第 6 章　地下综合管廊　　　　　　　　　　　　74

第 7 章　城市海绵设施   88

第8章 管网敷设不开槽施工 123

第 10 章　路面恢复 　　　　　　　　　　　　　188

第 11 章　案例分析　225

附录　参考指南、规范　237

绪论 长江大保护管网工程质量管控要点

0.1 源头质量管控要点

0.1.1 为规范管材设计选型，明确大保护产品质量导向，管材选型应符合《长江大保护排水用管材选型指南》（Q/CTG 321）的规定。

0.1.2 工程所用的管材、管道附件和构（配）件等产品进入施工现场时必须履行进场验收手续并妥善保管。进场验收时应检查每批产品的订购合同、出厂合格证、性能检验报告、使用说明书、进口商品的商检报告及证件等材料，并按国家现行有关标准规定进行复验和第三方试验检测，检验合格后方可使用。

0.1.3 管材检测范围及指标要求

（1）管材检测要覆盖主要管材类型，包括钢筋混凝土管、聚乙烯缠绕结构壁管、PVC-U 管、PE 实壁管、球墨铸铁管等供排水管材，以及井筒、井座、橡胶圈等。

（2）管材的检测指标包括规格尺寸（如管径、壁厚）、强度指标（如环刚度、环柔性、冲击性能）、材料指标（如灰分、密度）、耐久性能（如氧化诱导时间）等，各类管材的重点检测指标应符合表 0-1 的要求。

表 0-1 各类管材重点检测指标及依据

序号	类别	材料类型	重点检测指标	检测依据
1	管材	聚乙烯缠绕结构壁管（B 型）	外观、尺寸（最小内层壁厚、平均内径）、烘箱试验、灰分、氧化诱导时间、冲击性能、环柔性、环刚度	GB/T 19472.2—2017
2		聚乙烯双壁波纹管	外观、尺寸、环刚度、环柔度、冲击性能、烘箱试验、氧化诱导时间	GB/T 19472.1—2019
3		钢筋混凝土管材	外观、尺寸、外压荷载、保护层厚度	GB/T 11836—2009
4		无压埋地排水管 PVC-U	外观、尺寸（壁厚、平均外径）、密度、环刚度、纵向回缩率	GB/T 20221—2006
5		建筑排水用 PVC-U 管	外观、尺寸（平均外径、壁厚）、密度、纵向回缩率、拉伸屈服应力、断裂伸长率	GB/T 5836.1—2018

1

序号	类别	材料类型	重点检测指标	检测依据
6	管材	PE 实壁管	壁厚、氧化诱导时间、灰分、纵向回缩率、断裂伸长率	GB/T 13663.2—2018
7		球墨铸铁管	外观、尺寸（内径、壁厚）、拉伸性能、水泥砂浆内衬厚度；供水管还须检测卫生指标（重金属、pH 值）	GB/T 26081—2010 GB/T 13295—2019
8	井筒	聚乙烯缠绕结构壁 A 型管	外观、尺寸（最小平均内径、空腔部位下最小内层壁厚）、纵向回缩率、环刚度、冲击性能、环柔性、灰分、氧化诱导时间	GB/T 19472.2—2017
9	井座	井座	外观、壁厚、荷载、抗冲击	CJ/T 233—2016
10	橡胶圈	橡胶圈	拉伸强度、拉断伸长率、硬度变化	GB/T 21873—2008
11	PVC 管连接件	PVC-U 管连接件	外观、尺寸（承口平均内径、最小承口深度、主体壁厚、承口壁厚）、密度、烘箱试验、坠落试验	GB/T 5836.2—2018

注：上述检测依据标准为现行标准，若后续有更新版本，应适用最新标准。

0.1.4 非开挖修复材料修复后检测指标应符合设计和相关标准的规定，主要检测修复内衬材料的壁厚和力学性能。部分常见修复工艺的检测指标和测试方法按表 0-2 执行。

表 0-2　检测指标和测试方法

修复工艺	检测指标	技术要求和测试方法	备注
翻转式原位固化法	平均壁厚（e_m）、弯曲强度、弯曲模量、拉伸强度、材料样本透水性	满足设计和相关规范的要求	为检验内衬修复材料的耐久性，可抽取一定量样品进行材料耐腐蚀性能检测
紫外光原位固化法			
点状原位固化法			
热塑成型法	平均壁厚（e_m）、弯曲强度、弯曲模量、拉伸强度、断裂伸长率、材料样本透水性		
水泥基材料喷筑法	抗压强度、抗折强度、厚度		
高分子材料喷涂法	弯曲强度、弯曲模量、抗拉强度、涂层厚度		

0.2　过程质量管控要点

0.2.1 施工测量应实行施工单位复核制、监理单位复测制，并填写相关记录。检查井井位和管底标高应满足设计和相关规范要求，除虹吸管外，无压管道严禁倒坡。

0.2.2 开槽施工时，施工单位应加强测量工作，严格控制管道轴线和标高，监理单位对测量成果及时开展检查和复核。施工单位要按照规范要求对沟槽基础承载力、分层回填压实度、回填材料性能进行试验检测。每层回填土的虚铺厚度应根据所采用的压实机具和设计要求合理选定。井室等附属构筑物周围回填压实时应沿井室中心对称，且不得漏夯。

0.2.3 不开槽施工时，管道顶进过程中，应遵循"勤测量、勤纠偏、微纠偏"原则，加强顶管轴线定位导向和坡度控制，保证顶管前进方向。严格量测监控，实施信息化施工，确保顶进工作面的土体稳定和土（泥水）压力平衡，并控制顶进速度、挖土和出土量，减少土体扰动和底层变形。

0.2.4 管道开槽施工时，应落实溯源管理的理念，留存隐蔽工程验收各阶段影像资料，尤其是"沟槽开挖、管道基础、管道铺设、管道接头、沟槽回填"五个关键工序，未提供隐蔽工程影像资料或提供的隐蔽工程影像资料不合格的不得验收。

0.3 验收质量管控要点

0.3.1 施工单位在管道安装完成后，沟槽回填之前，应对所有新建排水管道以及检查井进行严密性试验，严密性试验合格后方可进行下道工序施工，严密性试验资料应作为验收附加资料。

0.3.2 施工单位在管道施工完成后，应对所有新建排水管道进行 CCTV（管道闭路电视）/QV（管道潜望镜）检测，并应遵循下列规定：

（1）当管径大于或等于 200mm 时，采用 CCTV 检测；当管径小于 200mm 时，采用 QV 进行检测。

（2）管道检测时，管道内不允许有积水、杂物、垃圾等，保证"爬行器"在管道内正常行走、无障碍物阻挡。

（3）对各种缺陷、特殊结构和检测状况应做详细判读和量测，并填写现场记录表。

（4）检测工作结束后施工单位应向建设单位提交管道检测与评估报告、检测视频等资料。

（5）对于施工完成后管道内存在的缺陷，施工单位必须全部整改。

0.3.3 建设单位应对待验收管道进行 CCTV/QV 抽检，管道检测宜在施工完成 6 个月以后或经过一个雨季之后进行，施工单位应对管道缺陷及时进行整改修复，管道修复质量应满足设计要求，管道 CCTV 抽检和整改修复资料应作为验收附加资料。

0.3.4 城镇排水管网工程质量验收应符合《长江大保护排水管道工程质量验收标准》的相关规定。

第1章 管网敷设土石方与地基处理

1.1 施工降排水及地基处理

1.1.1 施工降排水

参见《长江大保护工程施工质量控制与实践 城镇污水处理厂工程》2.1节内容。

1.1.2 地基处理

参见《长江大保护工程施工质量控制与实践 城镇污水处理厂工程》2.3节内容。

1.2 沟槽开挖与支护

1.2.1 沟槽开挖

1.2.1.1 国家、行业相关标准、规范

（1）《建筑地基基础工程施工质量验收标准》（GB 50202—2018）

（2）《给水排水管道工程施工及验收规范》（GB 50268—2008）

（3）《埋地塑料排水管道工程技术规程》（CJJ 143—2010）

（4）《埋地塑料给水管道工程技术规程》（CJJ 101—2016）

1.2.1.2 质量控制标准

根据《建筑地基基础工程施工质量验收标准》（GB 50202—2018）要求，沟槽开挖的允许偏差见表1-1。沟槽开挖施工作业见图1-1。

图1-1 沟槽开挖

表 1-1 沟槽开挖的允许偏差

项目	序号	项目	允许值或允许偏差		检查方法
			单位	数值	
主控项目	1	标高	mm	人工 ±30	水准测量
				机械 ±50	
	2	长度、宽度	mm	人工 +300 −100	全站仪或用钢尺量
				机械 +500 −150	
	3	坡率	设计值		目测法或用坡度尺检查
一般项目	1	表面平整度	mm	人工 ±20	用 2m 靠尺
				机械 ±50	
	2	基底土性	设计值		目测法或土样分析

根据《给水排水管道工程施工及验收规范》(GB 50268—2008)要求，沟槽开挖的允许偏差符合表 1-2 的规定。

表 1-2 沟槽开挖的允许偏差

序号	检查项目	允许偏差		检查数量		检查方法
				范围	点数	
1	槽底高程(mm)	土方	±20	两井间	3	用水准仪测量
		石方	+20, −200			
2	槽底中线每侧宽度	不小于规定		两井间	6	挂中线用钢尺量测，每侧记 3 点
3	沟槽边坡	不陡于规定		两井间	6	用坡度尺量测，每侧记 3 点

1.2.1.3 质量控制要点

(1)管道开槽施工时，应落实溯源管理的理念，留存隐蔽工程验收各阶段影像资料，尤其是"沟槽开挖、管道基础、管道铺设、管道接头、沟槽回填"五个关键工序，未提供隐蔽工程影像资料或提供的隐蔽工程影像资料不合格的不得验收。沟槽验收见图 1-2。

(2)路面破除。

①管网施工需穿越道路时，先报道路和交通管理部门审批方案。施工应在交警部门

图 1-2 沟槽验收

的指导下做好交通组织工作，需要车辆绕行的，应当在绕行处设置交通导向标志；不能绕行的，应当修建临时通道，保证车辆和行人通行。

②根据设计的开槽位置定位放线后，围挡距离开槽后支护结构外边缘至少 0.5m，围挡应使用轻质易固定的装配式结构。然后采用轨道式切割机沿定位线切割开槽边界，开槽深度宜大于路面面层厚度，并采取洒水降尘措施，采用机械液压破碎机破除道路后应及时协调装车外运。

③道路设置有钢筋网片或传力杆等的，尽可能保留后期修复所需的搭接或焊接长度，并刷水泥浆进行防腐。

（3）开挖时严禁扰动槽底土体，不得超挖，不得欠挖。如发生超挖时，超挖深度不超过 150mm 时，可用挖槽原土回填夯实，其压实度不应低于原地基土的密实度；槽底地基土壤含水量较大，不适于压实时，应采取换填等有效措施。

（4）沟槽底不得受水浸泡。

（5）沟槽底部的开挖宽度应符合设计要求；设计无要求时需考虑支撑的厚度（一般取150～200mm）、现浇混凝土模板体系的厚度及工作面的宽度，按《给水排水管道工程施工及验收规范》（GB 50268—2008）取值，槽底设置排水沟时应适当增加工作面的宽度。

（6）沟槽的支撑要牢固，排水要畅通。

（7）沟槽底高程差应控制在 ±20mm 内，槽底要平整，沟槽边坡要平整，且不小于规范要求。

（8）沟槽验收需确保原状地基土不得扰动、受水浸泡或受冻，可采用环刀法、贯入法、静力触探、轻型动力触探或标准贯入试验等方法，其检测标准应符合设计要求，地基承载力应满足设计要求。采用静力触探试验适用于软土、一般黏性土、粉土、砂土和含少量碎石的土，对经过地基处理的地基进行静力触探试验，检测深度应超过地基处理深度；采用标准贯入试验适用于砂土、粉土和一般黏性土，贯入器打入土中 15cm 后，开始记录每打入 10cm 的锤击数，累计打入 30cm 的锤击数为标准贯入试验锤击；采用动力触探试验可用于评定灌（注）浆［含桩端灌（注）浆］地基、砂卵石换填地基、振冲地基等处理地基及以卵石层为桩端持力层的人工挖孔桩桩端土的密实程度和均匀性，对轻型动力触探，当贯入 15cm 锤击数大于 50 时，可停止。进行地基处理时，压实度、厚度满足设计要求。

（9）人工开挖沟槽深度超过 3m 时应分层开挖，每层深度不超过 2m。

（10）槽底预留 20～30cm 人工开挖至设计高程、整平。槽底预留人工清底见图 1-3。

（11）临时堆土的坡脚至坑边距离一般为：干燥密实土不小于 3m，松软土不小于 5m，对于深基坑，基坑开挖的土方应及时外运，若需在场地内进行部分堆土时，应经设计单位同意，并应采取相应的安全技术措施，合理确定堆土范围和高度，以免对基坑和周边环境产生不利影响。对于深基坑周边 1.5m 范围内不宜堆载，3m 以内限制堆载，坑边严禁重型车辆通行。距开挖的沟槽

图 1-3 人工清底

边 1m 内禁止堆土、堆料、停置机具，距沟槽边 1～3m 间堆土高度不得超过 1.5m，3～5m 间堆土高度不得超过 2.5m。沟槽成型见图 1-4。

（12）开挖深度超过 5m（含 5m）的基坑（槽）或开挖深度虽未超过 5m，但地质条件、周围环境和地下管线复杂，或影响毗邻建筑物的，必须按规定编制安全专项施工方案并组织专家论证后实施。地质条件良好、土质均匀、地下水位低于沟槽底面高程，且开挖深度在 5m 以内、沟槽不设支撑时，沟槽边坡最陡坡度应符合表 1-3 的要求。

图 1-4 沟槽成型

表 1-3 深度在 5m 以内的沟槽边坡的最陡坡度

土的类别	边坡坡度（高:宽）		
	坡顶无荷载	坡顶有静载	坡顶有动载
中密的砂土	1:1.00	1:1.25	1:1.50
中密的碎石类土（充填物为砂土）	1:0.75	1:1.00	1:1.25
硬塑的粉土	1:0.67	1:0.75	1:1.00
中密的碎石类土（充填物为黏性土）	1:0.50	1:0.67	1:0.75
硬塑的粉质黏土、黏土	1:0.33	1:0.50	1:0.67
老黄土	1:0.10	1:0.25	1:0.33
软土（经井点降水后）	1:1.25		

1.2.1.4 质量通病及防治措施

沟槽施工质量通病索引见表 1-4。

表 1-4 质量通病索引表

序号	质量通病	主要原因分析	主要防治措施
1	槽底积水	未采取排降水措施	设置土埂；开挖排水沟
2	槽底超挖	测量错误；操作不当，局部多挖	测量复核；预留 20cm 人工开挖
3	边坡滑塌	坡率过陡；土质松软	根据土壤类别，确定适当的坡度；自上而下，从下游开始分段开挖
4	沟槽断面不符合要求	未按设计要求施工	技术交底；按设计要求施工

1. 槽底积水

沟槽施工期间槽底积水见图 1-5。

原因分析：

①天然降水或其他客水流进沟槽。

②对地下水或浅层滞水，未采取排降水措施或排降水措施不力。

防治措施：

①雨季施工，要在沟槽四周叠筑闭合的土埂，必要时要在埂外开挖排水沟，防止客水流入槽内。

②下水道接通河道或接入旧雨水管渠的沟段，开槽应在枯水期先行施工，以防下游水倒灌入沟槽。

图 1-5　沟槽积水

③在地下水位以下或者浅层滞水地段挖槽，应使排水沟、集水井或各种井点降排水设备经常保持完好状态，保证正常运行。

④沟槽见底后应随即进行下一道工序，否则槽底以上可暂留 20cm 不予挖出，作为保护层。

2. 槽底超挖

原因分析：

①测量放线的错误，造成超挖。

②采用机械挖槽时，司驾人员或指挥、操作人员控制不严格，局部多挖。

防治措施：

①加强技术管理，认真落实测量复核制度，挖槽时，要设专人把关检验。

②使用机械挖槽时，在设计槽底高程以上预留 20cm 土层，待人工清挖。

3. 边坡滑塌

施工边坡滑塌见图 1-6。

原因分析：

①为了节省土方，边坡坡率过陡（不符合规范规定）或没有根据槽深和土质特性建成相应坡率的边坡，致使槽帮失去稳定而造成塌方。

②在有地下水作用的土层或有地面水冲刷槽帮时，没有预先采取有效的排、降水措施，土层浸湿，土的抗剪强度指标降低，在重力作用下，失去稳定而塌方。

图 1-6　边坡滑塌

③槽边堆积物过高，负重过大，或受外力震动影响，使坡体内剪切力增大，土体失去稳定而塌方。

④土质松软，挖槽方法不当而造成塌方。

防治措施：

①根据土壤类别、土的力学性质确定适当的槽帮坡度。实施支撑的直槽槽帮坡度一般采用 1：0.05。

②较深的沟槽，宜分层开挖。人工开挖多层槽的中槽和下槽，机械开挖直槽时，均需

按规定进行支撑以加固槽帮。

③掌握天然排水系统和现况排水管道情况，做好地面排水和导流措施。当沟槽开挖范围内有地下水时应采取排降水措施。将水位降至槽底以下不小于0.5m，并保持到回填土完毕。

④挖槽土方应妥善安排堆存位置。一般情况堆放沟槽两侧。堆土下坡脚与槽边的距离应根据槽深、土质、槽边坡来确定。其最小距离为1.0m。若计划在槽边运送材料，有机动车通行时，其最小距离为3.0m，当土质松软时不得小于5.0m。

⑤沟槽挖方，在竖直方向，应自上而下分层，从平面上说应从下游开始分段依次进行，随时做成一定坡势，以利排水。沟槽见底后应及时施工下一道工序，以防扰动地基。

4. 沟槽断面不符合要求

现场沟槽断面开挖不符合要求见图1-7。

原因分析：

施工测量放线前，未充分了解开挖地段的土质、地下构筑物、地下水位及施工环境等情况。

防治措施：

①施工技术人员要认真学习设计图纸和施工规范，充分了解施工环境。在研究确定挖槽断面时，既要考虑少挖土、少占地，更要考虑方便施工，确保生产安全和工程质量，做到开槽断面合理。

图1-7 沟槽断面开挖不符合要求

②开槽断面系由槽底宽、挖深、槽层、各层边坡坡率以及层间留台宽度等因素确定。槽底宽度，应为管道结构宽度加两侧工作宽度。

③操作人员要按照技术交底中合理的开槽断面和施工操作规程施工。

1.2.2 沟槽支护

1.2.2.1 国家、行业相关标准、规范

（1）《建筑地基基础工程施工质量验收标准》（GB 50202—2018）

（2）《建筑工程施工质量验收统一标准》（GB 50300—2013）

（3）《岩土锚杆与喷射混凝土支护工程技术规范》（GB 50086—2015）

（4）《建筑基坑支护技术规程》（JGJ 120—2012）

（5）《建筑边坡工程技术规范》（GB 50330—2013）

（6）《基坑工程内支撑技术规程》（DB 11/940—2012）

（7）《钢结构焊接规范》（GB 50661—2011）

（8）《建筑桩基检测技术规范》（JGJ 106—2014）

（9）《锚杆喷射混凝土支护技术规范》（GB 50086—2015）

1.2.2.2 钢板桩

1. 质量控制标准

（1）钢板桩进场时应附有产品质量检验合格证明，还应委托有资质的第三方检测机构

进行抽样复检。钢板桩规格型号、材料牌号、产品长度等主要性能参数应满足设计要求。

（2）钢板桩进场应进行外观检验，检验内容包括尺寸、外形及重量。

（3）钢板桩进场应进行表面质量检查，表面不允许有裂纹、折叠、夹杂和端面分层等缺陷。划伤深度不超过3mm。

（4）钢板桩在使用过程中会发生变形、损伤。再次使用前应进行矫正与修补。

（5）钢板桩支护结构使用的锚索结构和支撑结构检验方法应符合中华人民共和国行业标准《建筑基坑支护技术规程》（JGJ 120—2012）中的相关规定。

（6）钢板桩支护检验批划分。根据《给水排水管道工程施工及验收规范》（GB 50268—2008）附录A《给排水管道工程分项、分部、单位工程划分表》中支护结构对应的管道主体结构分部分项工程验收批，检验批可选择按下列方式划分：按流水施工长度、排水管道按井段、给水管道按一定长度连续施工段或自然划分段、其他便于过程质量控制的方法等。

（7）钢板桩支护结构质量验收标准见表1-5。

表1-5　钢板桩支护结构质量验收标准

项	序	检查项目	允许值或允许偏差		检查方法
			单位	数值	
主控项目	1	桩长	不小于设计值		用钢尺量
	2	桩身弯曲度	mm	≤2%L	用钢尺量
	3	桩顶标高	mm	±100	水准测量
一般项目	1	齿槽平直度及光滑度	无电焊或毛刺		用1m长的桩段做通过试验
	2	沉桩垂直度	≤1/100		经纬仪测量
	3	轴线位置	mm	±100	经纬仪或用钢尺量
	4	齿槽咬合程度	紧密		目测法

2. 质量控制要点

（1）装卸钢板桩应根据钢板桩的类型和长度并经过验算，采用2点起吊或3点起吊。吊运时，应注意保护锁口免受损伤。成捆起吊应采用钢索捆扎，单根吊运应采用专用的吊具。搬运时应防止桩体撞击而造成桩端、桩体损坏或弯曲。

（2）钢板桩应按规格、材质分层堆放，每层堆放数量不宜超过5根，各层间要垫枕木，垫木间距宜为3～4m，且上、下层垫木应在同一垂直线上，堆放的总高度不宜超过2m，组合钢板桩堆放高度不宜超过3层。钢板桩堆场见图1-8。

（3）为保证钢板桩在施工过程中能顺利插拔，并增加钢板桩在使用时的防渗性能，须在每片钢板桩锁口均匀涂以混合油。

（4）钢板桩桩体不应弯曲，锁口不应有缺损和变形。后续桩与先打桩间的钢板桩锁口使用前应通过套锁检查。

图1-8　钢板桩堆场

（5）钢板桩接头施工应符合设计图纸要求。桩身接头在同一截面内不应超过 50%，接头焊缝质量应符合相关规范要求。

（6）钢板桩沉桩应架设导向架。土层松软、桩长较短时，可采用单边式导向架，其他情况下采用夹紧式导向架。

（7）应根据钢板桩品种和型号、成桩深度、地层情况、施工场地条件、周边环境要求和当地工程经验等，综合考虑选用振动沉桩法、锤击沉桩法和静压沉桩法。

（8）钢板桩安装。

①第一根桩为后续桩的基准桩，应采用经纬仪等进行准确定位。

②安装过程中，不应对钢板桩斜拉硬拽，以免安装作业过程中导向架节点发生扭转和损坏。

③采用卡板来防止钢板桩安装作业过程中的移动和转动。

④应确认钢板桩已打入土中设计深度而不倾倒。

（9）应确保打设的第一根钢板桩的打入位置和垂直度的精度。沉桩顺序应视现场条件而定。钢板桩支护示例见图 1-9。

（10）为保证钢板桩的垂直度，可采用两台经纬仪分别在垂直于板桩墙轴线方向和沿板桩墙轴线方向进行垂直度监测，宜每打入 1m 测量一次。当偏斜过大不能用拉齐方法调正时，应拔起重打。

图 1-9 钢板桩支护示例

（11）钢板桩应以桩底设计标高作为主要控制标准。钢板桩支护作业见图 1-10。

（12）钢腰梁与钢板桩间隙的宽度宜小于 100mm，应在钢腰梁安装定位后，用强度等级不低于 C30 的细石混凝土填充密实。

（13）锤击沉桩时，在硬黏土中打桩时，宜采用重锤低击，减小对桩头的损害，降低噪音扩散。在密实的砂性土中打桩时，宜采用小锤快打方式。桩锤与桩帽、桩帽与桩之间应加设硬木、麻袋、草垫等弹性衬垫。桩锤、桩帽应和钢板桩截面中心在同一中心线上，桩插入时的垂直度偏差不得超过 0.5%。

图 1-10 钢板桩支护

（14）当遇到贯入度剧变，桩身突然倾斜、位移或有严重回弹、桩顶或桩身损坏等情况时，应暂停打桩，并分析原因，采取相应措施。

（15）严格控制每次锤击沉桩的入土深度，不宜大于 300～500mm。对于有止水要求的钢板桩，若超过该值，应对其锁口进行封闭性检查或采取其他止水措施。采用静压沉桩方法打设长桩时，宜每间隔 50m 采用楔形桩对钢板桩成桩方向的倾斜进行矫正。

（16）钢板桩拆除。在回填达到规定要求高度后，方可拔除钢板桩；拔桩应由下游开始拔除，并及时回填桩孔；采用砂灌回填时，非湿陷性黄土地区可冲水助沉；有地面沉降控制要求时，宜采取边拔桩边注浆等措施。

3. 质量通病及防治措施

钢板桩支护质量通病索引见表1-6。

表1-6 质量通病索引表

序号	质量通病	主要原因分析	主要防治措施
1	接缝或转角处渗漏和涌沙	钢板桩不合格；钢板桩咬合处不严实	验收合格后方可使用；基底承压水降至基底50cm以下
2	钢板桩垂直度控制差	未测量复核；未采取纠偏措施	采用两台经纬仪控制垂直度；及时检查、控制、纠偏
3	钢板桩未打至设计标高	摩擦阻力过大；遇地下不明障碍物	锁口涂抹黄油；旋挖钻引孔
4	钢板桩支护变形	锁扣连接不紧密；围檩与钢板桩连接不到位	卡板锁住桩的前锁口；钢板桩与围檩焊接牢固
5	钢板桩支护坍塌	未设置支撑；周边荷载过大	及时设置围檩及横向支撑；基坑周围不得违规堆载

（1）接缝或转角处渗漏和涌沙。

原因分析：

①使用不合格的钢板桩或未经校正修理、检修的钢板桩。

②操作不当，造成钢板桩咬合处不严实，导致钢板桩涌水涌砂。

③转角处钢板桩未咬合或咬合不严实，造成转角处钢板桩涌水涌砂。

④基底承压水水位未降到抗基底涌水要求，钢板桩未进入相对不透水层或钢板桩深度不满足抗涌水要求。

防治措施：

①钢板桩进场前应检验合格后方可使用，重复使用的钢板桩在打设前需进行矫正。

②严格按照施工方案进行板桩打设。

③基坑开挖前，须将基底承压水降至基底50cm以下，避免基底水压力过大，造成涌水、涌砂。

（2）钢板桩垂直度控制差。

钢板桩施打后垂直度偏差大见图1-11。

原因分析：

①钢板桩打设前未对板桩垂直度进行复核。

②打设过程中垂直度出现偏差时未采取有效措施纠正到位。

③软土地区，设计的嵌固深度不够，导

图1-11 钢板桩垂直度偏差大

致打桩后地面下沉，坑底土隆起。

④开挖作业时，挖运设备增加侧壁荷载，导致桩顶侧移。

⑤钢板桩在施工过程中，由于作业人员操作不当，导致钢板桩倾斜。

防治措施：

①钢板桩使用前，对钢板桩进行检验，检验合格方可投入使用；重复使用的钢板桩应对其外观质量进行检验，包括长度、厚度、宽度、高度、垂直度和锁口形状等是否符合设计要求，有无表面缺陷。

②钢板桩打设过程中采用两台经纬仪在两个方向对垂直度进行控制，每打入1m做一次垂直度测量，及时校正。

③施工过程中及时检查、控制、纠正板桩前进方向的倾斜度，如果发生倾斜，用钢丝绳拉住桩身，边拉边打，逐步纠正。当偏斜过大不能用拉齐方法调正时，应拔起重打。

④设置钢板桩围檩（导向梁）控制钢板桩垂直度，严格控制首根钢板桩的垂直度，后续钢板桩打设时与首桩锁扣连接打入。

⑤严格按设计嵌固深度打设到位。

⑥挖运设备不得在基坑边作业，如必须施工，则应将该荷载计入设计，以增加桩的嵌固深度。

⑦若基底水压较大，基底做压密注浆，其厚度按土质而定。

⑧钢板桩支护转角处易发生流砂现象，需进行压密注浆。如地下水位较高时需采取降水措施。

（3）钢板桩未打至设计标高。

原因分析：

①钢板桩打桩设备选型不满足设计要求。

②相邻钢板桩之间摩擦阻力过大。

③钢板桩打设时遇坚硬土层或强风化岩层，无法打入。

④钢板桩打桩时遇地下不明障碍物。

防治措施：

①钢板桩打设前，应根据土层地质情况选择合适的打桩设备。

②钢板桩插打之前，在钢板桩锁口上涂黄油等油脂，减小钢板桩受到的摩擦阻力。

③在钢板桩插打时遇到孤石、坚硬土层或强风化岩层时，可采取锤击法或振动法打入，以提高打入能力。

④采用旋挖钻钻孔，作为钢板桩插打的引孔措施，确保钢板桩底部达到设计高程。

（4）钢板桩支护变形。

钢板桩支护变形见图1-12。

原因分析：

①局部钢板桩插打出现偏移。

②钢板桩之间锁扣连接不紧密。

③钢板桩围檩与钢板桩连接不到位，未形成整体。

图1-12 钢板桩支护变形

防治措施：

①钢板桩打设前设置围檩作为导向架，打桩过程中防止桩身扭转或变形。

②打桩行进方向用卡板锁住桩的前锁口，防止钢板桩安装作业过程中的移动和转动。

③在钢板桩与围檩之间的空隙内，设置定榫滑轮支架，防止板桩下沉中转动。

④钢板桩与围檩焊接牢固，形成整体，减少变形。

（5）钢板桩支护坍塌。

钢板桩支护坍塌见图1-13。

原因分析：

①钢板桩打设完成，基坑开挖过程中未及时设置横向支撑。

②未按照规范要求进行变形监测。

③未及时根据变形监测数据采取相应的处置措施。

④钢板桩转角处或与其他支护形式交接部位处理不到位。

图1-13 钢板桩支护坍塌

⑤钢板桩支护周边荷载过大。

⑥临时堆土与基坑的距离和基坑影响的范围应由设计计算确认后方可堆放，否则基坑周边禁止堆土。临时堆土的坡脚至坑边距离一般为：干燥密实土不小于3m，松软土不小于5m。

防治措施：

①及时设置围檩及横向支撑，确保钢板桩支护稳定。

②严格按照方案要求设置水平位移、沉降等监测点，并按照规定的频率进行监测，监测数据结果及时上报以供决策。

③根据监测数据预警值，判定钢板桩支护稳定情况，及时采取相应处置措施，确保基坑安全。

④控制好钢板桩转角处及与其他支护形式交接部位钢板桩插打质量，必要时采用异形板桩插打、骑缝搭接插打、轴线调整、板桩连接等方法，用以加强特殊断面处的支护稳定性。钢板桩支护成型效果见图1-14。

⑤对基坑开挖的土体及时清运，不得堆放在基坑周围，防止钢板桩支护土侧压力过大造成边坡坍塌。

图1-14 钢板桩支护成型效果

1.2.2.3 横向钢管支撑

横向钢管支撑见图1-15。

1. 质量控制标准

钢及钢筋混凝土支撑系统工程质量检验标准应符合表1-7的规定。

图1-15 横向钢管支撑

表 1-7 支撑系统工程质量检验标准

序号	检查项目	允许偏差或允许值		检查方法
		数量	单位	
1	腰梁标高	±30	mm	水准仪
2	立柱位置：标高 平面	±30 ±50	mm	水准仪， 用钢尺量
3	支撑平面位置	100	mm	用钢尺量
4	预加压力	50	kN	油表读数或传感器
5	安装前支撑两端支点中心线偏心	20	mm	用钢尺量
6	安装后支撑两端支点中心线总偏心	50	mm	用钢尺量
7	开挖超深（开槽放支撑不含）	<200	mm	水准仪

钢支撑外观检查标准应符合表 1-8 的规定。

表 1-8 钢支撑外观检查标准

型钢	项目	允许偏差（mm）
	截面几何尺寸	±4
钢支撑	侧弯矢高	15
	扭曲	$h/250$ 且 <10.0
	翼板对腹板的垂直度	$h/100$ 且 <3.0
	端部连接板对腹板的垂直度	3

内支撑安装位置允许偏差应满足表 1-9 的要求。

表 1-9 内支撑安装位置允许偏差

项目	允许偏差（mm）
高程	±50
水平间距	±100
同一横撑中间及两端顶面任意两点的高差	5.0
横撑对定位轴线的整体偏差	50.0
横撑整体直线度	±20.0
横撑预压力施加后轴线偏移	5.0

2. 质量控制要点

（1）钢支撑及围檩进场。

检验构件大小尺寸是否与设计相符，检查构件出厂合格证，钢板、钢管、焊丝、高强度螺栓送检，钢支撑做焊缝探伤实验。

（2）斜撑段及支撑安装。

①围檩底部施作三角托架，尺寸、原材必须符合设计与规范要求。检查螺栓，螺栓打

眼深度 28.5cm，螺栓安装不得外露太多。三角托架安装时必须拉线，确保顶面在同一标高。安装完成后，托架必须牢固，螺栓必须设止回垫片，检验合格后方可架设围檩。

②钢围檩必须平直，不得有凹凸不平、起拱、损坏现象。

③钢支撑斜支座与围檩焊接：同一道钢支撑两个斜支座定位必须准确，保证架设完成后斜撑与围檩两边成等腰三角形，斜支座内部设两块梯形钢肋板，必须与支座成满焊状态，斜支座与围檩焊接面缝隙不宜过大，两侧焊接口采用满焊，焊接完成后及时清除焊渣，斜支座与围檩连接处，大于 90° 角位置，焊接带肋板。活络端斜支座底部焊接钢牛腿，牛腿必须按图纸要求进行加工，与支座采用双面焊满焊。

④钢支撑拼装与安装：钢支撑应提前拼装完成，拼装过程中，两段支撑接口处不得有错位现象，螺栓必须紧实，每道螺栓、螺母后必须设止回垫片。钢支撑吊装架设时，支撑周边除专业施工人员外，不得站人，支撑必须安全平稳地架设到支座牛腿上，活络端、固定端与支座接触面不得偏移。

⑤支撑轴力加设：采用两个千斤顶在活络端两侧同时加压，加压强度必须严格按照设计要求（23MPa）进行施工。加压分两次进行，第一次加设设计轴力的 50%，持荷时间 5～10min，第二次加压到设计轴力的 100%，持荷时间 5～10min，并观察度数表变化，如压力有回弹，需再次施加压力。

⑥支撑轴力加设完成后，对围檩三角托架、防坠拉杆、钢支撑连接处螺栓进行二次紧固，在钢支撑两端焊接吊耳及对应地下连续墙上部 1.5m 位置打眼植入膨胀螺栓，采用花篮螺栓、钢丝绳连接对钢支撑进行防坠保护。

⑦支撑安装时，需先将地下连续墙预埋钢板凿出，并检验两侧预埋钢板位置是否在同一水平面，定位完成后，在两块钢板同一标高位置焊接钢托盘，钢托盘与钢板满焊，钢托盘底部焊接牛腿，以上工序完成后方可架设支撑。

（3）轴力监测。

钢支撑活络端处预埋轴力监测计，每天进行监测，轴力应变较小时，及时安排施工人员对钢支撑轴力进行补加。轴力应变较大时，及时做出预警并分析原因，采取相关措施。

3. 质量通病及防治措施

支撑质量通病索引见表 1-10。

表 1-10　质量通病索引表

序号	质量通病	主要原因分析	主要防治措施
1	支撑连接螺栓松动	连接螺栓拧紧不足；紧固方法不当	控制螺栓预紧力；腐蚀严重的螺栓，及时更换
2	支撑偏心	活络头伸长量过大；支撑接触面不平整	活络头伸长量控制在 20cm 以内；采用填缝、调平等措施
3	支撑预应力损失	开挖变形；支撑轴力施加过小	预应力损失时，复加轴力

（1）支撑连接螺栓松动。

支撑连接螺栓松动见图 1-16。

原因分析：

①连接螺栓拧紧不足。拧紧不足的螺栓如果再出现松动，接头便没有足够的夹紧力将

各个部分固定在一起。这可能导致两个零件之间横向滑动或连接件分离，从而就会在螺栓上施加不必要的剪切应力或较大的轴向应力，最终可能导致螺栓断裂。

②紧固方法不当。主要表现在没有使用正确的工具、紧固程序不当。紧固方法不当，除了能造成螺栓荷载不均外，还能使螺栓预紧力不足或过大。

图 1-16　支撑连接螺栓松动

③来自机械、发电机、风力涡轮机、汽车等设备的动态或交变载荷可导致较大的机械冲击，这样冲击力施加在螺栓或接头上，导致螺栓发生相对滑动。

④螺栓的长期使用。螺栓在经过长时间的工作后，会因为材料性能的变化而变得脆弱，螺栓的拉紧力会逐步减少。

防治措施：

①正确安装使用螺栓，控制螺栓预紧力。加强对螺纹的保护、清洗、润滑、抗咬合，对接触面修整应保证同一法兰螺栓的两个摩擦系数相近，避免螺栓锈蚀、腐蚀等。重点是控制好螺栓的紧固力矩。

②加强螺栓的检查。对腐蚀严重的螺栓，应择机更换。

③对于经常失效的螺栓，如不存在安装不当，可从改变螺栓型式、改变螺栓材料及其使用环境等方面进行改进。

（2）支撑偏心。

支撑轴线偏位见图 1-17。

原因分析：

①支撑活络头质量不合格。

②活络头伸长量过大。

③支撑接触面不平整。

防治措施：

①加强材料进场检查验收，杜绝不合格支撑活络头投入使用。

图 1-17　支撑轴线偏位

②通过合理拼装支撑，控制活络头伸长量在 20cm 以内，防止活络头伸长量过大而引起支撑歪脖子现象出现。

③采用填缝、调平等措施确保支撑接触面平整，防止支撑头偏心受力。

（3）支撑预应力损失。

原因分析：

①支撑轴力施加过小或持荷时间过短。

②基坑开挖变形后造成预应力损失。

防治措施：

①支撑轴力施加阶段，当油泵车油压达到设计要求后需持荷稳压 3min 再揿入钢楔，钢楔揿入完成后再卸压退顶。横向支撑预应力施加见图 1-18。

②当出现支撑预应力损失时，应根据监测结果及人工检查结果，及时复加轴力。

1.2.2.4　钢管桩支护

（1）钢管桩的运输与堆放应符合下列规定：堆放场地应平整、坚实、排水通畅；桩的两端应有适当保护措施，钢管桩应设保护圈；搬运时应防止桩体撞击而造成桩端、桩体损坏或弯曲。

钢管桩应按规格、材质分别堆放，堆放层数：$\phi 900mm$ 的钢管桩，不宜大于 3 层；$\phi 600mm$ 的钢管桩，不宜大于 4 层；$\phi 400mm$ 的钢管桩，不宜大于 5 层。

图 1-18　横向支撑预应力施加

（2）必须清除桩端部的浮锈、油污等脏物，保持干燥；下节桩顶经锤击后变形的部分应割除；上下节桩焊接时应校正垂直度，对口的间隙宜为 2～3mm；焊接应对称进行；应采用多层焊，钢管桩各层焊缝的接头应错开，焊渣应清除；当气温低于 0℃或雨雪天及无可靠措施确保焊接质量时，不得焊接；每个接头焊接完毕，应冷却 1min 后方可锤击。

（3）根据基础的设计标高，宜先深后浅；根据桩的规格，宜先大后小，先长后短；对敞口钢管桩，当锤击沉桩有困难时，可在管内取土助沉。

1.2.2.5　高压旋喷桩支护

详见《长江大保护工程施工质量控制与实践　城镇污水处理厂工程》中第 2 章高压旋喷桩支护相关内容。

1.2.2.6　喷锚网支护

详见《长江大保护工程施工质量控制与实践　城镇污水处理厂工程》中第 2 章喷锚网支护相关内容。

1.3　沟槽回填

1.3.1　刚性管道沟槽回填

1.3.1.1　国家、行业相关标准、规范

（1）《给水排水管道工程施工及验收规范》（GB 50268—2008）

（2）《建筑地基基础工程施工质量验收规范》（GB 50202—2018）

1.3.1.2　质量控制标准

沟槽回填（砂、土等）、管道连接作业先进行工艺性试验段的实施并应编制专项施工方案，现场试验段长度应为一个井段或不少于 50m，因工程因素变化改变回填方式时，应重新进行现场试验。管道回填时沟槽内应无积水，不得带水回填，不得回填淤泥、有机物和冻土，且回填土中不得含有石块、砖及其他杂硬物体。根据《给水排水管道工程施工及验收规范》（GB 50268—2008），刚性管道沟槽回填土的压实度应符合表 1-11 的标准。

表 1-11 刚性管道回填土压实度标准

序号	项 目		最低压实度（%）		检查数量		检查方法
			重型击实标准	轻型击实标准	范围	点数	
1	石灰土类垫层		93	95	100m		用环刀法检查或采用现行国家标准《土工试验方法标准》（GB/T 50123—2019）其他方法
2	沟槽在路基范围外	胸腔部分 管侧	87	90	两井之间或1000m²	每层每侧一组（每组3点）	
		胸腔部分 管顶以上500mm	87±2（轻型）				
		其余部分	≥90（轻型）或按设计要求				
3	沟槽在路基范围内	胸腔部分 管侧	87	90	两井之间或1000m²	每层每侧一组（每组3点）	
		胸腔部分 管顶以上250mm	87±2（轻型）				
		其余部分	根据不同道路分别确定				

1.3.1.3 质量控制要点

（1）在管道安装完成后，沟槽回填之前，应对所有新建排水管道以及检查井进行严密性试验，严密性试验合格后方可进行下道工序施工，严密性试验资料应作为验收附加资料。

（2）无压管道在闭水或闭气试验合格后应及时回填。

（3）沟槽内砖、石、木块等杂物清除干净，沟槽内不得有积水，不得带水回填。沟槽回填见图 1-19。

（4）回填压实应逐层进行，且不得损伤管道。

（5）管道两侧及管顶以上 500mm 内胸腔夯实，应采用轻型压实机具，管道两侧压实面的高差不应超过 300mm。管顶压实见图 1-20。

（6）管道基础为土弧基础时，应填实管道支撑角范围内腋角部位。压实时，管道两侧应对称进行，且不得使管道移位或损伤。

（7）同一沟槽中有双排或多排管道，基础底面位于同一高程时，管道之间的回填压实应与管道与槽壁之间的回填压实对称进行。基础底面高程不同时，应先回填基础较低的沟槽，回填至较高基础底面时，再对称回填压实。

（8）分段回填压实时，相邻段的接茬应呈台阶形，且不得漏夯。

图 1-19 沟槽回填

图 1-20 管顶压实

（9）采用轻型压实设备时，应夯夯相连。采用压路机时，碾压的重叠宽度不得小于200mm。沟槽回填碾压见图1-21。

（10）采用压路机、振动压路机等压实机械压实时，其行驶速度不得超过2km/h。

（11）接口工作坑回填时，底部凹坑应先回填压实至管底，然后与沟槽同步回填。

（12）井室、雨水口及其他附属构筑物周围回填应符合下列规定：

图1-21　沟槽回填碾压

井室周围的回填，应与管道沟槽回填同时进行；不便同时进行时，应留台阶形接茬；井室周围回填压实时应沿井室中心对称进行，且不得漏夯；回填材料压实后应与井壁紧贴；路面范围内的井室周围，应采用石灰土、砂、砂砾等材料回填，其回填宽度不宜小于400mm；严禁在槽壁取土回填。

1.3.1.4　质量通病及防治措施

沟槽回填质量通病索引见表1-12。

表1-12　质量通病索引表

序号	质量通病	主要原因分析	主要防治措施
1	沟槽沉陷开裂	松土回填，未夯压；碾压不到位	分层铺土并夯实；小型机具补夯
2	管道起伏、变形	不对称回填；管座混凝土未达到强度；沟槽地基承载力不足；沟槽底开挖不平整，产生不均匀沉降	管座混凝土强度达到5MPa以上；管道两侧对称回填；对地基进行换填、注浆；沟槽超挖形成台阶，换填后分层摊铺夯实
3	管道破裂	腋角部位回填不压实；压实机械吨位大	腋角部位回填压实；机械碾压时，顶部覆土厚度满足承载力要求

1. 沟槽沉陷开裂

原因分析：

①松土回填，未夯压，或未分层夯实，或回填超厚夯压，压实度达不到要求，经地面水浸入或地面荷载作用，引起沉陷。

②沟槽底部的积水、淤泥、砖块、大石块、有机杂物等没有清除或未清理干净，造成实质上无法夯实，或有机物腐烂后，引起回填土下沉。

③回填土的质量不合格，含有直径较大的干土块或含水量较多黏土块，夯实质量达不到要求。

④检查井周围和沟槽边角部位碾压不到位，局部漏夯。

⑤相邻段的接茬部位未设置成台阶状，形成软弱易滑动面，在荷载作用或地表水下渗作用下引起不均匀沉降。

⑥回填土时，停止降排水工作，造成沟槽积水或含水率过大，无法压实。

防治措施：

①沟槽回填应分层铺土并夯实。回填作业每层土的压实遍数、压实度要求、压实工具、

虚铺厚度和含水量，应经现场试验确定。

②沟槽回填前，需将沟槽中积水、淤泥、杂物、大石块、砖块等清理干净。回填土中不得含有碎砖及大于 10cm 的干硬土块、含水量大的黏土块。

③测定回填土的最佳含水量及最大干密度，回填土分层压实时应在接近最佳水率状态下进行，压实后应测定其压实度，符合要求后方可进行下一层施工。

④检查井周边和边角，大型机械碾压不到位的地方，采用小型压实机具或人工补夯的措施，不得出现局部漏夯。

⑤非同时进行的两段回填土的搭接处，应将每个夯实层留出台阶状，阶梯长度应大于阶梯高度的 2 倍。

⑥沟槽回填过程中，不得停止相关的降排水工作，确保沟槽无积水或滞水。回填土表面保持一定的排水坡度，并应将每层回填土尽快压实，防止地表水或雨水浸泡，保证回填压实度。

⑦每层回填土的虚铺厚度控制：木夯、铁夯时虚铺厚度≤200mm；轻型压实设备虚铺厚度 200～250mm；压路机虚铺厚度 200～300mm；振动压路机虚铺厚度≤400mm。

2. 管道起伏、变形

原因分析：

①管道地基承载力不满足设计要求未采取处理措施直接进行下道工序。沟槽开挖基底不平整，导致基础受力不均。

②回填土时，管道接口的砂浆或管座混凝土未达到一定强度，管道结构遭遇回填土的强力碰撞和侧压力而变形。

③回填土时，只回填管道一侧，或回填两侧的填筑高差太大，使管道单侧受力造成管道向一侧推移，使接口或管座混凝土破坏。

④管道两侧回填土时，虽然回填高度一致，但回填料性质相差太大，造成实质上的两侧压力不均，引起管道变形。

防治措施：

①沟槽采用机械开挖时，基底需留 200mm 厚人工清底；地基验槽前必须先进行地基承载力检测，承载力不满足设计要求时需采用换填、注浆等方式确保承载力满足后方可施工；基槽开挖时需专门的施工管理人员进行监督，防止超挖，如发生超挖，基槽应形成台阶形式，严禁直接进行垫层浇筑。

②沟槽回填土之前，应确保管道接口砂浆强度或管座混凝土强度达到 5MPa 以上，能经受住回填土两侧共同的挤压作用力。

③回填土中不得含有碎砖、石块以及大于 10cm 的土块，管道两侧的填土性质应尽量确保一致。

④沟槽回填土的填筑顺序、高度、分层情况按规范要求执行，不得超出规范规定极值范围。

3. 管道破裂

原因分析：

①管顶以上覆盖土厚较小，机械振动压实时，超过了管道所能承受的安全外压荷载，

引起管道破裂。

②沟槽回填土时，管道腋角部位回填不压实，回填土未完全握裹管道，造成局部管道反力不足，产生开裂。

③回填土中含有碎砖、石块以及大于10cm的土块，在长期荷载作用下，造成局部应力集中或管道两侧受力不均，引起管道破坏。

④使用的压实机械吨位大于设计要求吨位或未经过管道承载力验算，盲目采用大型机械压实造成管道破裂。

⑤管道回填土在管道闭水、闭气等功能性试验之前进行，未及时处理管道相关渗漏部位，造成回填不合格，甚至管道破坏。

防治措施：

①无压管道进行闭水或闭气试验合格后，方可进行沟槽回填。压力管道在水压试验前，需对除接口外沟槽进行回填，回填部位为管道两侧及管顶0.5m以上，水压试验合格后再回填其余部分。

②采用重型压实机械压实或较重车辆在回填土上行驶时，管道顶部以上应有一定厚度的压实回填土，其最小压实厚度应按压实机械的规格和管道的设计承载力，通过计算确定。

③沟槽回填注意管道两腋角部位回填的压实性，加强整改验收工作。

1.3.2 柔性管道沟槽回填

1.3.2.1 国家、行业相关标准、规范

（1）《给水排水管道工程施工及验收规范》（GB 50268—2008）

（2）《建筑地基基础工程施工质量验收规范》（GB 50202—2018）

1.3.2.2 质量控制标准

沟槽回填作业先进行工艺性试验段的实施并应编制专项施工方案，现场试验段长度应为一个井段或不少于50m，因工程因素变化改变回填方式时，应重新进行现场试验。回填时沟槽内应无积水，不得带水回填，不得回填淤泥、有机物和冻土，且回填土中不得含有石块、砖及其他杂硬物体。根据《给水排水管道工程施工及验收规范》（GB 50268—2008），柔性管道沟槽回填土的压实度应符合表1-13的标准。

表1-13 柔性管道回填土压实度

槽内部位		压实度（%）	回填材料	检查数量		检查方法
				范围	点数	
管道基础	管底基础	≥90	中、粗砂	—	—	用环刀法检查或采用现行国家标准《土工试验方法标准》（GB/T 50123—2019）其他方法
	管道有效支撑脚范围	≥95		每100m		
管道两侧		≥95	中、粗砂，碎石屑，最大粒径小于40mm砂砾或符合要求的原土	两井之间或每1000m²	每层每侧一组（每组3点）	
管顶以上500mm	管道两侧	≥90				
	管道上部	85±2				
管顶500~1000mm		≥90	原土回填			

1.3.2.3 质量控制要点

（1）回填前，检查管道有无损伤或变形，有损伤的管道应修复或更换。

（2）管内径大于 800mm 的柔性管道，回填施工时应在管内设竖向支撑。

（3）管基有效支承角范围应采用中、粗砂填充压实，与管壁紧密接触，不得用土或其他材料填充。

（4）管道半径以下回填时，应采用防止管道上浮、移位的措施。

（5）管道回填时间宜在一昼夜中气温最低时段，从管道两侧同时回填，同时夯实。

（6）沟槽回填从管底基础部位开始到管顶以上 500mm 范围内，必须采用人工回填。管顶 500mm 以上部位，可以用机械从管道轴线两侧同时夯实，每层回填高度应不大于 200mm。

（7）管道位于行车道下，铺设后即修筑路面，或管道位于软土地层以及低洼、沼泽、地下水位高地段时，沟槽回填宜先用中、粗砂将管底腋角部位填充压实后，再用中、粗砂分层回填到管顶以上 500mm。沟槽回填施工见图 1-22。

图 1-22 沟槽回填

（8）每层进行压实度检测，合格后填筑下一层。

（9）回填作业应现场做试验段，长度应为一个井段或不少于 50m，因工程因素变化改变回填方式时，应重新进行现场试验。沟槽回填验收见图 1-23。

图 1-23 沟槽回填验收

1.3.2.4 质量通病及防治措施

管道变形质量通病索引见表1-14。

表1-14 质量通病索引表

序号	质量通病	主要原因分析	主要防治措施
1	沟槽沉陷开裂	与刚性管道沟槽回填相同	与刚性管道沟槽回填相同
2	管道变形	未采用上浮、位移的措施；未设竖向支撑	采用压实沙袋固定；直径大于800mm时，设置内部支撑
3	管道渗漏	管道破损；接口破坏	做回填试验段，控制相关工艺参数

1. 沟槽沉陷开裂

原因分析： 与刚性管道沟槽回填相同。

防治措施： 与刚性管道沟槽回填相同。

2. 管道变形

原因分析：

①管道半径以下回填时，未采用防止管道上浮、移位的措施。

②沟槽回填时，大于800mm的柔性管道，内部未设竖向支撑。

③管道有效支承角范围填料不符合规范要求。

④沟槽回填堆土方式不当，集中堆土或直接回填在管道上，造成管道移位。

⑤管底基础至管顶以上500mm夯实采用大型机械碾压，造成管道变形移位。

防治措施：

①管道两侧分层回填时，将管道腋角单独作为一个回填层单元，严格按照规范要求采用中、粗砂材料，人工利用小型机具夯压压实，验收合格后再进行上层材料回填。

②柔性管道两侧及管顶以上500mm均不得用机械回填，必须采用人工回填。对回填土碾压夯实时，须在管顶1000mm以上时，方可用重型压实机械碾压回填。

③沟槽回填土不得带水回填。管道两侧及管顶以上500mm范围内的回填材料，应由沟槽两侧对称运入槽内，不得直接倾倒在管道上。回填其他部位时，应均匀运入槽内，不得集中推入。

④沟槽回填之前，采用压实沙袋对管道进行固定，压实沙袋的间距控制在10m左右，防止管道移位和上浮。管道沙袋固定见图1-24。

⑤当管道直径大于800mm时，设置内部支撑，支撑形式采用型钢或钢管搭设米字形支架，防止沟槽回填时挤压变形。

图1-24 管道沙袋固定

3. 管道渗漏

原因分析：

①由于上述管道变形原因，管道变形过大时，造成管道破损或接口破坏，引起管道渗漏。

②管道回填后，受明水冲刷，大量土体被冲走，再次承受上部荷载发生渗漏。

③现场未做沟槽回填试验段，回填碾压不规范，沟槽回填未碾压压实，后期受外部荷载作用发生渗漏。或者碾压机具吨位过大，造成管道施工阶段渗漏。

防治措施：

①根据管道变形防治措施执行，防止因变形过大而造成渗漏。

②柔性管道沟槽回填应加强现场质量管控，提前做回填试验段，控制相关工艺参数及施工组织形式。碾压机具吨位确定，碾压程序及工艺按照试验段进行，遇特殊情况应及时反馈并进行工艺调整。管段接茬台阶设置见图 1-25。

③沟槽回填过程中，降排水措施需持续进行，并采取措施防止地表明水冲刷回填土。

图 1-25 管段接茬台阶设置

第2章 管网敷设开槽施工

2.1 管道基础

2.1.1 混凝土基础

2.1.1.1 国家、行业相关标准、规范

（1）《给水排水管道工程施工及验收规范》（GB 50268—2008）

（2）《建筑地基基础工程施工质量验收规范》（GB 50202—2018）

（3）《给水排水构筑物工程施工及验收规范》（GB 50141—2008）

2.1.1.2 质量控制标准

平基（垫层）管座施工前，沟槽地基承载力必须符合设计要求，混凝土基础的强度必须符合设计要求并不得低于C20混凝土强度。混凝土表面应平整、直顺。混凝土应振捣压实，与管节结合牢固，不得有空洞。根据《给水排水管道工程施工及验收规范》（GB 50268—2008），管道混凝土基础允许偏差见表2-1。

表2-1 混凝土基础允许偏差表

序号	检查项目			允许偏差（mm）	检查数量		检查方法
					范围	点数	
1	垫层	中线每侧宽度		不小于设计	每个验收批	每10m测一点，且不少于3点	挂中心线钢尺检查，每侧一点
		高程	压力管道	±30			水准仪测量
			无压管道	0，-15			
		厚度		不小于设计			钢尺量测
2	平基	中线每侧宽度		+10，0			挂中心线钢尺量测，每侧一点
		高程		0，-15			水准仪测量
		厚度		不小于设计			钢尺量测
	管座	肩宽		+10，-5			钢尺量测，挂高程线钢尺量测，每侧一点
		肩高		±20			

2.1.1.3 质量控制要点

（1）平基与管座的模板，可一次或两次支设，每次支设高度宜略高于混凝土的浇筑高度。

（2）平基、管座的混凝土设计无要求时，宜采用强度等级不低于 C20 的低坍落度混凝土。管座、平基浇筑见图 2-1。

（3）管座与平基分层浇筑时，应先将平基凿毛冲洗干净，并将平基与管体相接触的腋角部位用同强度等级的水泥砂浆填满、捣实后，再浇筑混凝土，使管体与管座混凝土结合严密。

图 2-1 管座、平基浇筑

（4）管座与平基采用垫块法一次浇筑时，必须先从一侧灌注混凝土，对侧的混凝土高过管底并与灌注侧混凝土高度相同时，两侧再同时浇筑，并保持两侧混凝土高度一致。

（5）管道基础应按设计要求留变形缝，变形缝的位置应与柔性接口相一致。

（6）管道平基与井室基础宜同时浇筑。跌落水井上游接近井基础的一段应砌砖加固，并将平基混凝土浇至井基础边缘。

（7）混凝土浇筑中应防止离析。浇筑后应进行养护，强度低于 1.2MPa 时不得承受荷载。

2.1.1.4 质量通病及防治措施

管座基础质量通病索引见表 2-2。

表 2-2 质量通病索引表

序号	质量通病	主要原因分析	主要防治措施
1	平基厚度不足	标高测量错误；浇筑不到位	复核槽底标高和模板弹线高程
2	安管时平基强度不足	未测同条件试块强度；养护不到位	强度达到 5MPa 时方可安管；土工布覆盖并洒水养护
3	平基与管座脱节	未按要求凿毛；未清理夹土	及时凿毛并冲洗干净
4	管座跑模	混凝土侧压力大；灌注落差较大	自由下落高度不应超过 2m；采取串筒、斜槽、溜管等辅助措施
5	管座混凝土蜂窝空洞	配合比或计量错误；振捣不密实	计量应校准并计量准确；分层振捣压实

1. 平基厚度不足

原因分析：

①槽基标高控制不准，出现部分槽底高突，造成平基厚度不达标。

②平基标高测量错误。

③平基混凝土浇筑时未按控制标高浇筑到位。

防治措施：

①在浇筑混凝土平基前，要做好测量复核，复核水准点有无变化，复核槽底标高和模

板弹线高程，复核槽基平整度，剔除局部高突部位，当确认无误后，方可浇筑混凝土。

②对混凝土平基的表面高程，振捣完毕后，要用标高线仔细找平，核对标高。

③槽底高程、平基顶面高程和平基中线每侧宽度都经实测实量检查验收。

2. 安管时平基强度不足

原因分析：

①安管时未测同条件试块强度。

②平基养护不到位。

防治措施：

①现场留置同条件养护试件，根据试块强度确定平基混凝土强度，控制安管时间。平基混凝土强度达到 5MPa 时方可安管。

②平基浇筑后采用土工布覆盖并洒水养护。

3. 平基与管座脱节

原因分析：

①管座施工前，平基未按规范要求凿毛。

②管座施工前，未清理平基之间夹土。现场未清理夹土见图 2-2。

防治措施：

①管座施工前，安排施工人员及时凿毛。

②加强现场监督及验收管理工作，在灌注混凝土管座前，将平基凿毛并冲洗干净。

4. 管座跑模

原因分析：

①模板强度、刚度不足。

②模板支撑不牢固，混凝土侧压力引起模板局部变形或移位。

图 2-2　未清理夹土

③模板虽支撑牢固，但由于混凝土灌注落差较大，将模板推挤移位。

防治措施：

①模板和支撑结构应具有足够的强度、刚度和稳定性。支撑杆件的支撑点不应直接支撑在土层上，应加垫板或钢筋桩，能可靠地承受混凝土灌注和振捣引起的侧向推力。

②向沟槽内灌注混凝土时，其自由下落高度不应超过 2m，超过时应用串筒、斜槽、溜管等辅助措施运送混凝土，混凝土应不得直接倾砸模板。

③如已浇筑的管座出现与管节脱节现象，应该返工处理，保证管座与管道严密结合。

5. 管座混凝土蜂窝空洞

原因分析：

①混凝土配合比或计量错误，造成砂浆少，骨料多。

②混凝土搅拌不均匀，和易性差，难以振捣压实。

③浇筑及下料不当，造成混凝土离析。

④未分层振捣压实，出现漏振现象。

防治措施：

①混凝土浇筑前应上报混凝土配合比并取得审批同意。拌和站计量应校准并计量准确，同步做混凝土试块验证混凝土强度。

②混凝土要搅拌均匀，颜色一致，混凝土搅拌时间应符合最低搅拌时间要求。

③振捣混凝土应分层进行，现场浇筑时需有相关人员旁站监督，确保分层浇筑质量。

④混凝土罐车到场后，需对混凝土质量进行查验，若发现离析、泌水等严重现象时，应将混凝土退回，不得使用。

2.1.2 土、砂及砂砾基础

2.1.2.1 国家、行业相关标准、规范

（1）《给水排水管道工程施工及验收规范》（GB 50268—2008）

（2）《建筑地基基础工程施工质量验收规范》（GB 50202—2018）

（3）《给水排水构筑物工程施工及验收规范》（GB 50141—2008）

2.1.2.2 质量控制标准

砂石基础的压实度应符合设计要求。施工时原状地基、砂石基础与管道外壁间接触均匀，无空隙。根据《给水排水管道工程施工及验收规范》（GB 50268—2008），管道土、砂及砂砾基础允许偏差见表 2-3。

表 2-3　土、砂及砂砾基础允许偏差表

序号	检查项目		允许偏差（mm）	检查数量		检查方法
				范围	点数	
1	土、砂及砂砾基础	高程 压力管道	±30	每个验收批	每 10m 测一点，且不少于 3 点	水准仪测量
		高程 无压管道	0，−15			
		平基厚度	不小于设计			钢尺量测
		土弧基础腋角高度	不小于设计			钢尺量测

2.1.2.3 质量控制要点

（1）砂石基础铺设前应先对槽底进行检查，槽底高程及槽宽须符合设计要求，且不应有积水和软泥。

（2）柔性管道的基础结构设计无要求时，宜铺设厚度不小于 100mm 的中、粗砂垫层。软土地基宜铺垫一层厚度不小于 150mm 的砂砾或 5～40mm 粒径的碎石，其表面再铺厚度不小于 50mm 中、粗砂垫层。

（3）柔性接口的刚性管道的基础结构，设计无要求时一般土质地段可铺设砂垫层，也可铺设 25mm 以下粒径的碎石，表面再铺 20mm 厚的中、粗砂垫层。

（4）管道有效支承角范围必须用中、粗砂填充插捣压实，与管底紧密接触，不得用其他材料填充。沟槽砂垫层验收见图 2-3。

图 2-3　沟槽砂垫层验收

2.1.2.4　质量通病及防治措施

质量通病索引见表 2-4。

表 2-4　质量通病索引表

序号	质量通病	主要原因分析	主要防治措施
1	砂石基础厚度不足，平整度差，压实度不足	不均匀沉降；未碾压密实	复核槽底标高和模板弹线高程
2	管道支承角破损	未填塞压实	中、粗砂回填；分层填筑压实
3	柔性接口破坏	砂垫层厚度和压实度不足	接口处回填砂垫层的材料性质、厚度、压实度应符合设计要求

1. 砂石基础厚度不足，平整度差，压实度不足

原因分析：

①沟槽土基不平，导致砂石基础厚度不一致。

②对超挖、扰动的土基未做处理，受力后产生不均匀沉降。

③砂石基础铺设时未做找平处理。

④砂石基础铺设时未碾压或未碾压密实。

防治措施：

①挖掘沟槽时，不能直接挖到管道基础底高程，应高于基础底高程 30cm 以上，在管道铺设前进行人工挖土，整个施工过程中不能扰动原状土。

②管道沟槽应保证在无水状态下施工，雨后如沟槽被浸泡，排干积水后应对沟槽进行晾槽，槽底扰动土需彻底清理，换填天然级配砂石料并夯实，压实度不应低于 95%。

③施工过程中严格管理，验槽合格后再进行砂石基础施工。

④做好土基、砂石基础高程测量，控制厚度不小于设计值，平整度以不出现管底空隙为宜，压实度按照设计要求控制，并分层填筑。最后做好验收把关工作。

2. 管道支承角破损

原因分析：

①管道支承角范围未填充中、粗砂。

②管道支承角范围填充中、粗砂未填塞压实。

防治措施：

①严格按照规范要求，对支承角范围填充中、粗砂处理，不得采用其他材料。

②对支承角范围中、粗砂塞实情况进行检查，并检查其压实度，钢尺测量其腋角高度，确保其不小于设计值。

③做好技术交底，加强验收管理工作。

3. 柔性接口破坏

原因分析：

①柔性接口部位未铺设砂垫层。

②柔性接口部位砂垫层厚度不足。

③柔性接口部位砂垫层压实度不足。

防治措施：

①管道接头的基础凹槽应在管道铺设时随铺随挖，接头连接完毕后立即用中、粗砂回填压实。

②凹槽的长度、宽度、深度等应根据接头的尺寸及操作空间综合确定。

③柔性接口处回填砂垫层的材料性质、厚度、压实度应符合设计要求，严格把关验收。

2.2 管道安装

2.2.1 国家、行业相关标准、规范

（1）《建筑给水排水设计标准》（GB 50015—2019）

（2）《给水排水管道工程施工及验收规范》（GB 50268—2008）

（3）《建筑地基基础工程施工质量验收规范》（GB 50202—2018）

（4）《给水排水构筑物工程施工及验收规范》（GB 50141—2008）

（5）《工业金属管道工程施工及验收规范》（GB 50235—2010）

（6）《现场设备、工业管道焊接工程施工及验收规范》（GB 50236—2011）

（7）《涂覆涂料前钢材表面处理 表面清洁度的目视评定 第1部分：未涂覆过的钢材表面和全面清除原有涂层后的钢材表面的锈蚀等级和处理等级》（GB/T 8923.1—2011）

（8）《建筑给水金属管道工程技术规程》（CJJ/T 154—2020）

（9）《埋地塑料排水管道工程技术规程》（CJJ 143—2010）

（10）《建筑给水钢塑复合管管道工程技术规程》（T/CECS 125—2020）

（11）《聚乙烯塑钢缠绕排水管管道工程技术规程》（CECS 248：2008）

（12）《混凝土强度检验评定标准》（GB/T 50107—2010）

2.2.2 钢管安装

2.2.2.1 质量控制标准

（1）金属管材产品质量控制：金属管材及管件外表面的局部凹陷、铸造缺陷深度以及毛刺、飞边清除后造成的壁厚减薄不得超过壁厚的允许偏差，超过时应进行修补；管及管件表面不应有重皮；管及管件的表面不应有裂纹；承、插口密封工作面不应有连续的轴向

沟纹；涂覆内外表面应光洁，涂层均匀，粘附牢固，不因气候冷热而发生异常；壁厚按规范标准计算，偏差应符合要求；制造长度偏差 ±30mm；承口尺寸及允许偏差应符合 GB/T 13295—2019 标准要求，承口深度偏差：T 型接口为 ±3mm，K 型接口为 ±5mm；管道端面应和轴线垂直；重量允许偏差为 -5%；带内衬管及管件的内表面上的任何凸起高度不应超出内衬厚度的 1/2。

（2）所用的管材、管道附件、构（配）件和主要原材料等产品进入施工现场时必须进行进场验收并妥善保管，验收时应检查每批产品的订购合同、质量合格证书、性能检验报告、使用说明书、进口产品的商检报告及证件等，并按国家有关标准规定进行复验，验收合格后方可使用，现场配制的混凝土、砂浆、防腐与防水涂料等工程材料应经检测合格后方可使用（本章其他管道安装均需按此规定实施）。

钢管管节组对焊接时，应先修口、清根，管端端面的坡口角度、钝边、间隙应符合设计要求，设计无要求时应满足表 2-5 规定，不得在对口间隙夹焊帮条或用加热法缩小间隙焊接。根据《给水排水管道工程施工及验收规范》（GB 50268—2008），钢管连接电弧焊管端倒角各部尺寸应符合表 2-5 的规定。

表 2-5　钢管连接电弧焊管端倒角各部尺寸

倒角形式		间隙 b（mm）	钝边 p（mm）	坡口角度 α（°）
图示	壁厚 t（mm）			
	4～9	1.5～3.0	1.0～1.5	60～70
	10～26	2.0～4.0	1.0～2.0	60±5

2.2.2.2　质量控制要点

（1）管节的材料、规格、压力等级等应符合设计要求，管节宜工厂预制，管节应无斑疤、裂纹、严重锈蚀等缺陷。

（2）焊缝外观质量需检验合格，符合表 2-6 的规定，焊缝经无损检验合格。

表 2-6　钢管连接焊缝要求

项目	技术要求
外观	不得有熔化金属流到焊缝外未熔化的母材上，焊缝和热影响区表面不得有裂纹、气孔、弧坑和灰渣等缺陷；表面光顺、均匀，焊道与母材应平缓过渡
宽度	应焊出坡口边缘 2～3mm
表面余高	应小于或等于 1+0.2 倍坡口边缘宽度，且不大于 4mm
咬边	深度应小于或等于 0.5mm，焊缝两侧咬边总长不得超过焊缝长度的 10%，且连续长不应大于 100mm
错边	应小于或等于 0.2t，且不应大于 2mm
未焊满	不允许

（3）下管前，宜先检查管节的内外防腐层，合格后方可下管。

（4）弯管起弯点至接口的距离不得小于管径，且不小于100mm。

（5）管道对接时应使内壁齐平，错口的允许偏差应为壁厚的20%，且不得大于2mm。钢管焊接连接见图2-4。

（6）管道采用法兰连接时，法兰应与管道保持同心，两法兰间应平行。

（7）法兰螺栓应使用相同规格，且安装方向应一致。螺栓应对称紧固，紧固好的螺栓应露出螺母之外。钢管法兰连接见图2-5。

（8）与法兰连接口相邻的第一至第二个刚性接口或焊接接口，应待法兰螺栓紧固后方可施工。

（9）法兰连接埋入土中时，应采取防腐措施。

图 2-4 钢管焊接连接

图 2-5 钢管法兰连接

2.2.2.3 质量通病及防治措施

质量通病索引见表2-7。

表 2-7 质量通病索引表

序号	质量通病	主要原因分析	主要防治措施
1	焊缝成型差	焊接电流、速度和施焊角度选择不当	焊接试验，选择合理的焊接电流参数、施焊速度
2	钢管接口不平顺	接口未检查，焊接变形	管节对口时，管壁厚度相差不宜大于3mm；对称施焊
3	钢管法兰连接处渗漏	螺栓未紧固；扭曲变形	螺栓安装方向一致，并紧固牢实；采取防腐措施

1. 焊缝成型差

原因分析：

①焊件坡口角度不当或装配间隙不均匀。

②焊口清理不干净。

③焊接电流过大或过小。

④焊接速度过快或过慢。

⑤施焊角度选择不当。

防治措施：

①对首次采用的钢材、焊接材料、焊接方法或焊接工艺，必须在施焊前按设计要求和有关规定进行焊接试验，并应根据试验结果编制焊接工艺指导书。

②焊工必须按规定经相关部门考试合格后持证上岗，并应根据经过评定的焊接工艺指导书进行施焊。

③焊件的坡口角度和装配间隙必须符合图纸设计或所执行标准的要求。

④焊件坡口打磨清理干净，无锈、无垢、无脂等污物杂质，露出金属光泽。

⑤根据不同的焊接位置、焊接方法、不同的对口间隙等，按照焊接工艺卡和操作技能要求，选择合理的焊接电流参数、施焊速度。

2. 钢管接口不平顺

原因分析：

①管道接口未对接平顺。

②管道焊接前接口未检查。

③管道接口焊接变形。

防治措施：

①弯管起弯点至接口的距离不得小于管径，且不得小于100mm。

②环向焊缝距管节支架净距离不应小于100mm。直管管段两相邻环向焊缝的间距不应小于200mm，并不应小于管节的外径。管道的任何位置不得有十字形焊缝。

③不同壁厚的管节对口时，管壁厚度相差不宜大于3mm。不同管径的管节相连时，两管径相差大于小管径的15%时，可采用渐缩管连接，渐缩管长度不小于两管径差值的2倍，且不应小于200mm。

④管道对口检查应符合本节质量控制标准要求，经检查合格后，方可进行接口定位焊接。

⑤接口定位采用点焊时，应符合：点焊焊条应采用与接口焊接相同的焊条。点焊时，应对称施焊，其焊缝厚度应与第一层焊接厚度一致。钢管的纵向焊缝及螺旋焊缝处不得点焊。

3. 钢管法兰连接处渗漏

原因分析：

①法兰连接螺栓未紧固。

②法兰对接扭曲变形。

③法兰对接施工工艺错误。

防治措施：

①钢管法兰连接之前，应仔细对准钢管及法兰中心，使钢管与法兰保持在同一型心线上。

②法兰连接时不得发生扭曲，螺栓应对称紧固，螺栓安装方向一致，并紧固压实。

③为避免法兰连接不到位，应先进行法兰连接，再进行相邻两道接口焊接工作，并不得强行挤压法兰接口。

④法兰接口埋入土中时，应采取防腐措施。

2.2.3 钢管内外防腐

2.2.3.1 质量控制标准

1. 内防腐

①水泥砂浆内防腐层施工时钢管焊缝突起高度不得大于防腐层设计厚度的1/3；现场施做内防腐的管道，应在管道试验、土方回填验收合格，且管道变形基本稳定后进行；水泥

砂浆抗压强度符合设计要求，且不应低于 30MPa；应分层抹压，内防腐层成形后，立即将管道封堵，终凝后进行潮湿养护，普通硅酸盐水泥砂浆养护时间不应少于 7d，矿渣硅酸盐水泥砂浆不应少于 14d；通水前应继续封堵，保持湿润。

②液体环氧涂料内防腐层施工时钢管除锈等级应不低于 Sa2 级；管道内表面处理后，应在钢管两端 60～100mm 范围内涂刷硅酸锌或其他可焊性防锈涂料，干膜厚度为 20～40μm；环境相对湿度大于 85% 时，应对钢管除湿后方可作业；严禁在雨、雪、雾及风沙等气候条件下露天作业。

2. 外防腐

石油沥青防腐层的外观、厚度、电火花检漏、粘结力等应符合《给水排水管道工程施工及验收规范》（GB 50268—2008）中相关标准规定，见表 2-8。

表 2-8 外防腐层质量标准

材料种类	防腐等级	构造	厚度（mm）	外观	电火花试验		粘结力
石油沥青涂料	普通级	三油二布	≥4.0	外观均匀无褶皱、空泡、凝块	16kV	无打火花现象	首层沥青层 100% 粘附在管道外表面
	加强级	四油三布	≥5.5		18kV		
	特加强级	五油四布	≥7.0		20kV		
环氧煤沥青涂料	普通级	三油	≥0.3		2kV		小刀切舌形切口，撕开切口防腐材料，管道表面仍为漆皮覆盖，金属表面不外露
	加强级	四油一布	≥0.4		2.5kV		
	特加强级	六油二布	≥0.6		3kV		
环氧树脂玻璃钢	加强级		≥3	外观平整光滑、色泽均匀、无脱层、起壳和固化不完全等缺陷	3～3.5kV		

2.2.3.2 质量控制要点

（1）钢管表面除锈质量等级应符合设计规定。通过检查防腐钢管生产厂提供的除锈等级报告，对照典型样板照片检查每个补口处的除锈质量，检查补口处除锈施工方案。

（2）管道外防腐层的外观质量应符合上述标准规定。

（3）管体外防腐材料搭接、补口搭接、补伤搭接应符合要求。

2.2.3.3 质量通病及防治措施

质量通病索引见表 2-9。

表 2-9 质量通病索引表

序号	质量通病	主要原因分析	主要防治措施
1	钢管基面锈蚀	基面未清理；喷涂不规范	清除油垢、灰渣、铁锈；基面应干燥；涂刷应均匀、饱满
2	石油沥青涂料脱落	施工不规范；接口松动	各层搭接接头应相互错开；接茬处应粘结牢固、严密

1. 钢管基面锈蚀

原因分析:

①钢管基面未清理到位。

②底料喷涂不规范。

③沥青涂料不合格。

防治措施:

①喷涂底料前,钢管表面应清除油垢、灰渣、铁锈。人工除氧化皮、铁锈时,其质量控制标准应达到 St3 级,喷砂或化学除锈时,其质量控制标准应达到 Sa2.5 级。

②涂底料时,基面应干燥,基面除锈后与涂底料的间隔时间不得超过 8h。涂刷应均匀、饱满,涂层不得有凝块、起泡现象,底料厚度宜为 0.1～0.2mm,管两端 150～250mm 范围内不得涂刷。钢管防腐施工见图 2-6。

③沥青涂料熬制温度宜在 230℃左右,最高温度不得超过 250℃,熬制时间宜控制在 4～5h,每锅料应抽样检查,其性能应符合《给水排水管道工程施工及验收规范》(GB 50268—2008)标准规定。

图 2-6 钢管防腐施工

2. 石油沥青涂料脱落

原因分析:

①石油沥青涂料施工不规范。

②保护层施工不到位。

③管道接口松动。

防治措施:

①沥青涂料应涂刷在洁净、干燥的底料上,常温下涂沥青涂料时,应在涂底料后 24h 内实施。沥青涂料涂刷温度以 200～230℃为宜。

②涂沥青后应立即缠绕玻璃布,玻璃布的压边宽度应为 20～30mm,接头搭接长度应为 100～150mm,各层搭接接头应相互错开,玻璃布的油浸透率应达到 95% 以上,不得出现大于 50mm×50mm 的空白。管端或施工中断处应留出长 150～250mm 的缓坡型搭茬。

③包扎聚氯乙烯膜保护层作业时,不得有褶皱、脱壳现象。压边宽度应为 20～30mm,搭接长度应为 100～150mm。

④沟槽内管道接口处防腐涂层施工,应在焊接试压合格后进行,接茬处应粘结牢固、严密。

2.2.4 球墨铸铁管安装

2.2.4.1 质量控制标准

(1)管节及管件表面不得有裂纹,不得有妨碍使用的凹凸不平的缺陷。

(2)采用橡胶圈柔性接口的球墨铸铁管,承口的内工作面和插口的外工作面应光滑、轮廓清晰,不得有影响接口密封性的缺陷。

(3)承插接口连接时,插口与承口法兰压盖的纵向轴线一致,连接螺栓终拧扭矩应符合设计或产品使用说明要求。接口连接后,连接部位及连接件应无变形、破损。球墨铸铁管安装见图 2-7。

（4）橡胶圈的安装位置应准确，不得扭曲、外露。沿圆周各点应与承口端面等距，其允许偏差应为 ±3mm。

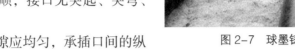

2.2.4.2 质量控制要点

（1）连接后节间平顺，接口无突起、突弯、轴向位移现象。

（2）接口的环向间隙应均匀，承插口间的纵向间隙不应小于 3mm。

图 2-7 球墨铸铁管安装

（3）管道沿曲线安装时，接口的允许转角见表 2-10。

表 2-10 管道沿曲线安装接口的允许转角

管径（mm）	转角（°）
75～600	3
700～800	2
≥900	1

2.2.4.3 球墨铸铁管防腐

外防腐根据外部运行环境下电阻率、pH 值、地下水位、杂散电流、电化学腐蚀污染物腐蚀性特征因素采用聚氨酯、环氧树脂、外表面带终饰层的喷锌涂层和外表面带终饰层的富锌涂料涂层（参照 GB/T 17456.1—2009、GB/T 17456.2—2010 及 GB/T 24596—2021 执行）。

内防腐根据内部运行环境下 pH 值、硫酸盐、腐蚀性、氯化物、镁离子、氨基及腐蚀性特征因素，采用水泥砂浆和聚氨酯防腐。

2.2.4.4 质量通病及防治措施

质量通病索引见表 2-11。

表 2-11 质量通病索引表

序号	质量通病	主要原因分析	主要防治措施
1	管道接口渗漏	清理不到位；插入深度不足	清除油污、飞刺、铸砂；推入深度应达到标记环

管道接口渗漏

原因分析：

①管口未清理或清理不到位。

②管节插入深度不足。

③橡胶圈质量不合格。

防治措施：

①管节及管件下沟槽前，应清除承口内部的油污、飞刺、铸砂及凹凸不平的铸瘤。柔性接口铸铁管及管件承口的内工作面、插口的外工作面应修整光滑。有裂纹的管节及管件

不得使用。

②沿直线安装管道时，宜选用管径公差组合最小的管节组对连接，确保接口的环向间隙均匀。

③采用滑入式或机械式柔性接口时，橡胶圈的质量、性能、细部尺寸等应经检验合格后方可进行管道安装。

④安装滑入式橡胶圈接口时，推入深度应达到标记环，并复查其与相邻已安装好的第一至第二个接口的推入深度。

2.2.5 钢筋混凝土管及预应力混凝土管安装

2.2.5.1 质量控制标准

（1）管节的规格、性能、外观质量及尺寸公差应符合国家有关标准规定。

（2）管节安装前，应进行外观检查，发现裂缝、保护层脱落、空鼓、接口掉落等缺陷，应修补并经鉴定合格后方可使用。

（3）橡胶圈材质应符合相关规定，并由管材厂配套供应。橡胶圈外观应光滑平整，不得有裂缝、破损、气孔、重皮等缺陷，每个橡胶圈的接头不得超过2个。

（4）柔性接口的橡胶圈位置正确，无扭曲、外露现象。承口、插口无破损、开裂。双道橡胶圈的单口水压试验合格。

（5）刚性接口的强度符合设计要求，不得有开裂、空鼓、脱落现象。

2.2.5.2 质量控制要点

（1）钢筋混凝土管沿直线安装时，管口间的纵向间隙应符合设计及产品标准要求。预应力混凝土管沿曲线安装时，管口间的纵向间隙最小处不得小于5mm。钢筋混凝土管安装见图2-8。

（2）刚性接口的宽度、厚度需符合设计要求，其相邻管接口错口允许偏差：管径 $D \leq 700$mm 时，应在施工中自检；$700 < D \leq 100$mm 时，相邻接口错口偏差不大于3mm；$D > 1000$mm 时，相邻接口错口偏差不大于5mm。

（3）管道接口的填缝应符合设计要求，压实、光洁、平整。

图2-8 钢筋混凝土管安装

2.2.5.3 质量通病及防治措施

质量通病索引见表2-12。

表2-12 质量通病索引表

序号	质量通病	主要原因分析	主要防治措施
1	接口抹带空裂	杂物充填；未养护	将管口外壁凿毛、洗净；用吸水性强的材料覆盖，洒水养护
2	柔性接口渗漏	杂物充填；橡胶圈扭曲	承口内工作面、插口外工作面应清洗干净；安装应平直、无扭曲

1. 接口抹带空裂

原因分析：

①抹带砂浆配合比不准确，和易性、均匀性差。

②抹带砂浆施工完成后未进行合理养护。

③钢丝网安装位置不准。

④带口未清理干净，杂物充填。

防治措施：

①水泥砂浆配合比应满足设计要求，选用粒径 0.5~1.5mm，含泥量不大于 3% 的洁净砂。

②抹带前应将管口外壁凿毛、洗净，抹带时不得填充碎石、砖块、木片、纸屑等杂物。

③选用网格 10mm×10mm，丝径为 20 号的钢丝网。钢丝网端头应在浇筑混凝土管座时插入混凝土内，在混凝土初凝前，分层抹压钢丝网水泥砂浆抹带。

④抹带完成后应立即用吸水性强的材料覆盖，3~4h 后洒水养护。

⑤水泥砂浆填缝及抹带接口作业时落入管道内的接口材料应清除。管径大于等于 700mm 时，应采用水泥砂浆将管道内的接口部位抹平、压光；管径小于 700mm 时，填缝后应立即拖平。

⑥抹带施工时，控制钢丝网插入深度，钢丝网严格下料，根据设计要求控制安装插入深度，搭接长度不小于 10cm，并用扎丝扎牢。

2. 柔性接口渗漏

原因分析：

①管口未清理干净，杂物充填。

②橡胶圈与承插口不配套，过大或过小。

③橡胶圈自身有缺陷。

④管道安装时，橡胶圈扭曲，局部太松或太紧。

防治措施：

①柔性接口的钢筋混凝土管、预应力混凝土管安装前，承口内工作面、插口外工作面应清洗干净。

②套在插口上的橡胶圈应由管材供应厂家配送，安装应平直、无扭曲，并正确就位。

③橡胶圈表面和承口工作面应涂刷无腐蚀性的润滑剂。

④接口安装放松外力后，管节回弹不得大于 10mm，且橡胶圈应在承、插口工作面上。

⑤安装接口时，顶拉设备应缓慢，并设专人检查橡胶圈就位情况，如发现就位不均，应停止顶拉，将橡胶圈调整均匀后，再继续顶拉，顶拉就位后，应立即锁定接口。

2.2.6 预应力钢筒混凝土管安装

2.2.6.1 质量控制标准

（1）管节及管件的规格、性能应符合国家有关标准规定和设计要求。

（2）内壁混凝土表面平整光洁，承插口钢环工作面光洁干净。内衬式管内表面不应出现浮渣、露石和严重的浮浆。埋置式管内表面不应出现气泡、孔洞、凹坑以及蜂窝、麻面等不压实现象。

（3）管内表面出现的环向裂缝或者螺旋状裂缝宽度不应大于0.5mm（浮浆裂缝除外）。距离管的插口端300mm范围内出现的环向裂缝宽度不应大于1.5mm。管内表面不得出现长度大于150mm的纵向可见裂缝。

（4）管端面混凝土不应有缺料、掉角、孔洞等缺陷。端面应齐平、光滑，并与轴线垂直。

（5）外保护层不得出现空鼓、裂缝及剥落。

2.2.6.2　质量控制要点

（1）清理管道承口内侧、插口外部凹槽等连接部位和橡胶圈。

（2）将橡胶圈套入插口上的凹槽内，保证橡胶圈在凹槽内受力均匀、没有扭曲翻转现象。

（3）用配套的润滑剂涂擦在承口内侧和橡胶圈上，检查涂覆是否完好。内衬式预应力钢筒混凝土管施工见图2-9。

（4）在插口上按要求做好安装标记，以便检查插入是否到位。

（5）接口安装时，将插口一次插入承口内，达到安装标记为止。

（6）安装时，接头和管端应保持清洁。

（7）安装就位并放松紧管器具后，应进行检查。

图2-9　内衬式预应力钢筒混凝土管施工

①复核管节的高程和中心线。

②用特定钢尺插入承插口之间，检查橡胶圈各部的环向位置，确认橡胶圈在同一深度。

③接口处承口周围不应被胀裂。

④橡胶圈应无脱槽、挤出等现象。

⑤沿直线安装时，插口端面与承口底部的轴向间隙应大于5mm，且符合表2-13的规定。

表2-13　直线安装轴向间隙规定

管内径 D（mm）	内衬式管		埋置式管	
	单胶圈（mm）	双胶圈（mm）	单胶圈（mm）	双胶圈（mm）
600～1400	15	—	—	—
1200～1400	—	25	—	—
1200～4000	—	—	25	25

2.2.6.3　质量通病及防治措施

质量通病索引见表2-14。

表2-14　质量通病索引表

序号	质量通病	主要原因分析	主要防治措施
1	钢筒合龙口偏差大	线型控制不到位；合龙位置错误	严控拼接长度和中心位移偏差；不允许在管道转折处合龙

钢筒合龙口偏差大

原因分析：

①线型控制不到位。

②合龙位置选择错误。

③合龙时机选择不正确。

防治措施：

①安装过程中，严格控制合龙处上、下游管道拼接长度、中心位移偏差。

②合龙位置宜选择在设有人孔或设备安装孔的配件附近。

③不允许在管道转折处合龙。

④现场合龙施工焊接不应在当日高温时段进行，选择温度适宜时施工。

2.2.7　玻璃钢管安装

2.2.7.1　质量控制标准

承插、套筒式连接时，承口、插口部位及套筒连接应紧密，无破损、变形、开裂等现象。插入后橡胶圈应位置正确，无扭曲等现象。双道橡胶圈的单口水压试验合格。

2.2.7.2　质量控制要点

承插、套筒式接口的插入深度应符合要求，相邻管口的纵向间隙应不小于10mm，环向间隙应均匀一致。玻璃钢管安装见图2-10。

2.2.7.3　质量通病及防治措施

质量通病索引见表2-15。

图 2-10　玻璃钢管安装

表 2-15　质量通病索引表

序号	质量通病	主要原因分析	主要防治措施
1	玻璃钢管破损	质量不符合要求；操作不规范	管端面应平齐、无毛刺等缺陷；防止管节受损伤，避免内表层和外保护层剥落

玻璃钢管破损

原因分析：

①玻璃钢管件质量不符合要求。

②管道连接时操作不规范造成管道破损。

③管道端头部位未采取有效处理措施。

防治措施：

①玻璃钢管内外径偏差、承口深度、有效长度、管壁厚度、管端面垂直度等应符合产品标准规定。

②内外表面应光滑平整，无划痕、分层、针孔、杂质、破碎等现象。

③管端面应平齐、无毛刺等缺陷。

④采用套筒式连接的，应清除套筒内侧和插口外侧的污渍和附着物。

⑤管道安装就位后，套筒式或承插式接口周围不应有明显的变形和胀破。

⑥施工过程中应防止管节受损伤，避免内表层和外保护层剥落。

⑦检查井、透气井、阀门井等附属构筑物或水平折角处的管节，应采取避免不均匀沉降造成接口转角过大的措施。

⑧混凝土或砌筑结构等构筑物墙体内的管节，可采取设置橡胶圈或中介层法等措施，管外壁与构筑物墙体的交界面压实、不渗漏。

2.2.8 硬聚氯乙烯管、聚乙烯管及复合管安装

2.2.8.1 质量控制标准

（1）塑料类管材质量控制：塑料类管材内外壁应光滑，不允许有气泡、裂口和明显的痕纹、凹陷、色泽不均及分解变色线，管材两端面应平整并与轴线垂直；管材长度不允许有负偏差；壁厚、直径偏差应符合规定；管材不圆度应不大于 $0.024d$，不圆度的测定应在管材出厂前进行；管材弯曲度应不大于 0.50%；管材承口壁厚 e_2 不宜小于同规格管材壁厚的 0.75 倍；弹性密封圈连接型承口尺寸符合规定。

（2）热熔连接时，焊缝应完整、无缺损和变形现象。焊缝连接应紧密，无气孔、鼓泡和裂缝。电熔连接的电阻丝不裸露。管道热熔连接见图 2-11。

（3）熔焊焊缝的焊接力学性能不低于母材。

（4）热熔对接连接后应形成凸缘，且凸缘形状大小均匀一致，无气孔、鼓泡和裂缝。接头处有沿管节圆周平滑对称的外翻边。外翻边最低处的深度不低于管节外表面。管节内翻边应铲平。对接错边量不大于管材壁厚的 10%，且不大于 $3mm$。

图 2-11　管道热熔连接

2.2.8.2 质量控制要点

（1）熔焊连接设备的控制参数满足焊接工艺要求，设备与待连接管的接触面无污物，设备及组合件组装正确、牢固、吻合。焊接后冷却期间接口未受外力影响。

（2）承插式接口连接宜在当日温度较高时进行，插口端不宜插到承口底部，应留出不小于 $10mm$ 的伸缩空隙。插入前应在插口端外壁做出插入深度标记；插入完毕后，承插口周围空隙均匀，连接的管道平直。承口、插口部位及套筒连接紧密，无破损、变形、开裂等现象；插入后胶圈应位置正确，无扭曲等现象；双道橡胶圈的单口水压试验合格。

（3）对埋设在地表水或地下水以下的管道，应根据设计条件计算管道结构的抗浮稳定，计算时各项作用均应取标准值，抗浮系数按 1.1 计算。管道在雨期施工或地下水位高的地段施工时，应采取防止管道上浮的措施：沟槽内设泄水沟等形成有组织排水系统的截水沟、排水沟；对沟槽内设置自动抽排水装置将水位降至沟槽底以下；对于设置混凝土垫层的可在垫层上埋设临时钢筋埋件将管道下拉固定；条件允许的管道及时灌水增加自重；管道上方临时堆放沙袋增加上部荷载；功能性试验完成后及时回填。

2.2.8.3 质量通病及防治措施

质量通病索引见表 2-16。

表 2-16 质量通病索引表

序号	质量通病	主要原因分析	主要防治措施
1	管道热熔连接处渗漏	管口未清理干净；热熔间隙未控制到位	土、水和其他杂质清理干净；热熔间隙不得大于 0.15～0.3mm
2	承插式接头连接处渗漏	管口安装时错口、脱节、管材变形等控制不到位	严禁使用接口变形、损坏管材；按照标高控制接口

1. 管道热熔连接处渗漏

原因分析：

①热熔连接选择时机不恰当。

②管口未清理干净。

③热熔间隙未控制到位。

④接口部位未对准或热熔时管道移位。

防治措施：

①连接时，最好是在室外温度较低或者接近最低时施工。

②电熔管件连接时，要确保电熔管件及其对应连接部位的承插口、密封件等配件均清理干净，不得附有土、水和其他杂质。如果上面附有污垢，必须用湿毛巾擦拭干净方可连接，避免对焊接质量产生影响。

③采用承插电熔连接的部位应擦拭干净，并在插口端画出插入深度标线。当管材不圆度影响安装时，应采用工具进行整圆。应将插口端插入承口内，至插入深度标线位置，并检查尺寸配合情况。通电前，应校直两对应的连接件，使其在同一轴线上，并应采用专用工具固定接口部位。

④热熔前应检查热熔工具是否完好，加热头与管子规格是否相符。环境温度过低时，可适当加长热熔管道的加热时间。

⑤承插口的间隙必须严格控制，一般不得大于 0.15～0.3mm，若稍大，可先均匀涂刷几层粘接剂条进行调整，胶合面要干燥、清洁。承口质量应仔细检查，不得歪斜或厚度不均，并无裂缝等缺陷。粘接时应对承口做插入试验。不得全部插入，一般为承口的 3/4 深度。

2. 承插式接头连接处渗漏

防治措施：

①敷设管道前应复核高程样板，排除槽内积水，两端管中心位置及标高应根据高程样板确定。

②承插式管道排管宜从下游排向上游，管节承口宜对向上游，插口对向下游。

③管节内外壁、承插口和橡胶圈应进行外观检查，有损伤或变形应进行处理或调换。

④不使用任何有损坏迹象的管材，发现有质量问题的管或管件应及时处理。

⑤清除承口内侧和插口外部的灰尘、砂子、毛刺等附着物；在接口处应挖一个连接坑，其长度宜为 0.8～1m，宽度宜为沟槽宽度，深度宜为 0.2m。

⑥用布将管材的连接部位擦净，同时用一种中性润滑剂如硅油、液体凡士林等涂擦承口或插口。

⑦对于承插式连接的管，再次清理承口或插口部分，将密封橡胶圈涂润滑剂，并在两手之间转动，检查涂覆完好（橡胶圈及承口的内侧或插口的外侧任何部分缺少润滑剂都将影响承插效果）。

⑧把橡胶圈放入承口内或套入插口上，沿橡胶圈四周依次向外推拉，以保证胶圈在插口受力均匀，没有扭曲。

⑨采用横跨沟槽的挖掘机推接，应在承口前衬填厚木板，以防管节的端面被碰伤，然后伸展吊臂，沿着管轴线方向推动管节，直至插口到达预定的连接位置。

⑩采用软性的绳索捆扎在被连接的管道上，应利用在沟槽侧的挖掘机慢慢向前移动而拉动管道，直至插口达到预定的连接。

2.2.9 强弱电排管安装

2.2.9.1 质量控制标准

（1）承插、套筒式连接时，承口、插口部位及套筒连接应紧密，无破损、变形、开裂等现象。插入后橡胶圈应位置正确，无扭曲等现象。电力排管安装见图2-12。

（2）承插、套筒式接口的插入深度应符合要求，相邻管口的纵向间隙应不小于10mm，环向间隙应均匀一致。

（3）管道曲线铺设时，接头允许转角不得大于表2-17的规定。

图2-12　电力排管安装

表2-17　管道曲线铺设接头允许转角

管内径 D（mm）	允许转角（°）	
	承插式接口	套筒式接口
400～500	1.5	3.0
500<D≤1000	1.0	2.0
1000<D≤1800	1.0	1.0
D>1800	0.5	0.5

2.2.9.2 质量控制要点

（1）电力排管内外径偏差、承口深度、有效长度、管壁厚度、管端面垂直度等应符合产品标准规定。

（2）管道安装就位后，套筒式或承插式接口周围不应有明显的变形和胀破。

（3）施工过程中应防止管节受损伤，避免内表层和外保护层剥落。

（4）检查井、透气井、阀门井等附属构筑物或水平折角处的管节，应采取避免不均匀沉降造成接口转角过大的措施。

2.2.9.3　质量通病及防治措施

质量通病索引见表 2-18。

表 2-18　质量通病索引表

序号	质量通病	主要原因分析	主要防治措施
1	电力排管破损	质量不符合要求；操作不规范	管材进场验收后方可使用；两侧同时浇筑，防止将排管挤压偏移

电力排管破损

电力排管破损见图 2-13。

图 2-13　电力排管破损

原因分析：

①电力排管自身质量不符合要求。

②管道连接时操作不规范造成管道破损。

③混凝土浇筑过程中损坏电力排管。

防治措施：

①电力排管进场后应进行管道材料验收，内、外表面应光滑平整，无划痕、分层、针孔、杂质、破碎等现象。

②管端面应平齐，无毛刺等缺陷。

③电力排管安装时应控制管的中线及高程位置，用水准仪测量控制管道的内底面高程，调整时必须将管道垫稳卡牢。

④遇到井室处安装，需截断管道时，其破茬不得朝向检查井内。

⑤采用混凝土浇筑包管时，应在浇筑前将排管冲洗干净。混凝土浇筑时，应两侧同时进行，防止将排管挤压偏移。排管之间的间隙内，用小型振捣棒振捣压实，局部可用钢筋棍插捣压实，防止振捣棒触碰电力排管管壁造成管道破裂。

第3章 管道附属构筑物

3.1 国家、行业相关标准、规范

（1）《室外给水设计规范》（GB 50013—2018）

（2）《室外给水排水和燃气热力工程抗震设计规范》（GB 50032—2003）

（3）《给水排水工程管道结构设计规范》（GB 50332—2002）

（4）《给水排水工程构筑物结构设计规范》（GB 50069—2002）

（5）《给水排水管道工程施工及验收规范》（GB 50268—2008）

（6）《混凝土结构设计规范》（GB 50010—2010）（2015 版）

（7）《砌体结构设计规范》（GB 50003—2011）

（8）《砌体工程施工质量验收规范》（GB 50203—2011）

（9）《公路桥涵设计通用规范》（JTG D60—2015）

3.2 检查井

3.2.1 质量控制标准

（1）检查井的地基必须符合要求，在天然地基上施工时不得扰动原状土，在软弱地基上施工时必须先进行处理，使地基达到设计承载力时才能进行检查井施工。

（2）井壁必须竖直，砌筑中不得有通缝。必须保证灰浆饱满，砌缝平整，抹面必须压光，不得有空鼓、裂缝等现象。

（3）井内流槽应平顺圆滑，尺寸准确，不得有建筑垃圾等杂物。

（4）砌筑砂浆强度等级、配合比须符合设计要求，隔日砂浆不得使用。

（5）井周土按照设计要求回填和压实。

（6）井室盖板尺寸及预留人孔位置应正确，人孔与墙边吻合。

（7）井内踏步应安装牢固，位置正确。

（8）井圈、井盖必须完整无损，安装要平稳，位置应正确。

（9）混凝土类管道、金属类无压管道，其管外壁与砌筑井壁洞圈之间为刚性连接时水泥砂浆应坐浆饱满、密实。

（10）金属类管道，井壁洞圈应预设套管，管道外壁与套管的间隙应四周均匀一致，其间隙宜采用柔性或半柔性材料填嵌密实；化学建材管道宜采用中介层法与井壁洞圈连接；对于现浇混凝土结构井室，井壁洞圈应振捣密实；排水管道接入检查井时，管口外缘与井内壁平齐；接入管径大于 300mm 时，对于砌筑结构井室应砌砖圈加固。

（11）检查井防腐根据设计要求，参照 2.2.3.1 节管道内外防腐质量控制标准实施。

3.2.2 质量控制要点

3.2.2.1 钢筋混凝土检查井

1．钢筋

（1）钢筋的加工、存放。

①钢筋的加工成型严格按照图纸的尺寸及要求编制钢筋下料单并按其要求加工。

②钢筋成型后，挂牌注明所用部位型号级别，并分类码放整齐。

③成型的钢筋一般暂存在加工厂内。施工中按照施工计划以及施工现场的要求分批运至施工现场，施工现场只能少量地暂存工程急需的成型钢筋。

④运至现场的钢筋要码放整齐、挂好标志牌，底部垫方木与地面保持距离。

（2）绑扎、安装。

参照《混凝土结构工程质量验收规范》（GB 50204—2015）规定执行。

2．模板

①依据不同的结构形式及尺寸设计加工模板并使模板系统安全、可靠、经济，具有足够的强度、刚度及稳定性。检查井模板安装见图 3-1。

②安装、拆除按照《混凝土结构工程质量验收规范》（GB 50204—2015）执行。

图 3-1　检查井模板安装

3．混凝土

①浇筑前，钢筋、模板工程经检验合格，混凝土配合比满足设计要求。

②振捣压实，无漏振、漏浆等现象。

③及时养护，强度等级未达设计要求不得受力。

④浇筑时应同时安装踏步，踏步安装后在混凝土未达到规定抗压强度前不得踩踏。

⑤其他要求参照《混凝土结构工程质量验收规范》（GB 50204—2015）执行。

3.2.2.2　砌筑检查井

（1）砌筑前砌块应充分湿润。砌筑砂浆配合比符合设计要求，现场拌制应拌和均匀、随用随拌。

（2）排水管道检查井内的流槽，宜与井壁同时进行砌筑。

（3）砌块应垂直砌筑，需收口砌筑时，应按设计要求的位置设置钢筋混凝土梁进行收口。圆井采用砌块逐层砌筑收口，四面收口时每层收进不应大于30mm，偏心收口时每层收进不应大于50mm。检查井砌筑见图3-2。

（4）砌块砌筑时，铺浆应饱满，灰浆与砌块四周粘结紧密，不得漏浆，上下砌块应错缝砌筑。

（5）砌筑时应同时安装踏步，踏步安装后在砌筑砂浆未达到规定抗压强度前不得踩踏。

（6）内外井壁应采用水泥砂浆勾缝。有抹面要求时，抹面应分层压实。

图3-2　检查井砌筑

3.2.2.3　塑料检查井

（1）塑料检查井与其他非同质管道连接时，其预制承口应满足被接管道的密封要求。

（2）塑料检查井支管承口可采用现场制作，或用成品连接件在现场安装。

（3）塑料检查井在装卸、运输过程中应有可靠的固定措施，不得摔跌和撞击。吊运时不得与钢丝绳或铁链有直接接触，搬运时不得在地上拖行。

（4）橡胶圈应存放在阴凉清洁的环境下，不得受阳光曝晒，也不得与油类接触。检查井的垫层基础采用厚150mm、粒径5~40mm的碎石或砾石砂，上面加铺50mm中粗砂。垫层应按沟槽宽度铺垫，并摊平、拍实，其压实度不小于90%。

（5）为防止塑料检查井产生位移和过大变形，沟槽回填前应清理石块、砖及其他杂物，宜用沙袋或重物来固定检查井，回填时应分层对称填筑并夯实。

（6）准确测量支管接头的高程和角度，支管接头承口的内径必须与所接纳支管的插口相匹配。

3.2.2.4　模块预制检查井

（1）预制构件及其配件经检验符合设计和安装要求。

（2）预制构件装配位置和尺寸正确，安装牢固。

（3）采用水泥砂浆接缝时，企口坐浆与竖缝灌浆应饱满，装配后的接缝砂浆凝结硬化期间应加强养护，并不得受外力碰撞或震动。模块井砌筑见图3-3。

（4）设有橡胶密封圈时，胶圈应安装稳固，止水严密可靠。

（5）底板与井室、井室与盖板之间的拼缝，水泥砂浆应填塞严密，抹角光滑平整。

图3-3　模块井砌筑

3.2.3 质量通病及防治措施

质量通病索引见表 3-1。

表 3-1 质量通病索引表

序号	质量通病	主要原因分析	主要防治措施
1	检查井基础未浇成整体	基础未能与平基同步施工	尽量同步施工；必须分两次浇筑时，应按施工缝工艺要求进行处理
2	尺寸不符合要求	尺寸和形状控制不严；模板刚度低	墙面平直、圆顺、没有通缝

1. 检查井基础未浇成整体

原因分析：

①在浇筑管道平基混凝土时，检查井的准确位置未测定即浇筑平基，造成检查井基础未能与平基同步施工。

②操作人员没有按规定的工艺要求严格操作，降低了检查井基础混凝土的整体性能。

防治措施：

①施工管理人员和测量人员，在安排和测设管道平基混凝土的中线和高程的同时，应安排测量人员检查井混凝土基础位置，使检查井基础与平基混凝土同步施工。检查井位置控制见图 3-4。

②当检查井基础混凝土与管道平基混凝土必须分两次浇筑时，应按施工缝工艺要求进行处理。

③已经硬化的混凝土应凿成斜坡形或台阶形，除掉松动的石子和灰浆，用水再冲洗干净，清除残留水，保持表面湿润。

④施工缝处抹一层 10～15mm 厚的水泥砂浆，其强度等级及水泥品种，应与基础混凝土相同，然后浇筑混凝土。当管道平基或检查井基础为钢筋混凝土时，施工缝处应补插钢筋，其直径为 12～16mm，长度为 500～600mm，间距为 50mm。

图 3-4 检查井位置控制

⑤砌筑检查井前必须检查混凝土基础的尺寸、高程和强度。

2. 尺寸不符合要求

原因分析：

对孔尺寸和形状控制不严，使用的模板刚度低，出现模板错位、变形情况；或使用砖模，造成人孔不圆，人孔环形立面波浪形、锯齿形、凹凸不平的情况。

防治措施：

①水平缝和竖缝的宽度应按 10mm±2mm 控制，井径按 ±20mm 控制，达到墙面平直、圆顺、没有通缝。

②对采购的预制盖板，检查其型号尺寸、配筋情况、强度、底面平整度、圆顺度、直径。

3.3 支墩

质量控制要点：

（1）管节及管件的支墩和锚定结构位置准确，锚定牢固。钢制锚固件必须采取相应的防腐处理。

（2）支墩应在坚固的地基上修筑。无原状土做后背墙时，应采取措施保证支墩在受力情况下，不致破坏管道接口。采用砌筑支墩时，原状土与支墩之间应采用砂浆填塞。

（3）支墩应在管节接口做完、管节位置固定后修筑。

（4）支墩施工前，应将支墩部位的管节、管件表面清理干净。

（5）支墩宜采用混凝土浇筑，其强度等级不应低于C20。采用砌筑结构时，水泥砂浆强度不应低于M7.5。

（6）管节安装过程中的临时固定支架，应在支墩的砌筑砂浆或混凝土达到规定强度后方可拆除。

（7）管道及管件支墩施工完毕，并达到强度要求后方可进行水压试验。

3.4 雨水口

3.4.1 质量控制标准

1. 主控项目

（1）管材应符合现行国家标准《混凝土和钢筋混凝土排水管》（GB/T 11836—2009）的有关规定。

检查数量：每种、每检验批。

检验方法：查合格证和出厂检验报告。

（2）基础混凝土强度应符合设计要求。

检查数量：每100m³ 1组（3块）。（不足100m³取1组）

检验方法：查试验报告。

（3）砌筑用砖和砂浆的强度等级必须符合设计要求。

①砖的抽检数量：按照检验批抽检试验。

②砌筑用砂浆：由试验室出具试验配合比报告单。雨水口砌筑，每工作班制取不少于一组的试块。同一验收批试块的平均强度不低于设计的强度等级。

（4）各种钢筋混凝土预制构件、铸铁算子、井圈等，必须符合设计要求。选择有资质的生产厂家，进场时应具有产品合格证及检验报告。

（5）井周回填满足路基要求。

检查数量：全部。

检验方法：查检验报告（环刀法、灌砂法或灌水法）。

2. 一般项目

（1）雨水口外观墙角方正，没有通缝，灰缝饱满平整。内壁勾缝直顺、坚实，无漏勾、脱落。井框、井箅完整、配套，安装平稳、牢固。

检查数量：全数检查。

检验方法：观察。

（2）雨水支管安装应直顺，无错口、反坡、存水，管内清洁，接口处内壁无砂浆外露及破损现象。管端面应完整无破损，支管不得与过梁重叠。

检查数量：全数检查。

检验方法：观察。

（3）雨水支管与雨水口允许偏差应符合表 3-2 的规定。

表 3-2　雨水支管与雨水口允许偏差

项目	允许偏差（mm）	检验频率		检验方法
		范围	点数	
井框与井壁吻合	≤10	每座	1	用钢尺量
井框与周边路面吻合	0，-10		1	用直尺靠量
雨水口与路边线间距	≤20		1	用钢尺量
井内尺寸	+20，0		1	用钢尺量，最大值

3. 其他项目

（1）墙体的水平灰缝厚度和竖向灰缝宽度宜为 10mm，且不应大于 12mm，也不应小于 8mm。

（2）为防止雨水口积水，应严格控制雨水口顶部高程与路面的衔接，特别是处于弯道时，应对雨水口井室做相应的调整，确保雨水口与道路线性坡度一致。

（3）支管的坡度大于 1%，及时清除管内杂物，避免使用过程中积水。

3.4.2　质量控制要点

（1）雨水口的位置及深度应符合设计要求。

（2）基础施工应符合下列规定：

①开挖雨水口槽及雨水管支管槽，每侧宜留出 300～500mm 的施工宽度。

②槽底应夯实并及时浇筑混凝土基础。

③采用预制雨水口时，基础顶面宜铺设 20～30mm 厚的砂垫层。

（3）雨水口砌筑应符合下列规定：

①管端面在雨水口内的露出长度，不得大于 20mm，管端面应完整无破损。

②砌筑时，灰浆应饱满，随砌、随勾缝抹面应压实。雨水口砌筑见图 3-5。

③雨水口底部应用水泥砂浆抹出雨水口泛水坡。

图 3-5　雨水口砌筑

④砌筑完成后雨水口内应保持清洁，及时加盖，保证安全。

（4）预制雨水口安装应牢固，位置平正。

（5）雨水口与检查井的连接管的坡度应符合设计要求。

（6）位于道路下的雨水口、雨水支/连管应根据设计要求浇筑混凝土基础。坐落于道路基层内的雨水支/连管应做 C25 级混凝土全包封，且包封混凝土达到 75% 设计强度前，不得放行交通。

（7）井框、井算应完整无损，安装平稳、牢固。

3.5　渠道

质量控制要点：

（1）明渠根据地质条件进行开挖坡度控制。明渠和盖板渠的底宽不宜小于 0.3m，渠道和管道连接处应设挡土墙等衔接设施，渠道接入管道处应设置格栅。

（2）材料应符合下列要求：预制砌块强度、规格应符合设计规定；砌筑应采用水泥砂浆；宜采用 32.5～42.5 级硅酸盐水泥、普通硅酸盐水泥、矿渣水泥或火山灰水泥和质地坚硬、含泥量小于 5% 的粗砂、中砂及饮用水拌制砂浆。

（3）现浇渠道：浇筑前，钢筋、模板工程经检验合格，混凝土配合比满足设计要求；振捣密实，无漏振、走模、漏浆等现象；及时进行养护，强度等级未达设计要求不得受力。

（4）砌筑渠道：施工中宜采用立杆、挂线法控制砌体的位置、高程与垂直度；加入塑化剂时砌体强度降低不得大于 10%；墙体每日连续砌筑高度不宜超过 1.2m，分段砌筑时，分段位置应设在基础变形缝部位；相邻砌筑段高差不宜超过 1.2m；砌块应上下错缝、丁顺排列、内外搭接，砂浆应饱满。

（5）装配式渠道的基础与墙体等上部构件采用杯口连接时，杯口宜与基础一次连续浇筑；采用分期浇筑时，其基础面应凿毛并清洗干净后方可浇筑。

（6）管渠侧墙两板间的竖向接缝应采用设计要求的材料填实；设计无要求时，宜采用细石混凝土或水泥砂浆填实；后浇杯口混凝土的浇筑，宜在墙体构件间接缝填筑完毕，杯口钢筋绑扎后进行；后浇杯口混凝土达到设计抗压强度的 75% 以后方可回填土；矩形或拱形构件进行装配施工时，其水平接缝应铺满水泥砂浆，使接缝咬合，且安装后应及时勾抹压实接缝内外面；矩形或拱形构件的填缝或勾缝应先做外缝，后做内缝，并适时洒水养护；内部填缝或勾缝，应在管渠外部回填土后进行；管渠顶板的安装应轻放，不得震裂接缝，并应使顶板缝与墙板缝错开。

（7）连续浇筑若干节管渠，可按不超过 4 节或 100m 的施工段为检查验收批次，砌体结构渠道可按两道变形缝之间的施工段作为一个检查验收批次。

3.6　压力井、排放口、倒虹吸管等

压力井、排放口、倒虹吸管及其他设施等基坑槽降排水、支护开挖与管道安装等参照

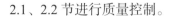

2.1、2.2 节进行质量控制。

（1）压力井。出水压力井设置透气筒，可释放水锤能量，防止水锤损坏管道和压力井。透气筒高度和断面根据计算确定，且透气筒不宜设在室内。压力井的井座、井盖及螺栓应采用防锈材料，以利装拆。

（2）排放口。设翼墙的出口，在较大流量和无断流的河道上，易受水流冲刷，致底部掏空，甚至底板折断损坏，并危及岸坡，为此规定应采取防冲、加固措施，一般在出水口底部打桩，或加深齿墙。当出水口跌水水头较大时，应考虑消能。

（3）倒虹吸。倒虹吸刚性管道宜采用钢筋混凝土基础，柔性管道应采用包封措施，最小管径宜为 200mm，管内应定期冲洗，冲洗时流速不应小于 1.2m/s。倒虹吸管进出水井的检修室净高宜高于 2m，倒虹吸管进出水井内应设置闸槽或闸门倒虹吸管竖井混凝土强度不低于 C20，倒虹吸管沉泥阀门井应分层对称回填。

（4）跌水井。管道跌水水头为 1.0～2.0m 时，宜设跌水井；跌水水头大于 2.0m 时，应设跌水井。管道转弯处不宜设跌水井。跌水井的进水管管径不大于 200mm 时，一次跌水水头高度不得大于 6m；管径为 300～600mm 时，一次跌水水头高度不宜大于 4m，跌水方式可采用竖管或矩形竖槽；管径大于 600mm 时，其一次跌水水头高度和跌水方式应按水力计算确定。污水和合流管道上的跌水井，宜设排气通风措施，并应在该跌水井和上下游各一个检查井的井室内部及这三个检查井之间的管道内壁采取防腐蚀措施。

（5）水封井。当工业废水能产生引起爆炸或火灾的气体时，其管道系统中必须设置水封井，水封井位置应设在产生上述废水的排出口处及其干管上适当间隔距离处。水封深度不应小于 0.25m，井上宜设通风设施，井底应设沉泥槽。水封井及同一管道系统中的其他检查井，均不应设在车行道和行人众多的地段，并应适当远离产生明火的场地。

（6）雨水口。坡段较短时可在最低点处集中收水，其雨水口的数量或面积应适当增加。雨水口深度不宜大于 1m，并根据需要设置沉泥槽。遇特殊情况需要浅埋时，应采取加固措施。有冻胀影响地区的雨水口深度，可根据当地经验确定，雨水口宜采用成品雨水口，雨水口宜设置防止垃圾进入雨水管渠的装置。

（7）其他设施等。井盖、踏步、沉泥井、截流井、管线接口、胶圈、接户井、监测井、转弯处、坡度小管道、接户管道、封堵、打堵等直接影响管网运行施工质量和安全的细部节点需在管道施工期间同步技术交底，做好样板引路工作，严格执行隐蔽验收和三检制工作，确保各附属设施的土方开挖、支护、基础、回填等施工质量。

第4章 管道功能性试验

4.1 国家、行业相关标准、规范

《给水排水管道工程施工及验收规范》（GB 50268—2008）

4.2 压力管道水压试验

4.2.1 一般要求及试验流程

1. 一般要求

①试验分为预试验和主试验阶段。试验合格的判定依据分为允许压力降值和允许渗水量值，按设计要求确定；设计无要求时，应根据工程实际情况，选用其中一项值或同时采用两项值作为试验合格的最终判定依据。

②压力管道水压试验或闭水试验前，应做好水源的引接、排水的疏导等方案。

③向管道内注水应从下游缓慢注入，注入时在试验管段上游的管顶及管段中的高点应设置排气阀，将管道内的气体排除。

④冬期进行压力管道水压或闭水试验时，应采取防冻措施。

⑤压力管道水压试验的管段长度不宜大于1.0km。对于无法分段试验的管道，应由工程有关方面根据工程具体情况确定。压力管道水压试验见图4-1。

2. 试验流程

试压方案的编制、审核、批准→试压准备→管线检查→水压试验→管线冲洗→干燥→管线恢复。

图 4-1 压力管道水压试验

4.2.2 合格标准及控制要点

4.2.2.1 合格标准

允许渗漏量标准见表 4-1，允许压力降标准见表 4-2。

表 4-1 允许渗漏量标准

管道内径 D_i （mm）	允许渗水量 [L/(min·km)]		
	焊接接口钢管	球墨铸铁管、玻璃钢管	预（自）应力混凝土管、预应力钢筒混凝土管
100	0.28	0.70	1.40
150	0.42	1.05	1.72
200	0.56	1.40	1.98
300	0.85	1.70	2.42
400	1.00	1.95	2.80
600	1.20	2.40	3.14
800	1.35	2.70	3.96
900	1.45	2.90	4.20
1000	1.50	3.00	4.42
1200	1.65	3.30	4.70
1400	1.75	—	5.00

表 4-2 允许压力降标准

管材种类	试验压力（MPa）	允许压力降（MPa）
钢管	P+0.5，且不小于 0.9	0
球墨铸铁管	2P	
	P+0.5	
预（自）应力混凝土管、预应力钢筒混凝土管	1.5P	0.03
	P+0.3	
现浇钢筋混凝土管渠	1.5P	
化学建材管	1.5P，且不小于 0.8	0.02

4.2.2.2 控制要点

（1）水压试验前，施工单位应编制的试验方案，其内容应包括：

①后背及堵板的设计。

②进水管路、排气孔及排水孔的设计。

③加压设备、压力计的选择及安装的设计。

④排水疏导措施。

⑤升压分级的划分及观测制度的规定。

⑥试验管段的稳定措施和安全措施。

（2）试验管段的后背应符合下列规定：后背应设在原状土或人工后背上，土质松软时应采取加固措施。后背墙面应平整并与管道轴线垂直。

（3）采用钢管、化学建材管的压力管道，管道中最后一个焊接接口完毕 1h 以上方可进行水压试验。

（4）水压试验管道内径大于或等于 600mm 时，试验管段端部的第一个接口应采用柔性接口，或采用特制的柔性接口堵板。

（5）水压试验采用的设备、仪表规格及其安装应符合下列规定：采用弹簧压力计时，精度不低于 1.5 级，最大量程宜为试验压力的 1.3～1.5 倍，表壳的公称直径不宜小于150mm，使用前经校正并具有符合规定的检定证书，水泵、压力计应安装在试验段的两端部与管道轴线相垂直的支管上。

（6）开槽施工管道试验前，附属设备安装应符合下列规定：

①非隐蔽管道的固定设施已按设计要求安装合格。

②管道附属设备已按要求紧固、锚固合格。

③管件的支墩、锚固设施混凝土强度已达到设计强度。

④未设置支墩、锚固设施的管件，应采取加固措施并检查合格。

（7）压力管道水压试验前，除接口外，管道两侧及管顶以上回填高度不应小于 0.5m。水压试验合格后，应及时回填沟槽的其余部分。管道顶部回填土宜留出接口位置以便检查渗漏处。

（8）试验管段所有敞口应封闭，不得有渗漏水现象：试验管段不得用闸阀做堵板，不得含有消火栓、水锤消除器、安全阀等附件。水压试验前应清除管道内的杂物。

（9）预试验阶段：将管道内水压缓缓地升至试验压力并稳压 30min，期间如有压力下降可注水补压，但不得高于试验压力。检查管道接口、配件等处有无漏水、损坏现象。有漏水、损坏现象时应及时停止试压，查明原因并采取相应措施后重新试压。

（10）主试验阶段。停止注水补压，稳定 15min。当 15min 后压力下降不超允许压力降数值时，将试验压力降至工作压力并保持恒压 30min，进行外观检查若无漏水现象，则水压试验合格。水压试验见图 4-2。

（11）管道升压时，管道的气体应排除。升压过程中，发现弹簧压力计表针摆动、不稳，且升压较慢时，应重新排气后再升压。应分级升压，每升一级应检查后背、支墩、管身及接口，无异常现象时再继续升压。水压试验过程中，后背顶撑、管道两端严禁站人。水压试验时，严禁修补缺陷：遇有缺陷时，应做出标记，卸压后修补。

图 4-2　水压试验

（12）聚乙烯管、聚丙烯管及其复合管的水压试验除应符合（9）、（10）条的规定外，预试验、主试验阶段应按下列规定执行：

①预试验阶段：按（9）完成后，应停止注水补压并稳定 30min。当 30min 后压力下降不超过试验压力的 70%，则预试验结束。否则重新注水补压并稳定 30min 再进行观测，直至 30min 后压力下降不超过试验压力的 70%。

②主试验阶段应符合在预试验阶段结束后，迅速将管道泄水降压，降压量为试验压

力的 10%～15%。期间应准确计量降压所泄出的水量，并按规范计算允许泄出的最大水量。每隔 3min 记录一次管道剩余压力，应记录 30min，30min 内管道剩余压力有上升趋势时，则水压试验结果合格。30min 内管道剩余压力无上升趋势时，则应持续观察 60min。整个 90min 内压力下降不超过 0.02MPa，则水压试验结果合格。主试验阶段上述两条均不能满足时，则水压试验结果不合格，应查明原因并采取相应措施后再重新组织试压。

（13）大口径球墨铸铁管、玻璃钢管及预应力钢筒混凝土管道的接口单口水压试验应符合下列规定：

①安装时应注意将单口水压试验用的进水口（管材出厂时已加工）置于管道顶部。

②管道接口连接完毕后进行单口水压试验，试验压力为管道设计压力的 2 倍，且不得小于 0.2MPa。

③试压采用手提式打压泵，管道连接后将试压嘴固定在管道承口的试压孔上，连接试压泵，将压力升至试验压力，恒压 2min，无压力降为合格。

④试压合格后，取下试压嘴，在试压孔上装 M10×20mm 不锈钢螺栓并拧紧。

⑤水压试验时应先排净水压腔内的空气。

⑥单口试压不合格且确认是接口漏水时，应马上拔出管节，找出原因，重新安装，直至符合要求为止。

4.3 无压管道闭水试验

4.3.1 一般要求及试验流程

1. 一般要求

①无压力管道的闭水试验，条件允许时可一次试验不超过 5 个连续井段。

②试验管段应按井距分隔，抽样选取，带井试验。

③试验管段应符合下列规定：管道及检查井外观质量已验收合格。管道未回填土且沟槽内无积水。全部预留孔应封堵，不得渗水。管道两端堵板承载力经核算应大于水压力的合力。除预留进出水管外，应封堵坚固，不得渗水。顶管施工，其注浆孔封堵且管口按设计要求处理完毕，地下水位于管底以下。管道闭水试验见图 4-3。

2. 试验流程

闭水方案的编制、审核、批准→准备→检查管道→管道注水→观察→缓慢放水→土方回填。

图 4-3 管道闭水试验

4.3.2 合格标准及控制要点

1. 合格标准

管道闭水试验时，应进行外观检查，不得有漏水现象，且符合下列规定时，管道闭水试验为合格。管道闭水试验合格标准见表4-3。

表4-3　管道闭水试验合格标准

管材	管道内径 D_i（mm）	允许渗水量［m^3/（24h·km）］
钢筋混凝土管	200	17.60
	300	21.62
	400	25.00
	500	27.95
	600	30.60
	700	33.00
	800	35.35
	900	37.50
	1000	39.52
	1100	41.45
	1200	43.30
	1300	45.00
	1400	46.70
	1500	48.40
	1600	50.00
	1700	51.50
	1800	53.00
	1900	54.48
	2000	55.90

异形截面管道的允许渗水量可按周长折算为圆形管道计。

化学建材管道的实测渗水量应小于或等于按下式计算的允许渗水量：

$$q=0.0046D_i$$

2. 控制要点

①新建管网"100%"进行闭水试验。管道闭水试验见图4-4。

图4-4　管道闭水试验

②闭水试验法应按设计要求和试验方案进行。

③试验段上游设计水头不超过管顶内壁时，试验水头应以试验段上游管顶内壁加 2m 计；试验段上游设计水头超过管顶内壁时，试验水头应以试验段上游设计水头加 2m 计。计算出的试验水头小于 10m，但已超过上游检查井井口时，试验水头应以上游检查井井口高度为准。

④管道内径大于 700mm 时，可按管道井段数量抽样选取 1/3 进行试验。试验不合格时，抽样井段数量应在原抽样基础上加倍进行试验。

⑤试验管段灌满水后浸泡时间不应小于 24h；试验水头达规定水头时开始计时，观测管道的渗水量，直至观测结束时，应不断地向试验管段内补水，保持试验水头恒定。渗水量的观测时间不得小于 30min。

⑥不开槽施工的内径大于或等于 1500mm 钢筋混凝土管道，设计无要求且地下水位高于管道顶部时，可采用内渗法测渗水量。符合下列规定时，则管道抗渗性能满足要求，不必再进行闭水试验：

a）管壁不得有线流、淌漏现象。

b）对有水珠、渗水部位应进行抗渗处理。

c）管道内渗水量允许值 $q \leqslant 2L/(m^2 \cdot d)$。

4.4 无压管道闭气试验

4.4.1 一般要求及试验流程

1. 一般要求

①污水、雨污水合流管道及湿陷土、膨胀土、流砂地区的雨水管道，必须经严密性试验合格后方可投入运行。

②闭气试验适用于混凝土类的无压管道在回填土前进行的严密性试验。管道闭气试验见图 4-5。

③闭气试验时，地下水位应低于管外底 150mm，环境温度为 -15～50℃。

④下雨时不得进行闭气试验。

2. 试验流程

管口内壁处理→安装管堵→连接导管→管堵密封圈充气→密封圈漏气检查处理→管道充气→管道

图 4-5　管道闭气试验

与管堵接触面漏气检查井处理→闭气检验测定→排放管道气体→排放管堵气体→拆卸管堵。

4.4.2 合格标准及控制要点

1. 合格标准

规定标准闭气试验时间符合表 4-4 的规定，管内实测气体压力 $P \geqslant 1500Pa$ 则管道闭气试验合格。

表 4-4　闭气试验时间规定

管道 DN（mm）	管内气体压力（Pa）		规定标准闭气时间 S
	起点压力	终点压力	
300			1′45″
400			2′30″
500			3′15″
600			4′45″
700			6′15″
800			7′15″
900			8′30″
1000			10′30″
1100			12′15″
1200			15′
1300	2000	≥1500	16′45″
1400			19′
1500			20′45″
1600			22′30″
1700			24′
1800			25′45″
1900			28′
2000			30′
2100			32′30″
2200			35′

被检测管道内径大于或等于 1600mm 时，应记录测试时管内气体温度（℃）的起始值 T_1 及终止值 T_2，并将达到标准闭气时间时膜盒表显示的管内压力值 P 做记录，用下列公式加以修正，修正后管内气体压降值为小于 500Pa。管道闭气试验不合格时，应进行漏气检查，修补后复检。

2. 控制要点

①对闭气试验的排水管道两端管口与管堵接触部分的内壁应进行处理，使其洁净磨光。

②调整管堵支撑脚，分别将管堵安装在管道内部两端，每端接上压力表和充气罐。

③用打气筒向管堵密封胶圈内充气加压，观察压力表显示至 0.05～0.20MPa，且不宜超过 0.20MPa，将管道密封。锁紧管堵支撑脚，将其固定。

④用空气压缩机向管道内充气，膜盒表显示管道内气体压力至 3000Pa，关闭气阀，使气体趋于稳定，记录膜盒表读数从 3000Pa 降至 2000Pa 历时不应少于 5min。气压下降较快，可适当补气，下降太慢，可适当放气。

⑤膜盒表显示管道内气体压力达到 2000Pa 时开始计时，在满足该管径的标准闭气时间规定时，计时结束，记录此时管内实测气体压力 P，如 $P \geqslant 1500$Pa 则管道闭气试验合格，反之为不合格。

⑥管道闭气检验完毕，必须先排除管道内气体，再排除管堵密封圈内气体，最后卸下管堵。

⑦管堵密封胶圈充气达到规定压力值 2min 后，应无压降。在试验过程中应注意检查和进行必要的补气。管道内气体趋于稳定过程中，用喷雾器喷洒发泡液检查管道漏气情况。检查管堵对管口的密封，不得出现气泡。检查管口及管壁漏气，发现漏气应及时用密封修补材料封堵或作相应处理。漏气部位较多时，管内压力下降较快，要及时进行补气，以便作详细检查。

4.5 给水管道冲洗与消毒

4.5.1 一般要求及冲洗与消毒流程

1. 一般要求

①给水管道严禁取用污染水源进行水压试验、冲洗，施工管段处于污染水域较近时，必须严格控制污染水进入管道。如不慎污染管道，应由水质检测部门对管道污染水进行化验，并按其要求在管道并网运行前进行冲洗与消毒。

②管道冲洗与消毒应编制实施方案。

③施工单位应在建设单位、管理单位的配合下进行冲洗与消毒。给水管冲洗与消毒见图 4-6。

④冲洗时，应避开用水高峰，冲洗流速不小于 1.0m/s，连续冲洗。

2. 冲洗与消毒流程

准备工作→开闸冲洗→检查→合格关闭→取样化验。

图 4-6 给水管道冲洗与消毒

4.5.2 合格标准及控制要点

1. 合格标准

①管道第一次冲洗应用清洁水冲洗至出水口水样浊度小于 3NTU 为止，冲洗流速应大于 1.0m/s。

②管道第二次冲洗应在第一次冲洗后，用有效氯离子含量不低于 20mg/L 的清洁水浸泡 24h 后，再用清洁水进行第二次冲洗直至水质检测、管理部门取样化验合格为止。

2. 控制要点

①冲洗前与管理单位联系。共同商定用水流量、如何计算用水量及取水化验时间等事宜。冲洗水流速不小于 1.0m/s。放水时间以放水量大于管道总体积的 3 倍，且水质外观澄

清、化验合格为度，宜安排在城市涌水量较小，管网水压偏高的时间内进行。

②放水口应有明显标志或栏杆，夜间应加标灯等安全措施。

③放水前，应仔细检查防水路线，保证安全、畅通。

④开闸冲洗。

a）放水时，应先开出水闸门，再开来水闸门。

b）注意冲洗管段，特别是出水口的工作情况，做好排气工作，并派人监护放水路线，有问题及时处理。给水管道冲洗监护见图4-7。

c）支管亦应放水冲洗。

⑤检查沿线有无异常声响、冒水或设备故障等现象，检查放水口水质外观。

⑥关闸：放水后应尽量使来水闸门、出水闸门同时关闭，如做不到可先关出水闸门，但留1～2扣先不关死，待来水闸门关闭后，再将出水闸门全部关闭。

⑦取样化验。

a）冲洗生活饮用给水管道，防水完结，管内应存水24h以上再化验。

图4-7　给水管道冲洗监护

b）取水化验由管理单位进行。

⑧冲洗前应拟定冲洗方案，事前通告有关的主要用水户。

⑨冲洗前应检查排水口、排水道或河道能否正常排泄冲洗的水量，冲洗水量是否会影响排水道、河床、船只等的安全。在冲洗过程中应派专人进行安全监护。

⑩管道消毒。

a）管道冲洗后经水质检查达不到生活饮用水水质标准，则需进行管道消毒。

b）管道消毒一般采用含氯水浸泡。含氯水通常是将漂白粉溶解后，取上层清液随同清水注入管内而得。含氯水应充满整个管道，氯离子浓度不低于25～50mg/L。管道灌注含氯水后，关闭所有阀门，浸泡24h，再次冲洗，直至水质管理部门取样化验合格为止。

4.6　质量通病及防治措施

质量通病索引见表4-5。

表4-5　质量通病索引表

序号	质量通病	主要原因分析	主要防治措施
1	压力管道水压试验不合格	后背失效；留有大量空气	采取加固措施；开孔排气
2	无压管道闭水试验不合格	接口施工质量差；端头封堵不严密	
3	无压管道闭气试验不合格	管堵密封胶圈漏气；管口不密封	选择合适的管道密封胶圈；密封修补材料封堵

1. 压力管道水压试验不合格

原因分析：

①后背失效。

②水管内的接头和其他管件位置出现渗漏。

③试验段留有大量空气。

防治措施：

①精确计算后背承受力，根据计算情况采取加固措施。水压控制见图 4-8。

②长距离段可分成几段进行试验。

③严格按设计施工支墩，施工时支墩保证后背与原土接触紧密。

④排气阀应设置在试验管段的上游管顶、管段中的凸起点，长距离的水平管段上也应考虑增设适当的点开孔排气。管道闭水试验见图 4-9。

⑤采用正确排气方法排除管道内空气，减少预升压次数，提高工作效率：管道灌水应从下游缓慢注入，并仔细观察各排气阀、排气孔的排气效果，将管道内的气体排除。管道灌水时水流速度不可太快，应使管道的水量与管道的排气量相匹配：如果进水速度太快，而所设

图 4-8 水压控制

图 4-9 闭水试验

排气孔又小，管道内的气体就会滞留在管道内。只有当管道灌水时，排出的水流中不带气泡，水流连续，速度不变，才表明气已排尽。

2. 无压管道闭水试验不合格

原因分析：

①基础不均匀下沉。

②管材及其接口施工质量差。

③闭水段端头封堵不严密。

④井体施工质量差等。

防治措施：

①认真按设计要求施工，确保管道基础的强度和稳定性。当地基地质水文条件不良时，应进行换土改良处置，以提高基槽底部的承载力。如果槽底土壤被扰动或受水浸泡，应先挖除松软土层后和超挖部分用砂或碎石等稳定性好的材料回填压实。地下水位以下开挖土方时，应采取有效措施做好槽坑底部排水降水工作，确保干槽开挖，必要时可在槽坑底预留 30cm 厚土层，待后续工序施工时随挖随封闭。

②所用管材有合格证和力学试验报告等资料。管材外观质量要求表面平整，无松散露骨和蜂窝麻面现象，硬物轻敲管壁响声清脆悦耳。安装前再逐节检查，对已发现质量问题或有质量疑问的应弃之不用或经有效处理后方可使用。

③选用质量良好的接口填料并按试验配合比和合理的施工工艺组织施工。接口缝内要洁净，对水泥类填料接口还要预先湿润，而对油性的则预先干燥后刷冷底子油，再按照施工操作规程认真施工。

④检查井砌筑砂浆要饱满，勾缝全面不遗漏。抹面前清洁和湿润表面，抹面时及时压光收浆并养护。遇有地下水时，抹面和勾缝应随砌筑及时完成，不可在回填以后再进行内抹面或内勾缝。与检查井连接的管外表面应先湿润且均匀刷一层水泥原浆，并坐浆就位后再做好内外抹面，以防渗漏。

⑤砌堵前应把管 0.5m 左右范围内的管内壁清洗干净，涂刷水泥原浆，同时把所用的砖块润湿备用。砌堵砂浆标号应不低于 M7.5，具良好的稠度。勾缝和抹面用的水泥砂浆标号不低于 M15。管径较大时应内外双面抹灰，管径较小时只做外单面勾缝或抹面。抹面应按防水的 5 层施工法施工。条件允许时可在检查井砌筑之前进行封砌，以利保证质量。预设排水孔应在管内底处以便排干和试验时检查。

⑥在渗漏处一一做好记号，在排干管内水后进行认真处理。对细小的缝隙或麻面渗漏可采用水泥浆或防水涂料涂刷，较严重的应返工处理。油膏接口可采用喷灯进行表面处理，一般可奏效，否则挖开重填。严重的渗漏除了更换管材、重新填塞接口外，还可请专业技术人员处理。处理后再做试验，如此重复进行直至闭水合格为止。

3. 无压管道闭气试验不合格

原因分析：

①压力表破损或不精确。

②管堵密封胶圈漏气。

③管堵对管口不密封。

④管道施工质量不合格。

防治措施：

①压力表须定期送到有资质的专业计量局进行校验，破损或不准确的不准使用。在试验过程中，正确安装压力表，且必须将接表支管内的空气排净，接表支管也应同加压支管分开，安装压力表时，将支管的气阀先关闭，避免压力表指针来回波动而破损。向管道内充气加压时，应先关闭膜盒压力表接表气阀，待加压气压稳定后，再关闭加压气阀，打开接表气阀测试管道内的气压，防止加压时瞬间压力过大将膜盒压力表顶坏。试验完毕后，将压力表擦净并置于表盒内，防止尘土沉积在压力表中，并避免压力表与其他硬物器具相互碰撞而造成损坏。管道闭气试验见图 4-10。

②在试验、运输、保存过程中，尽量避免与尖锐的器具碰撞，尤其是在将其放入管口处时，注意有钢筋的检查井井口处所预留的钢筋及两端管道口内是否有杂物等。在试验过程中，选择相应尺寸的管堵密封胶圈妥善置于两端管道口内后，需要注意检查管堵密封胶圈充气达

图 4-10 闭气试验

到规定压力值 2min 后压降情况，判断管堵密封胶圈是否漏气，并进行必要的补气后再开始下一步骤。

③必须选择直径尺寸与管道直径一致的管堵密封胶圈，若胶圈尺寸均匀地存在一定的偏差，可在其周长方向加补一圈橡胶质胶带进行增大修补或替换合适的管道密封胶圈。必须清理磨光管道口内壁，增加其接触面。若管道口管径不合格、偏差过大，可将管堵密封圈置于管道更深一段。因管道口管径不合格而影响管道功能的，须修补或返工替换。

④为检验出不合格因素，向管道内充气加压时，沿管道方向逐步检查，配合眼观、耳闻、用手触探或使用喷雾器喷洒发泡液检查管道漏气情况。发现漏气应及时用密封修补材料封堵或作相应处理。漏气部位较多，管内压力下降较快时，及时进行补气，以便作详细检查。若管道管壁漏气，根据漏气破损处的尺寸大小选择采用砂浆掺加膨胀剂与胶或小石子混凝土掺加膨胀剂与胶进行修补，也可以使用环氧树脂类粘结剂修补。混凝土类无压管道工程多为滑动橡胶圈类柔性接头，若管道接头处漏气，采用填塞沥青麻絮等柔性的密封材料进行修补处理。处理完毕后，再进行复检。

第5章 调蓄池与提升泵站

5.1 调蓄池

5.1.1 土建工程

参见《长江大保护工程施工质量控制与实践 城镇污水处理厂工程》第 2 章相关内容。

5.1.2 设备及管线安装工程

参见《长江大保护工程施工质量控制与实践 城镇污水处理厂工程》第 3 章相关内容。

5.2 一体化提升泵站

5.2.1 国家、行业相关标准、规范

（1）《给水排水管道工程施工及验收规范》（GB 50268—2008）

（2）《城镇给水排水技术规范》（GB 50788—2012）

（3）《泵站设计规范》（GB 50265—2010）

（4）《现场设备、工业管道焊接工程施工规范》（GB 50236—2011）

（5）《给水排水构筑物工程施工及验收规范》（GB 50141—2008）

（6）《水利泵站施工及验收规范》（GB/T 51033—2014）

5.2.2 质量控制标准

一体化预制泵站系统由泵体、格栅、潜水泵、电机、管路系统、提升装置、操作平台、液位传感器、控制系统和通风系统等部件组成，要求在工厂整体装配调试完成后整体交付至现场。一体化泵站安装见图 5-1。

5.2.2.1 井筒结构

（1）一体化预制泵站的壳体采用玻璃钢（GRP）材料，要求使用年限为 50 年。

（2）壳体侧壁玻璃钢应以无碱玻璃纤维无捻粗纱及其制品为增强材料，热固性树脂为

基体材料，要求采用计算机控制缠绕工艺，确保厚度均匀。

（3）一体化预制泵站盖板应具备限位安全锁、防坠落和防盗的功能。

（4）泵站底座侧应采用流态化的设计，避免污泥沉积。

（5）筒体外部要根据使用条件和起吊能力设置吊耳，且不应少于 4 个，其强度需满足一体化预制泵站吊装的需要。

（6）一体化预制泵站底板采用钢筋混凝土结构。泵站底座应与底板钢筋和二次灌浆连接。

图 5-1 一体化泵站安装

（7）泵站进水口设置导流板，导流板材质与筒体相同，并和筒体牢固连接。导流板的使用寿命应达到泵站整体水平，并根据最大设计流量、流速、导流板的材质、形状和安装位置进行强度校核，提供流体动力学模拟（CFD）分析报告。

5.2.2.2 配套粉碎式格栅

一体化预制泵站对粉碎式格栅可靠性及粉碎效果要求比较高。粉碎格栅要求采用进口品牌，满足 24h 连续运转，采用导杆耦合方式安装，确保切割后的固体颗粒粒径应在 15～35mm。

驱动装置应设过载保护机构，应满足预制泵站的使用要求，电机为 H 级绝缘，其防护等级为 IP68，应保证其暴露在空气中或淹没在水下均可正常使用，同时还须满足如下要求：

（1）格栅应耦合在进水管法兰面或安装在预制格栅井。

（2）配套粉碎式格栅的溢流格栅应加开检修孔，并配套导杆、提升链、进水渠和支持附件。

（3）格栅支撑框架的强度应满足进水端 3.0m 静压力及最大流量的冲击力，同时格栅和挡水板等消能装置采用分体设计，防止格栅受力过大或疲劳破坏。

（4）格栅配套人工格栅，在粉碎式格栅主机检修时放置在粉碎式格栅的主机位置上，防止进水杂质进入泵站。

5.2.2.3 水泵和电机

（1）泵站配套的潜污泵应符合现行国家标准《污水污物潜水电泵》（GB/T 24674—2009）的规定。

（2）水泵在设计符合范围内应无振动和汽蚀现象，并带有自清洁功能。要求提供泵站部流态（CFD）分析报告，确保无不利水力现象产生。

（3）水泵能自动稳固地与排水连接座连接，并且水泵能在导杆引导下从泵坑顶部到排水连接座之间自由滑动，可不需工人下污水井检查和安装，降低维护风险。

（4）水泵的旋转部件（包括电机）应进行动、静平衡试验。

（5）水泵的运转噪声不应高于 80dB（A）。

（6）水泵配套的电机绝缘等级不低于 H 级，防护等级为 IP68，并配套电机。

（7）电机设计能每小时平均至少启动 15 次。

（8）电机需配置定子三相热敏高温保护和浮子式泄漏传感器，以监测机封的泄漏液体状况，一旦出现情况，能及时报警和关闭电机。

5.2.2.4 管路系统

（1）一体化泵站管道、管件采用卷板钢管，材质为Q235A。管道防腐采用特强级，符合《埋地钢制管道防腐保温层技术标准》（GB/T 50538—2010）相关要求，具体的防腐设计与出水压力管相同。

（2）管路系统的法兰应符合现行国家标准《钢制管法兰 第1部分：PN系列》（GB/T 9124.1—2019）及《钢制管法兰 第2部分：Class系列》（GB/T 9124.2—2019）的有关规定。

（3）泵站出水管配置止回阀和检修阀，且安装在泵站内部，阀瓣采用轻质复合材料。

（4）泵站的进出水管道和外部管道采用柔性连接。

5.2.2.5 泵站提升装置

（1）一体化预制泵站设置不锈钢SS304及以上材质的导杆、提升链等提升装置，且最大允许提升重量不应小于单台设备最大提升重量的1.5倍。

（2）水泵和自耦底座采用金属与金属之间的连接，并采用橡胶圈密封。

5.2.2.6 操作平台和爬梯

（1）泵站部设置维修平台，其材质须为与筒体相同的GRP材质。操作平台须进行承载力测试，最大设计荷载不应小于3.5kN/m^2。

（2）爬梯应满足现行国家标准《梯子 第2部分：要求、试验和标志》（GB/T 17889.2—2012）的有关规定。

5.2.2.7 液位控制设备

（1）一体化预制泵站液位采用超声波液位计设备进行实时监测控制，并以4～20mA的信号反馈到主控制器。

（2）液位传感器电缆应采取防松脱的措施，并应设置接地屏蔽线。

5.2.2.8 控制系统

（1）一体化泵站要求具备自动巡检、故障诊断、报警和自动保护等功能，实现泵站自动化控制及无人值守。

（2）对于可恢复的故障，要求具备自动或手动解除报警、恢复正常运行的功能。

（3）泵站控制设备显示参数，要求包括实际液位、启停液位、运行时间、泵送流量、水泵转速、电流、能耗、水泵运行和故障、超低、超高和溢流液位等。人机界面LED液晶显示，实现参数设定及运行数据实时显示。

（4）控制柜采用户外型，双层门结构，柜体材质要求采用不锈钢，电缆安装方式采用下进下出，防护等级为IP54及以上。

（5）泵站坑底冲洗控制：泵站应配置可对泵坑底部淤泥沉淀物进行冲刷的设备，能在每次水泵启动初期先对泵坑进行水流冲洗，冲刷起坑底淤泥等沉淀物后再将其抽走。

（6）泵站浮渣清理功能控制：通过控制系统自动调控水泵，能在抽排过程中产生超低液位的漩涡，能将泵站液体表面滞留的浮渣抽吸至水泵排走，可自由设定每天清理次数。

（7）泵站数据可传输至中控服务器，配置 GPRS 调制解调器，通过中国移动网络及 Internet，以 AquaCom 公开的通信协议传输泵站数据，自动远程无线传输至中控服务器。

（8）远程监控。泵站基本运作情况可通过手机、电脑的终端软件进行实时监控。

（9）防雷保护。水泵控制柜应设有进线电源浪涌保护，GPRS 调制解调及超声波液位计也应设有防雷保护功能，防止雷击导致泵站及通信无法正常工作。

（10）远程通信及 SCADA 监控系统。水泵厂商需提供专业泵站远程监控系统（SCADA）并满足与远程泵站通信数据数量没有限制。组态画面，动态显示泵站运行状况及报警列表，并能实现远程控制启停水泵。

5.2.2.9 通风及检测系统

（1）一体化预制泵站设置通风管，管径不应小于 100mm。泵站采用活性炭除臭装置，并应符合现行国家标准《恶臭污染物排放标准》（GB 14554—1993）中厂新扩改建二级指标的要求。

（2）泵站配备移动式硫化氢（H_2S）检测仪。

5.2.2.10 出厂检测及施工验收

（1）一体化预制泵站的出厂检测应以单个泵站主体作为一个批次。

（2）泵站主体生产完成后应进行外观检查和尺寸检验。

（3）一体化预制泵站应进行泵站管路系统的打压试验。

（4）水泵应进行水力性能测试，并附水力性能测试报告。

（5）泵站的出厂文件应包括零件附件清单、产品合格证、安装与调试说明书、下井作业规程、安全标识、承重标识和吊装作业安全指导书。

（6）水泵的施工及验收应符合《一体化预制泵站应用技术规程》中相关要求和规定。一体化泵站安装成型效果见图 5-2。

5.2.3 质量控制要点

图 5-2 一体化泵站安装成型效果

5.2.3.1 泵站基础

1. 泵坑开挖

泵坑挖掘方式（要考虑斜坡的稳定性，可能的排水方式等）应适于当前的土壤环境。坑底边缘可做一个小型集水井，随时排水，保证坑底平面无积水。

必须按设计图纸开挖，并制定开挖方案，在开挖时要密切关注基坑的安全。泵坑底部必须是干爽的，不允许有水，如有，必须采取适当的降水措施。采取合适的基坑维护方式，避免泵坑坍塌。坑底要挖平，如果有需要，铺上一层无石卵石层，用夯实机压实，压实程度达到 90% 的压实试验结果。泵坑开挖结束后，确认泵站进出水管连接管以及电缆等现场条件具备，才能进行泵站安装。

①按图纸设计的平面位置、标高及几何尺寸进行施工放样。

②将基坑控制桩延长于基坑外 2m 处加以固定。

③基坑开挖应保持良好的排水，基坑外设置集水井，以利于基底排水。

④用挖掘机开挖至中砂层，将上层填土挖除，然后用毛砂回填至基底高程。

⑤基坑开挖后应检验基底承载力（基底承载力要求大于 150kPa），若承载力达不到要求，应按监理工程师的指示处理。

⑥基坑开挖过程中，若发现围护结构有渗漏必须及时封堵。

2. 垫层和水泥底板

井底准备：铺平井底，灌沙并夯实。如果有需要，铺上一层无石卵石层，用夯实机压实，压实程度达到 90% 的压实试验结果。如果是敏感性地基，在执行压实操作时，必须特别小心。检查并确认表面平坦、均匀一致。

（1）C20 基础垫层。

①模板加工及安装。

模板采用外加工模板。模板的厚度、长度、横竖肋根据护栏尺寸、长度和模板周转次数确定。

根据设计图纸和测量放线位置支设模板。相邻的模板用螺栓连接，模板搭接处夹海绵双面胶条密封。

模板与混凝土接触面必须打磨光洁呈亮色，然后均匀涂刷脱模剂。

模板尺寸要先经过质检员进行自检，然后向监理进行报验，报验合格后方可进行下道工序。

②浇筑混凝土。

混凝土不得在一个地方集中下料，防止形成起伏不定的界面。浇筑时间不得大于混凝土初凝时间。

振捣棒与侧模的距离应保持 5～10cm 的距离，严禁振捣棒直接接触模板。每一次振捣必须振捣至混凝土停止下沉，不再冒出气泡，表面呈现平坦、泛浆时方可提出振捣棒。

（2）底板施工。

①钢筋加工。

钢筋加工前，依据图纸进行钢筋翻样并编制钢筋配料单，以使钢筋接头最少和节约钢筋。

钢筋应平直、无局部弯折，对弯曲的钢筋应调直后使用。

钢筋加工前要清除钢筋表面油漆、油污、锈蚀等污物，有损伤和锈蚀严重的应剔除不用。

钢筋要集中加工，运至现场绑扎成型。

②钢筋绑扎及安装。

按照设计图纸和测量放线位置进行钢筋绑扎。绑扎时要先绑扎立筋，立筋的位置调好后再绑扎横向钢筋。先由质检员进行自检，然后向监理进行报验。检验合格后才能浇筑混凝土。底板钢筋应与井壁、后浇隔墙的预留钢筋进行焊接。焊接长度不小于 35d。

③浇筑混凝土。

混凝土应分层浇筑，不得在一个地方集中下料，防止形成起伏不定的界面。浇筑时间不得大于混凝土初凝时间。

底板浇筑时保持地下水位在底板下 0.5m。

底板浇筑时应注意地角螺栓预埋。

④拆模养生。

混凝土浇筑完成后应在混凝土强度能保证其表面及棱角不致因拆模而受损坏时方可拆模，对表面进行清理后洒水养护。

（3）水泥底板安装。

①水泥底板安装必须是水平位置，安装在水泥底板上的地脚螺栓要先于泵体的放置，底板的上平面必须打磨光滑。地脚螺栓在一圈内均匀分角度安装。地脚螺栓要均匀安装。水泥底板尺寸应满足泵站抗浮的需要。必须保证混凝土基础干燥程度超过 70% 时才能开始安装。

②混凝土基础的上平面必须打磨平整，安装泵站前需要清理泥土、石块。混凝土基础安装见图 5-3。

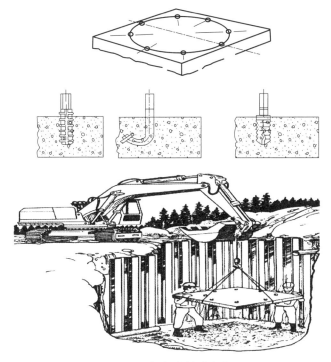

图 5-3 混凝土基础安装

5.2.3.2 泵站吊装

（1）泵站运输必须水平位置放置，而且必须固定在运输底座上，用吊带和葫芦紧固。在安装和起吊至垂直位置之前，必须去掉泵站起吊装置和连接附件。在拆封区，应确保泵站不会倾翻和坠落。

（2）应确保使用适当的起重或吊运设备从卡车上卸载泵站、吊具、吊索，卸扣的规格满足设备自重要求。若井筒长度超过 6m，需要用两台载荷适当的起吊设备作业。应使用适当的吊索通过卸扣和吊耳起吊泵站，小心地卸载并安全放置在地面上，尽量使泵站底部整体同时着地，尽量避免底部圆弧局部承重。设备卸落吊装见图 5-4。

（3）用升降套索把泵站井筒从水平位置起吊到垂直位置。在这个工作阶段，壳体上的吊钩是不允许使用的。

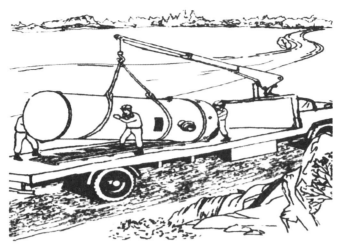

图 5-4　设备卸落吊装

（4）水平移动及翻转泵站，用升降套索捆扎移动。应按照泵站实际的体积和重量选择合适的起吊设备规格及数量，保证起吊后平稳移动。设备吊装移动见图 5-5。

（5）筒盖侧的吊耳上装好卸扣，用吊索穿过卸扣后挂在吊钩上，筒底侧将吊索捆扎在距井筒端约 1.5m 处后挂在吊钩上，两个吊钩同步水平吊起，先将井筒水平吊离地面 10cm，确保吊点合理，设备平稳。若井筒长度超过 6m，需要用两台吊车作业。然后筒底侧保持一定高度悬空，筒盖侧持续升高至井筒接近垂直，然后缓慢下降至地面，整个底平面同时着地，避免井筒底部边缘单独触地。起吊前注意调整缆索位置，避免损坏上盖部件。缆索需按照图示对穿后进行作业。

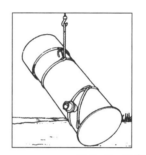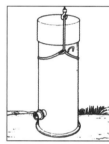

图 5-5　设备吊装移动

（6）垂直起吊时，要把重量均匀分配到 4 个吊钩上，起吊时，用起吊套索或吊绳来保护泵站和泵盖以免夹坏。设备吊装就位见图 5-6。

（7）安装井筒。

图 5-6　设备吊装就位

用毛刷清洁水泥底板表面，确保安装面和泵安装法兰之间没有泥土等杂物。用起重吊钩吊起泵体，放在水泥底板上的地脚螺栓圈中间。操作时，不要把泵体碰到地脚螺栓，因为地脚螺栓易碰坏泵体表面。注意确认罐体的进出口方向正确性，另注意需要落在混凝土基础的中心位置，保证对压实层的压力均匀。检查泵站是否垂直。安装固定支架和拧紧螺母。

在混凝土灌浆过程中，在泵站内灌水至少至 1500mm，以此获得充足的平衡力。筒体上的灌浆孔均可以使用。灌注过程中保证混凝土均匀填满整个筒体底部。

5.2.3.3 管路安装

连接前，要在泵站井筒四周用鹅卵石或者沙子回填到连接管的最低面，并压实。进口端安装应检查：管和密封圈必须干净，进水管与连接处精准结合，连接的地脚螺栓要固紧。法兰节要确保密封严实，对称均匀紧固。

5.2.3.4 液位计安装

液位调节器电缆要使用适当的电缆网套，并将电缆悬挂于电缆支架。安装固定液位控制器及悬挂电缆要避免缠结或末端在泵站的入口，同时也要检查控制器被障碍物干扰从而影响液位传感器的正常操作。液位计装入专门的保护套管，根据需求调节液位调节器的高度。

5.2.3.5 水泵安装

（1）检查。

①当打开泵站时检查并确认顶盖和安全栅得到适当支撑。小心挤压引起损伤。

②设备运输和地面安装后，检查并确认泵站内所有设备已紧固妥当并处于正确位置。检查所有的电气连接。清理井底碎片。用水平仪或铅垂线检查并确认导杆放置的竖直度。确保电缆无锐弯或挤压。

（2）沿导杆放下泵。当泵到达底部位置后，它将自动连接至预装配的出水连接。

（3）然后泵就可以沿着导杆提升检查，无须拆开任何连接件。

（4）拉紧提升链固定在入口框架上的钩子上，电缆固定在电缆支架上。

（5）粉碎性格栅机安装。

①将电机与格栅连接法兰处的螺栓卸下，然后将导杆支撑装在中间，再将卸下的螺栓拧上。设备安装见图 5-7。

②用安装成一体的粉碎格栅的导杆支撑抓住导杆，将格栅沿着导杆慢慢下滑到底。

③将提升链固定在上部链钩上。

（6）水压试验。

①管道的冲洗和吹扫应在强度和严密性试验后进行，冲洗的顺序为主管→支管。冲洗和吹扫时，管道的脏物不得进入设备，设备的脏物也不得进入管道。

②冲洗和吹扫前应将系统内的仪表加以保护，并将节流阀、止回阀等妥善保管，待吹洗后复位。

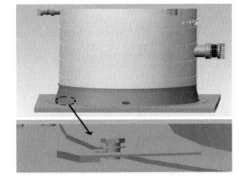

图 5-7 设备安装

③冲洗的压力不得大于设计工作压力。水冲洗时水流速不小于 1.5m/s，以出水口、入水口的水透明度目测一致为合格，冲洗水应排入可靠的排水井或沟中并保证排泄畅通和安全。

④排放管的截面积应不小于被冲洗管截面积的 2/3，冲洗合格后应将系统内水排尽。

⑤空气管道用压缩空气吹扫，在排气管口用白布或涂有白漆的靶板检查，5min 内检查其无铁锈、尘土、水分及其他脏物为合格。管道系统吹洗合格后应将系统复原。

第6章 地下综合管廊

6.1 地基处理

参见《长江大保护工程施工质量控制与实践 城镇污水处理厂工程》2.2 节内容。

6.2 现浇管廊

6.2.1 钢筋工程

参见《长江大保护工程施工质量控制与实践 城镇污水处理厂工程》2.3.2 节相关内容。

6.2.2 混凝土工程

参见《长江大保护工程施工质量控制与实践 城镇污水处理厂工程》2.3.4 节相关内容。

6.2.3 现浇管廊防水

参见《长江大保护工程施工质量控制与实践 城镇污水处理厂工程》2.8 节相关内容。

6.3 预制管廊

6.3.1 管节预制

预制管廊安装见图 6-1。

6.3.1.1 国家、行业相关标准、规范

（1）《城市综合管廊工程技术规范》（GB 50838—2015）

（2）《建筑工程施工质量验收统一标准》（GB 50300—2013）

（3）《混凝土结构工程施工质量验收规范》（GB 50204—2015）

（4）《钢筋焊接及验收规范》（JGJ 18—2012）

图 6-1 预制管廊安装

6.3.1.2　质量控制标准

（1）预制拼装钢筋混凝土构件的模板，应采用精加工的钢模板。

（2）构件堆放的场地应平整夯实，并应具有良好的排水措施。

（3）构件运输及吊装时，混凝土强度应符合设计要求，当设计无要求时，不应低于设计强度的 75%。

（4）预制构件安装前，应复验合格。当构件上有裂缝且宽度超过 0.2mm 时，应进行鉴定。

（5）预制构件制作单位应具备相应生产工艺设施，并应有完善的质量管理体系和必要的试验检测手段。

（6）预制构件安装前应对其外观、裂缝等情况进行检验，并应按设计要求及现行国家标准《混凝土结构工程施工质量验收规范》（GB 50204—2015）的有关规定进行结构性能检验。管节预制见图 6-2。

图 6-2　管节预制

6.3.1.3　质量控制要点

（1）根据管廊钢筋设计图纸制作钢筋胎具，用于钢筋定位、焊接等。

（2）钢筋进场和使用前全数检查钢筋外观质量，是否平直、无损伤，表面不得有夹渣、重皮、裂纹、油污、颗粒状或片状老锈，钢筋直径应符合要求，以免影响钢筋强度和锚固性能。

（3）加工成型的钢筋按照施工图纸摆放到胎具上进行焊接，钢筋焊接完成后，应及时进行焊接接头外观检查，外观检查不合格的接头，应切除重焊。

（4）使用清扫工具进行模具表面清理，然后再使用按照比例调兑的脱模剂用滚刷在模板内侧均匀涂抹。

（5）脱模剂涂抹完毕后，把先焊接好的钢筋通过龙门吊吊装进模具，注意检查钢筋笼规格，避免在吊装钢筋时碰撞，按照快起慢放的原则进行。

（6）在焊好的钢筋中所规定的位置上安装保护层垫片，放到模具内。

（7）钢筋安装完后对保护层、部件的安装位置、尺寸等要再确认，实施确认后进行合模安装。确认好吊具的大小、位置、方向、数量后进行安装。

（8）混凝土浇筑通过天泵或悬臂吊浇筑，墙体分三次浇筑，每次浇筑高度不大于 60cm，墙体浇筑完成后再浇筑板，振捣采用 $\phi50$ 振捣棒。

6.3.1.4　质量通病及防治措施

质量通病索引见表 6-1。

表 6-1　质量通病索引表

序号	质量通病	主要原因分析	主要防治措施
1	管节预制尺寸偏差大	螺栓未拧紧；钢筋安装位置偏差大	锁紧装置无间隙；安装保护层垫片
2	混凝土浇筑质量差	振捣不到位；混凝土离析	分层振捣压实；坍落度试验，及时调整

1. 管节预制尺寸偏差大

原因分析：

①模具螺栓未拧紧，导致尺寸偏差大。

②钢筋安装位置偏差大，导致部分螺栓无法拧紧。

防治措施：

①在焊好的钢筋中所规定的位置上安装保护层垫片，应确认不同规格垫片的使用个数。

②在组装钢筋之前确认钢筋焊接情况，混凝土浇筑前对钢筋安装进行检查并记录，对不符合要求的部位进行整改。

③合模安装完成后，逐个确认锁紧装置无间隙，所有螺栓必须全部拧紧。

2. 混凝土浇筑质量差

原因分析：

①混凝土振捣不到位。

②混凝土出现离析等现象。

③混凝土表面未进行收面处理。

防治措施：

①混凝土振捣采用插入式振捣器与附着式振捣器相结合的方法，严格控制每层浇筑高度不大于60cm，并分层振捣压实。

②混凝土浇筑需及时进行，防止浇筑时间过长产生冷缝，一边放料一边根据情况开附着式振捣器，并辅以插入式振捣。

③浇筑过程中对混凝土取样，进行坍落度试验，如混凝土坍落度过大或过小，及时调整，对不合格的混凝土及时退场处理。

④混凝土浇筑完成后，刮掉表面多余浮浆，再用抹刀将表面抹平收光。

6.3.2 管节安装

6.3.2.1 国家、行业相关标准、规范

（1）《城市综合管廊工程技术规范》（GB 50838—2015）

（2）《建筑工程施工质量验收统一标准》（GB 50300—2013）

（3）《混凝土结构工程施工质量验收规范》（GB 50204—2015）

（4）《装配式混凝土结构技术规程》（JGJ 1—2014）

6.3.2.2 质量控制标准

管廊安装完成后，预制管节的位置、尺寸偏差及检验方法应符合设计要求，具体控制标准参考表 6-2 的规定。

表 6-2 预制管节的位置、尺寸偏差标准

检查项目	允许偏差（mm）	检验方法
轴线位置	5	经纬仪及尺量
标高	± 5	水准仪或拉线、尺量

续表

检查项目		允许偏差（mm）	检验方法
垂直度	高度≤6m	5	经纬仪或吊线、尺量
	高度>6m	10	
相邻平整度	板	5	2m靠尺和塞尺
	墙	5	
接缝宽度		±5	尺量

6.3.2.3　质量控制要点

（1）预制构件安装首件必须进行外压接缝闭水试验和外压荷载试验。

（2）管节运输需选择路线合理且安全、线路较短的线路，运输车辆须满足载重要求。

（3）预制管节构件现场安装采用龙门吊安装施工，吊装过程中应保证不破坏预制管节。

（4）管廊上下产品安放位置对正后，从上部预留钢棒连接孔穿PC钢棒，与下部预埋钢棒连接套筒连接，连接后用工具把钢棒螺母锚住。预制管廊安装见图6-3。

图 6-3　预制管廊安装

（5）管廊左右产品安装完毕后，在管廊预留张拉孔处穿入钢绞线，并在锁盒位置安放单孔锚具与锚具垫片，确认所有工序无误后对产品进行张拉，张拉时采用对角线张拉。

6.3.2.4　质量通病及防治措施

质量通病索引见表6-3。

表 6-3　质量通病索引表

序号	质量通病	主要原因分析	主要防治措施
1	管节安装对接偏差大	位置偏差大；安装操作不当	设置安装定位标识、轴线控制标识及标高控制标识；采用保护垫块或专用套件加强保护

管节安装对接偏差大

原因分析：

①管节接缝位置破损。

②管节安装位置错误或位置偏差大。

③管节安装操作不当。

防治措施：

①装配式管廊构件应按吊装顺序堆放，底部不得直接着地，构件的堆垛不得超过 2 层。构件的支垫应坚实，产品标识宜朝向堆垛间的通道。

②应对管廊企口、企口防水胶圈及异形装配式管廊外露钢筋部分采用保护垫块或专用套件加强保护。

③预埋件、预埋吊件采取防污、防锈措施。

④核对装配式管廊构件混凝土强度、外观尺寸及预埋件的规格型号、数量、位置、外观等符合设计文件要求。

⑤在已完成结构及装配式管廊上进行测量放线，并应设置安装定位标识、轴线控制标识及标高控制标识。

⑥装配式管廊应按照施工方案吊装顺序预先编号，吊装时应按编号顺序起吊。

⑦装配式管廊构件应按设计位置起吊，采取措施满足起重设备的主钩位置、吊具及构件重心在竖直方向上重合。吊索与构件水平夹角不应小于 45°。吊运过程应平稳，不应有偏斜和大幅度摆动。

⑧吊装就位并校准定位后，应及时设置临时支撑或采取临时固定措施，管廊与吊具的分离应在校准定位及临时固定措施安装完成后进行。

⑨橡胶密封圈安装位置偏差不得超过 2mm，安装后应紧贴混凝土表面，环径长度 3m以下的胶圈宜为 0.8~0.9 倍环径长度，3m 以上胶圈长度宜为 0.75~0.85 倍环径长度。胶圈安装前，不应出现破损和提前膨胀部位，出现损伤情况时，应割除后重新粘结。密封橡胶圈安装基面应干燥、洁净、平整、坚实，不得有疏松、起皮、起砂现象。施工过程中，遇雨雪天气，应做好已安装防水材料的密封和保护工作。

⑩装配式管廊结构采用柔性连接方式时，承口内工作面、插口外工作面应清洗干净。胶圈应平直、无扭曲，应正确就位。橡胶圈表面宜涂刷无腐蚀性润滑剂。节段安装完毕后，宜采用回弹位移限制措施，控制接缝宽度及防止预制节段回弹。预制管廊结构与现浇结构整体连接完毕后再撤去临时固定措施。

6.3.3 预应力工程

6.3.3.1 国家、行业相关标准、规范

（1）《城市综合管廊工程技术规范》（GB 50838—2015）

（2）《建筑工程施工质量验收统一标准》（GB 50300—2013）

（3）《混凝土结构工程施工质量验收规范》（GB 50204—2015）

（4）《预应力混凝土用钢绞线》（GB/T 5224—2014）

（5）《预应力混凝土用钢棒》（GB/T 5223.3—2017）

6.3.3.2 质量控制标准

（1）预应力张拉或放张时，混凝土强度应符合设计要求，当设计无要求时，不应低于设计的混凝土立方体抗压强度标准值的 75%。

（2）预应力筋张拉锚固后，实际建立的预应力值与工程设计规定检验值的相对允许偏差应为 ±5%。

（3）后张法有粘结预应力张拉后，应尽早进行孔道灌浆，孔道内水泥浆应饱满、压实。

（4）锚具的封闭保护应符合设计要求，当设计无要求时，应符合现行国家标准《混凝土结构工程施工质量验收规范》（GB 50204—2015）的有关规定。

6.3.3.3　质量控制要点

（1）PC 钢棒或预应力钢绞线作为锁紧装置时，其连接长度应符合设计要求。

（2）节段连接锁紧过程中，千斤顶应对称张拉，锁紧力应符合设计要求，设计无要求时，应试验确定。锁紧过程中，应全程监测位移，出现轴线偏差时，应及时校正装配式管廊位移方向。预制管廊张拉见图 6-4。

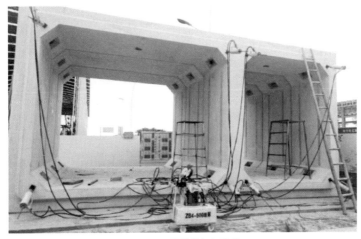

图 6-4　预制管廊张拉

（3）装配式管廊锁紧就位后，应确认锚具锁牢后再切断剩余钢绞线，节段相对回弹量不得超过 5mm。采用螺栓连接时，螺栓的材质、规格、拧紧力矩应符合现行国家标准《钢结构设计标准》（GB 50017—2017）和《钢结构工程施工质量验收标准》（GB 50205—2020）的有关规定。

（4）预应力施工完成后，应及时对连接箱进行封堵。

（5）预应力安装施工完毕后，应及时对吊装孔进行防腐处理，并按设计要求进行封堵。

6.3.3.4　质量通病及防治措施

质量通病索引见表 6-4。

表 6-4　质量通病索引表

序号	质量通病	主要原因分析	主要防治措施
1	预应力张拉不到位	控制力不满足要求；预应力筋粘结	采用张拉力和伸长量双控；清理钢绞线上杂质
2	预应力灌浆不压实	灌浆孔堵塞；槽口未密封	剪力槽采用密封材料密封；填充密封材料时不得堵塞进浆口

1. 预应力张拉不到位

原因分析：

①张拉千斤顶及油泵未标定。

②张拉控制力不满足要求。

③漏浆导致预应力筋粘结。

防治措施：

①张拉前，对千斤顶及油泵进行配套标定。

②安装锚具前，应先检查锚垫板上气孔是否通畅，若不通畅则先疏通，检查预应力管道中是否有漏浆粘结预应力筋的现象，如有应予以排除。将钢绞线上所附杂质清理干净再行安装，锚杯应与锚垫板止口对正。

③张拉时，应尽量保证张拉的合力处在构件核心截面以内，以防构件产生过大的偏心受压和边缘压力。

④预应力钢绞线的张拉采用张拉力和伸长量双控，以张拉力为主，伸长量进行校核，偏差控制在 ±6% 以内。

2. 预应力灌浆不压实

原因分析：

①灌浆孔内堵塞。

②灌浆工艺不正确。

③未进行槽口密封。

防治措施：

①张拉作业后，根据需要对钢绞线连接处孔隙、PC 钢棒连接套筒及空隙进行灌浆处理。灌浆处理完后，对连接箱部用混凝土进行填充抹平。

②安装前检查 PC 钢棒连接部位的套筒及钢绞线连接部位的锚具，连接材料的规格、长度、表面状况、轴心位置应符合要求。

③检查预制构件连接套筒灌浆腔、灌浆和排浆孔道中无异物存在，构件连接部位混凝土表面有无异物和积水，必要时将干燥的混凝土表面进行湿润，在构件下方水平连接面放置支撑块，确保连通灌浆腔最小间隙。构件安装时所有钢棒插入套筒的深度达到设计要求。

④预制剪力槽采用密封功能的灌浆料或其他密封材料对构件连接缝四周进行密封，填充密封材料时不得堵塞进浆口。

6.3.4 预制管廊防水

6.3.4.1 国家、行业相关标准、规范

（1）《城市综合管廊工程技术规范》（GB 50838—2015）

（2）《建筑工程施工质量验收统一标准》（GB 50300—2013）

（3）《地下工程防水技术规范》（GB 50108—2008）

（4）《地下防水工程质量验收规范》（GB 50208—2011）

6.3.4.2　质量控制标准

（1）预制混凝土综合管廊拼装前，密封圈（条）和填充材料等应安装完毕。

（2）纵向锁紧承插接头，宜在插口端面上设置两道密封胶或在端面及工作面上分别安装密封胶圈和密封条。

（3）柔性矩形（弧形）承插接头施工时，宜在插口工作面上设置两道密封条。

（4）柔性钢承插口施工时，插口部位宜设置两道弹性橡胶密封条。

（5）承插式接口密封施工时，弹性橡胶密封圈、密封条等密封材料应安装在预留的沟槽中，并应环向密闭。

（6）接缝部位的空腔，应采用弹性注浆材料进行注浆封闭。

（7）密封圈（条）应紧贴混凝土基层，接头部位应采用对接，接口应紧密，一环接头不宜超过 2 处。

（8）密封胶施工时，密封胶嵌填应压实、连续、饱满，应与基层粘结牢固。表面应平滑，缝边应顺直，不应有气泡、孔洞、开裂、剥离等现象。预制管廊防水施工见图 6-5。

图 6-5　预制管廊防水施工

6.3.4.3　质量控制要点

（1）预制管节下部产品安放完毕后，将横缝处清理并涂抹底涂，安放止水胶条并压实，检查止水胶条安放处是否有脱落等情况。

（2）预制管节左右缝连接前，对接缝处进行清理并涂抹底涂，在连接缝处安放止水胶条，安放完毕后检查是否有松动、脱落等情况。

（3）接缝处粘接美纹纸，美纹纸粘接按照连接缝距离 2.5cm 处垂直粘接，粘接完成后使用密封防水填料进行密封。在密封过程中，填料应填充均匀，不得漏填或填充料内含空气。填充完成后把美纹纸撕掉。

（4）张拉完成后，再进行一次防水填料充填。

6.3.4.4 质量通病及防治措施

质量通病索引见表6-5。

表6-5 质量通病索引表

序号	质量通病	主要原因分析	主要防治措施
1	预制管廊接缝处渗漏	接口未对接到位；粘合剂填充不够	严格控制接口对齐质量；空隙部位使用密封填料接缝处理

预制管廊接缝处渗漏

原因分析：

①垫层施工不平整。

②管廊对接口未对接到位。

③连接处粘合剂填充不够。

④预制尺寸偏差较大。

防治措施：

①基础垫层的平整度直接影响到后期箱涵的安装和连接处的防水处理。按照规范要求，基础垫层的平整度应严格控制在15mm以内。

②垫层混凝土浇筑完后为使表面更加平整压实，用铁滚筒再进一步整平，效果更好，并能起到收水抹面的效果。混凝土振捣压实后，按照标高控制线检查平整度，用木刮杠刮平，表面用木抹子搓平，有坡度要求的，按设计要求的坡度找坡。

③预制管廊接口对不齐，中间的胶条会挤压变形不均匀，造成漏水现象，而对接的精确度直接影响到接口中间止水胶条的挤压均匀度，应严格控制接口对齐质量。

④密封填料填充前把接口清理干净，确保接口处无杂质。填充后用专用的工具把粘合剂压平赶出空气，再继续填充空隙部位。

⑤模具采用专用高精度钢模进行制品的生产，安装时严格按计划好的安装顺序进行施工。内部有接缝处全部使用密封填料进行接缝处理，达到不渗漏。

6.4 基坑回填

参见《长江大保护工程施工质量控制与实践 城镇污水处理厂工程》2.10节相关内容。

6.5 附属工程

6.5.1 国家、行业相关标准、规范

（1）《城市综合管廊工程技术规范》（GB 50838—2015）

（2）《建筑工程施工质量验收统一标准》（GB 50300—2013）

（3）《城镇排水系统电气与自动化工程技术标准》（CJJ/T 120—2018）

（4）《建筑电气安装工程图集》（03G 101）

（5）《自动化仪表工程施工及质量验收规范》（GB 50093—2013）

（6）《火灾自动报警系统施工及验收标准》（GB 50166—2019）

（7）《电气装置安装工程电缆线路施工及验收标准》（GB 50168—2018）

（8）《电气装置安装工程接地装置施工及验收规范》（GB 50169—2016）

（9）《通风与空调工程施工质量验收规范》（GB 50243—2016）

（10）《给水排水管道工程施工及验收规范》（GB 50268—2008）

（11）《风机、压缩机、泵安装工程施工及验收规范》（GB 50275—2010）

（12）《建筑电气工程施工质量验收规范》（GB 50303—2015）

（13）《综合布线系统工程验收规范》（GB 50312—2016）

（14）《智能建筑工程施工规范》（GB 50606—2006）

（15）《建筑电气照明装置施工与验收规范》（GB 50617—2010）

6.5.2　一般规定

（1）主要设备、材料、线品和半成品进场检验结论应有记录，确认符合规范规定，方可在施工中应用。

（2）设备、材料及配件进入施工现场应有清单、使用说明书、质量合格证明文件、国家法定质检机构的检验报告等文件。消防系统中的强制认证（认可）产品还应有认证（认可）证书和认证（认可）标识。

（3）设备安装前，应进行开箱检查，并形成验收文字记录。参加人员为建设、监理、施工和厂商等方单位的代表。

（4）系统设备、材料及配件齐全并能保证正常施工；应具备系统图、设备布置平面图、接线图、安装图以及消防设备联动逻辑说明等必要的技术文件。

（5）相关各专业工种之间交接时，应进行检验，并经监理工程师签证后方可进入下道工序。

6.5.3　消防系统施工

质量控制要点：

（1）综合管廊内应在沿线、人员出入口、逃生口等处设置灭火器材，灭火器材的设置间距不应大于 30m。

（2）防火分隔处的门应采用甲级防火门，管线穿越防火隔断部位应采用阻火包等防火封堵措施进行严密封堵。

（3）干线综合管廊中容纳电力电缆的舱室、支线综合管廊中容纳 6 根及以上电力电缆的舱室应设置自动灭火系统；其他容纳电力电缆的舱室宜设置自动灭火系统。

（4）喷头安装应在系统试压、冲洗合格后进行。喷头安装时宜采用专用的弯头、三通。不得对喷头进行拆装、改动，并严禁给喷头附加任何装饰性涂层。

当喷头的公称直径小于 10mm 时，应在配水干管或配水管上安装过滤器，当通风管道宽度大于 1.2m 时，喷头应安装在其腹面以下部位。

（5）报警阀组安装应符合下列规定：

水源控制阀、报警阀与配水干管的连接，应使水流方向一致。报警阀组安装的位置应符合设计要求；当设计无要求时，报警阀组应安装在便于操作的明显位置，距室内地面高度宜为 1.2m；两侧与墙的距离不应小于 0.5m；正面与墙的距离不应小于 1.2m，报警阀组凸出部位之间的距离不应小于 0.5m。

（6）消火栓支管要以栓阀的坐标、标高定位甩口，核定后再稳固消火栓箱，箱体找正稳固后再把栓阀安装好，在交工前应将消火栓配件安装完毕。

（7）消防设备应急电源不应安装在靠近带有可燃气体的管道、操作间等位置。单相供电额定功率大于 30kW、三相供电额定功率大于 120kW 的消防设备应安装独立的消防应急电源。

（8）从接线盒、线槽等处引到探测器底座、控制设备、扬声器的线路，当采用金属软管保护时，其长度不应大于 2m。

（9）火灾报警控制器、可燃气体报警控制器、区域显示器、消防联动控制器等控制器类设备（以下称控制器）在墙上安装时，其底边距地面高度宜为 1.3～1.5m，其靠近门轴的侧面距墙不应小于 0.5m，正面操作距离不应小于 1.2m；落地安装时，其底边宜高出地面 0.1～0.2m。

（10）在宽度小于 3m 的内走道顶板上安装探测器时，宜居中安装。点型感温火灾探测器的安装间距，不应超过 10m；点型感烟火灾探测器的安装间距，不应超过 15m。探测器至端墙的距离，不应大于安装间距的一半。

（11）可燃气体探测器确认灯应朝向便于人员观察的主要入口方向，模块（或金属箱）应独立支撑或固定，安装牢固，并应采取防潮、防腐蚀等措施，隐蔽安装时在安装处应有明显的部位显示和检修孔。

6.5.4 通风系统施工

质量控制要点：

（1）通风系统宜采用自然进风和机械排风相结合的通风方式，并应设置事故后机械排烟设施。燃气管道舱和含有污水管道的舱室应采用机械进、排风的通风方式。

（2）风道与金属风管及部件的连接处，应设预埋法兰或安装连接件形式的接口，其位置应准确，连接处应严密，变形缝应符合设计要求，不应渗水和漏风，通风管道在满足通风截面积的情况下，应保证绝对粗糙度小于 3mm；防火风管的本体、框架与固定材料、密封垫料必须为不燃材料，防排烟系统柔性短管的制作材料必须为不燃材料。

（3）综合管廊的通风口应设置防止小动物进入综合管廊的金属风格，网孔尺寸不应大于 10mm×10mm。

（4）通风机的安装应符合下列规定：型号、规格应符合设计规定，其出口方向应正确，叶轮旋转应平稳，停转后不应每次停留在同一位置上，固定通风机的地脚螺栓应拧紧，并有防松动措施，通风机传动装置的外露部位以及直通大气的进、出口，应装设防护罩（网）或采取其他安全措施。

6.5.5 供电系统施工

质量控制要点：

（1）综合管廊每个分区的人员进出口处宜设置分区通风、照明的控制开关。施工供电应采用 380/220V 三相五线系统，电力电缆宜采用阻燃电缆或不燃电缆；应对综合管廊内的电力电缆设置电气火灾监控系统，在电缆接头处应设置自动灭火装置。

（2）电缆保护管管口应无毛刺和尖锐棱角，电缆保护管在弯制后，不应有裂缝和显著的凹瘪现象，其弯扁程度不宜大于管道外径的 10%；电缆保护管的弯曲半径不应小于所穿入电缆的最小允许弯曲半径。金属电缆保护管应在外表涂防腐漆或沥青，镀锌管锌层剥落处应涂防腐漆。

（3）电力电缆接头的布置：并列敷设的电缆，其接头的位置宜相互错开；电缆明敷时的接头，应采用托板托置固定。

（4）电力线路的支架及桥架宜选用耐腐蚀的材料，电缆支架应安装牢固，横平竖直；托架支吊架的固定方式应按设计要求进行。各支架的同层横档应在同一水平面上，其高低偏差不应大于 5mm。托架支吊架沿桥架走向左右的偏差不应大于 10mm。

（5）综合管廊接地系统应形成环形接地网，接地电阻不应大于 1Ω，接地网宜采用热镀锌扁钢，且截面积不小于 40mm × 5mm。采用焊接搭接，不得采用螺栓搭接，综合管廊内的金属构件、电缆金属套、金属管道以及电气设备金属外壳均应与接地网连通，地下部分可不设置直击雷防护措施，但应在配电系统中设置防雷电感应过电压的保护装置，并应在综合管廊内设置等电位联结系统。

6.5.6　照明系统施工

质量控制要点：

（1）灯具及其附件应齐全、适配，并无损伤、变形、涂层剥落和灯罩破裂等缺陷，开关、插座的面板及接线盒盒体完整、无碎裂、零件齐全。

（2）电气照明装置的接线应牢固、接触良好，需接保护接地线（PE）的灯具、开关、插座等不带电的外露可导电部分，应有明显的接地螺栓。接地螺栓应与接地线（PE）可靠连接。

（3）灯具安装应符合下列规定：

①灯具应采取防水防潮措施，防护等级不宜低于 IP54，并应具有防外力冲撞的防护措施。成套灯具的带电部分对地绝缘电阻值不应小于 2MΩ。引向单个灯具的电线线芯截面积应与灯具功率相匹配，电线线芯最小允许截面积不应小于 1.5mm²。灯具表面及其附件等高温部位靠近可燃物时，应采取隔热、散热等防火保护措施。

②当设计无要求时，墙壁上安装灯具底部距地面的高度不应小于 2.5m。安装高度低于 2.2m 的照明灯具应采用 24V 及以下安全电压供电，当采用 220V 电压供电时，应采取防止触电的安全措施，并应敷设灯具外壳专用接地线。

③成排安装的灯具中心线偏差不应大于 5mm，照明回路导线应采用硬铜导线，截面积不应小于 2.5mm²。线路明敷时宜采用保护管或线槽穿线方式布线。燃气管线舱内的照明线路应采用低压流体输送用镀锌焊接钢管配线，并应进行隔离密封防爆处理。

（4）当交流、直流或不同电压等级的插座安装在同一廊段时，应有明显的区别，且必须选择不同结构、不同规格和不能互换的插座，配套的插头应按交流、直流或不同电压等级区别使用。

（5）暗装的插座面板紧贴墙面，四周无缝隙，安装牢固，表面光滑整洁、无碎裂、划伤，装饰帽（板）齐全；接线盒应安装到位，接线盒内干净整洁，无锈蚀。暗装在上的插座，电线不得裸露在装饰层内，插座回路应设置剩余电流动作保护装置；每一回路插座数量不宜超过 10 个，潮湿场所应采用防溅型插座，安装高度不应低于 1.5m。

（6）同一廊段内，开关的通断位置应一致，操作灵活，接触可靠。同一廊段内安装的开关控制有序不错位，相线应经开关控制，开关的安装位置应便于操作，同一廊段内开关边缘距门框（套）的距离宜为 0.15～0.2m。

（7）照明配电箱安装应符合下列规定：

①照明配电箱内的交流、直流或不同电压等级的电源，应具有明显的标识。照明配电箱不应采用可燃材料制作。

②箱内相线、中性线（N）、保护接地线（PE）的编号应齐全、正确；配线应整齐，无绞接现象；电线连接应紧密，不得损伤芯线和断股，多股电线应压接接线端子；螺栓垫圈下两侧压的电线截面积应相同，同一端子上连接的电线不得多于 2 根，应急照明箱应有明显标识。

③建筑智能化控制或信号线路引入照明配电箱时应减少与交流供电线路和其他系统的线路交叉，且不得并排敷设或共用同一管槽。

（8）通电试运行时灯具控制回路与照明配电箱的回路标识应一致，开关与灯具控制顺序相对应，剩余电流动作保护装置应动作准确，照明系统通电连续试运行时间应为 24h。所有照明灯具均应开启，且每 2h 记录运行状态 1 次，连续试运行时间内无故障，有自控要求的照明工程应先进行就地分组控制试验，后进行单位工程自动控制试验，试验结果应符合设计要求。

6.5.7 监控与报警系统施工

质量控制要点：

（1）设备监控系统应对管廊内通风设备、排水泵、电气设备、有害气体、空气质量、湿度、水位高度等进行状态监测和控制，设备控制方式宜采用就地手动、就地自动和远程控制。

（2）应设置与管廊内各类管线配套检测设备、控制执行机构联通的信号传输接口；当管线采用自成体系的专业监控系统时，应通过标准通信接口接入综合管廊监控与安防系统统一管理平台。

（3）监控与报警设备防护等级不宜低于 IP65。

（4）控制箱、柜、盘不应安装在影响管廊内专业管线敷设、人员通行及有漏水隐患的孔口下方等部位；所有控制、显示、记录等终端设备的安装应平稳，便于操作。

（5）显示仪表安装高度应距离地坪 1.2～1.5m，并应方便人员巡视观察。

（6）安全防范系统设置应符合下列规定：

设备集中安装地点、人员出入口、变配电间和监控中心等场所应设置摄像机；综合管廊内沿线每个防火分区内应至少设置一台摄像机，不分防火分区的舱室，摄像机设置间距不应大于 100m，人员出入口、通风口应设置入侵报警探测装置和声光报警器，人员出入口应设置出入口控制装置，廊内应设置电子巡查管理系统，并宜采用离线式。

（7）监控与报警系统调试应包括各组成系统的设备调试、系统调试、统一管理平台的调试和统一管理平台与各专业管线公司的联动调试。

6.5.8　标识系统施工

质量控制要点：

（1）综合管廊内标识采用喷漆或粘贴方式时，管道表面应清理干净、干燥，采用自喷漆时，喷涂应防止污染，周围应保护到位。综合管廊内的管线，应采用符合管线管理单位要求的标识进行区分，并应标明管线属性、规格、产权单位名称、紧急联系电话。

（2）标识应设置在醒目位置，挂（贴）牢固、内容完整，间隔距离不应大100m。

（3）综合管廊的设备旁边应设置设备铭牌，并应标明设备的名称、基本数据、使用方式及紧急联系电话。

（4）综合管廊内应设置"禁烟""注意碰头""注意脚下""禁止触摸""防坠落"等警示、警告标识。

（5）综合管廊内部应设置里程标识，交叉口处应设置方向标识。

（6）人员出入口、逃生口、管线分支口、灭火器材设置处等部位，应设置带编号的标识。

（7）电缆终端及电缆接头处、人孔及工作井处、电缆隧道内转弯处、电缆分支处、直线段每隔 50～100m 应装设标识牌。标识牌规格宜统一；标识牌的字迹应清晰不易脱落；标识牌应能防腐，挂装应牢固。

第7章　城市海绵设施

　　海绵城市，是新一代城市雨洪管理概念，是指城市能够像海绵一样，在适应环境变化和应对雨水带来的自然灾害等方面具有良好的弹性，也可称之为"水弹性城市"。传统城市建设模式，处处是硬化路面。每逢大雨，主要依靠管渠、泵站等"灰色"设施来排水，以"快速排除"和"末端集中"控制为主要规划设计理念，往往造成逢雨必涝，旱涝急转。根据《海绵城市建设技术指南》，城市建设将强调优先利用植草沟、渗水砖、雨水花园、下沉式绿地等"绿色"措施来组织排水，以"慢排缓释"和"源头分散"控制为主要规划设计理念，既避免了洪涝，又有效地收集了雨水。海绵城市施工效果见图7-1。

　　建设海绵城市，主要是指通过"渗、滞、蓄、净、用、排"等多种技术途径，实现城市良性水文循环，提高对径流雨水的渗透、调蓄、净化、利用和排放能力，维持或恢复城市的海绵功能，实现城市水安全、水生态。

图7-1　海绵城市施工效果

7.1　国家、行业相关标准、规范

　　（1）住建部《海绵城市建设技术指南——低影响开发雨水系统构建（试行）》

　　（2）住建部《海绵城市建设绩效评价与考核指标（试行）》

　　（3）《给水排水管道工程施工及验收规范》（GB 50268—2019）

　　（4）《建筑与小区雨水利用工程技术规范》（GB 50400—2016）

　　（5）《土工合成材料聚乙烯土工膜》（GB/T 17643—2011）

　　（6）《透水路面砖和透水路面板》（GB/T 25993—2010）

　　（7）《土工合成材料应用技术规范》（GB/T 50290—2014）

　　（8）《雨水集蓄利用工程技术规范》（GB/T 50596—2010）

　　（9）《园林绿化工程施工及验收规范》（CJJ 82—2012）

（10）《透水水泥混凝土路面技术规程》（CJJ/T 135—2009）

（11）《透水砖路面技术规程》（CJJ/T 188—2012）

（12）《种植屋面工程技术规程》（JGJ 155—2013）

（13）《绿化种植土壤》（CJ/T 340—2016）

（14）《混凝土结构工程施工质量验收规范》（GB 50204—2015）

7.2 渗水设施

7.2.1 透水砖

7.2.1.1 质量控制标准及控制要点

1. 质量控制标准

①透水砖铺砌应平整、稳固，不应有污染、空鼓、掉角及断裂等外观缺陷，不得有翘动现象，灌缝应饱满，缝隙一致，透水砖颜色符合封样要求，色差偏大的严禁使用。

检查数量：全数检查。

检验方法：观察、尺量。

②透水砖面层与路缘石及其他构筑物应顺接，不得有反坡积水现象。

检查数量：全数检查。

检验方法：观察、尺量。

透水砖质量控制标准应符合《透水砖路面技术规程》（CJJ/T 188—2012）中的规定，具体见表 7-1 相关要求。

表 7-1 透水砖铺砌质量检验标准

序号	项目	允许偏差	检验频率		检验方法
			范围（m）	点数	
1	表面平整度（mm）	≤5	20	1	用 3m 直尺和塞尺连续量取最大值
2	宽度（mm）	不小于设计规定	40	1	用钢尺量
3	相邻块高差（mm）	≤2	20	1	用塞尺量取最大值
4	横坡（%）	±0.3	20	1	用水准仪测量
5	道路中线偏位	≤20	100	1	用经纬仪测量
6	纵缝直顺度（mm）	≤10	40	1	拉 20m 小线量 3 点取最大值
7	横缝直顺度（mm）	≤10	20	1	沿路宽拉小线量 3 点取最大值
8	缝宽（mm）	±2	20	1	用钢尺量 3 点取最大值
9	井框与路面高差（mm）	≤3	每座	1	用塞尺量最大值
10	高层（mm）	±20	20	1	用水准仪测量
11	各结构层厚度（mm）	±10	20	1	用钢尺量 3 点取最大值

2．控制要点

①施工时，粘结层和面层透水砖一起施工，将透水混凝土铺筑在地面上，然后立即进行透水砖的铺装，施工类似于室外普通页岩砖用水泥砂浆铺装施工。粘结层的透水混凝土须边铺边用，粘结层脱水分离的透水混凝土严禁使用。透水砖实施效果见图7-2。

②施工采用后退法施工，不得直接站在粘结层上进行铺装。透水砖铺筑中，应随时检查牢固性与平整度，及时进行修整，不得采用向砖底部填塞砂浆或支垫等方法进行面砖找平。

图7-2　透水砖实施效果

③切割要采用机械切割透水砖，不得用普通砖刀施工。防止砖与砖之间接连，同时透水砖平铺的接缝宽度不得大于3mm，曲线外侧透水砖的接缝宽度不得大于5mm、内侧不应小于2mm，竖曲线透水砖接缝宽度宜为2～5mm，相邻竖缝之间缝隙保持均匀，差值不宜超过2mm。透水砖施工中应错缝排列，铺完后用细砂扫缝，施工过程中须保持透水砖干净整洁，不被污染。

④透水砖铺装完成后，表面敲实，应及时清除砖面上的杂物、碎屑，面砖上不得有残留混凝土。面层铺筑完成后基层未达到规定强度前，严禁行人、车辆进入。

7.2.1.2　质量通病及防治措施

质量通病索引见表7-2。

表7-2　质量通病索引表

序号	质量通病	主要原因分析	主要防治措施
1	透水砖沉陷开裂	基础强度不足	基础进行有效压实
2	透水砖横纵缝不直	未挂线施工	采用横向、纵向挂线
3	透水砖铺装与构筑物衔接不顺	市政设施和公用设施协调不够	贯彻"后施工者接顺"的原则
4	铺面灌缝不饱满	填料不足	重视填缝工序，认真灌缝、扫缝

1．透水砖沉陷开裂

透水砖沉陷开裂见图7-3。

原因分析：

①铺面基础强度不足是产生沉陷、开裂的主要原因。在土基上设置5～10m黄砂、石屑或煤渣作为承重层，强度明显不足。

②由于人行道上各种管线的敷设和人行道宽度狭小，使土基和基层难以有效压实，导致日后发生沉陷。

③预制板间接缝无防水功能，雨水下渗

图7-3　透水砖沉陷开裂

和冲刷，使垫层流失，铺面沉陷、开裂。

④人行道上违章停车是造成人行道损坏的外在重要原因。

防治措施：

①加强基础，提高基础材料的强度和水稳定性。可用 10～15cm 石灰粉煤灰粒料做基础，再以砂（石屑）或干水泥砂、砂浆做垫层，在其上铺设人行道预制板。

②严格遵循先管线，后土基、基础，再做铺面的顺序施工。对土基及基础进行有效压实，必须满足设计压实度要求。在碾压困难的地段可采用混凝土基层。

③人行道铺面的施工必须严格要求，认真执行技术规程。

④人行道铺面有临时停车需要时，铺面结构厚度应适当增加。

⑤人行道铺面沉陷或开裂的地方应予翻挖，重做基层或垫层，调换破损的人行道板或浇筑新的混凝土铺面。

2. 透水砖横纵缝不直

现象：人行道板砖横纵缝不顺直，外观观感较差，与路缘石不密贴出现错台等。灰缝不顺直见图 7-4。

原因分析：

①人行道铺设过程中未进行挂线，横纵向出现线型扭曲。

②在铺设过程中，底层混凝土垫层铺设不平整。

③铺设人行道板砖时，人工使用橡胶锤未振捣密实。

防治措施：

①每道板砖进行铺设时必须采用横向、纵向挂线，及时调整铺设的线型。

②铺设完毕后及时嵌缝处理。

图 7-4 灰缝不顺直

3. 现浇混凝土铺面拱胀

防治措施：

①较低温度下竣工的人行道应设置胀缝，胀缝间距可参考混凝土路面设计规范，宜选较小值。或设置多贯穿板厚的缩缝，代替胀缝。

②胀缝内的异物应彻底清除，填塞适用的填缝料。

③重视胀缩缝的日常养护，防止阻塞，影响有效胀缩。

4. 铺面与构筑物衔接不顺

现象：人行道范围内各种公用设施的检查井、开关、阀门等构筑物高出或低于人行道面，给行人带来不便，有时造成伤害，甚至引起法律纠纷。

原因分析：

① 施工时不重视，发现问题未及时解决。

②市政设施和公用设施协调不够，高程不统一，造成衔接不顺。

防治措施：

①市政、公用等设施的主管部门应进行有效协调，保证各项设施高程统一。

②分期实施的各种设施应贯彻"后施工者接顺"的原则，避免构筑物与人行道衔接不顺的现象发生。

③对于影响行人通行的高出地面的构筑物应降低高程，保证平顺。

④对于不可降低的构筑物可将人行道铺面抬高，予以接顺。

⑤构筑物不能降低、人行道不能抬高时可将高出的构筑物以缓坡与人行道接顺，或者将高出的构筑物扩大升高，使行人及时发现和避开。

5. 铺面灌缝不饱满

现象：铺面板间的接缝中，黄砂、石屑或煤渣等填充料填塞不足，或者根本没有填充料，导致铺面板松动。面板未进行填缝见图 7-5。

原因分析：

① 扫缝填料不足，扫缝不认真，造成灌缝不满。

②填料粒径大，容易堵塞缝隙，影响灌缝密实性。施工时看上去满了，过一段时间下沉后又呈未满状态。

③雨水冲刷，使填料流失，造成灌缝不满。

图 7-5　面板未进行填缝

防治措施：

①重视填缝工序，确保所需工日和填料数量，做到认真灌缝、扫缝。

②灌缝填料粒径要与缝隙宽度相应，避免上满下空。联锁板扫缝后可进行轻碾，以利锁结。填料粒径一般应小于 5mm，并有一定的级配要求。

③加强养护，及时补充填料。

7.2.2　透水混凝土

7.2.2.1　质量控制标准及控制要点

1. 质量控制标准

①透水混凝土强度经检测必须符合设计要求，一般车行道不低于 C25，人行道不低于 C20。

②透水混凝土透水系数必须符合设计要求。检测方法为现场抽检，对目测最差位置进行检测。每 500m² 抽检一组，一组 3 个点。

③彩色透水混凝土颜色必须一致，不得有肉眼可辨的色差。

④透水混凝土面层板面平整、边角整齐，不得有脱粒现象。允许偏差见表 7-3 的规定。

表 7-3　透水混凝土面层板面允许偏差

项目		允许偏差（mm）		检验范围		检验点数	检验方法
		道路	广场	道路	广场		
高程（mm）		± 15	± 10	20m	施工单元	1	用水准仪测量
中线偏位（mm）		≤20	—	100m	—	1	用经纬仪测量
平整度	最大间隙（mm）	≤5		20m	10m×10m	1	用 3m 直尺和塞尺连续量两处，取较大值
宽度（mm）		0，-20		40m	40m	1	用钢尺量
横坡（%）		± 0.3% 且不反坡		20m		1	用水准仪测量
井框与路面高差（mm）		≤3	≤5	每座井		1	十字法，用直尺和塞尺量，取最大值
相邻板高差（mm）		≤3		20m	10m×10m	1	用钢板尺和塞尺量
纵缝直顺度（mm）		≤10		100m	40m×40m	1	用 20m 线和钢尺量
横缝直顺度（mm）		≤10		40m	40m×40m		

2. 控制要点

①施工前应解决水电供应、交通道路、搅拌和堆放场地、工棚和仓库、消防、施工机具等设施，防止透水混凝土浇筑途中受到侵扰，影响施工质量。

②在透水混凝土面层施工前，应对基层做清洁处理，处理后的基层表面应粗糙、清洁、无积水，并应保持一定湿润状态。

③透水混凝土宜采用强制性搅拌机进行搅拌，若搅拌场地距离现场较远，车程超过 30min，应采用现场搅拌方式，保证新拌透水混凝土实施时不会初凝。透水混凝土拌合物从搅拌机出料后，运至施工地点进行摊铺、压实直至浇筑完毕的允许最长时间，应满足表 7-4 的要求。

表 7-4　混凝土拌合物浇筑完毕允许最长时间

施工气温 T（°C）	允许最长时间（h）
$5 \leq T < 10$	2.0
$10 \leq T < 20$	1.5
$20 \leq T < 32$	1.0

④控制原材料的标准，碎石必须选用质地坚硬、耐久、密实的碎石料，并应为高压水冲洗洁净不含泥沙的集料，碎石的粒径必须符合设计要求。拌制及养护透水混凝土用水均采用经检验合格的水，未经处理的工业污水不得使用。水的 pH 值、不溶物、可溶物、氯化物、硫酸盐、硫化物的含量均符合以下要求：

pH 值 >4。

不溶物含量：<5000mg/L。

可溶物含量：<10 000mg/L。

氯化物（以 Cl 计）：<3500mg/L。

硫酸盐（以 SO_3 计）：<3700mg/L。

⑤透水混凝土原材料（按质量计）的允许误差，不应超过下列规定：

水泥：±1%；增强料：±1%；集料：±2%；水：±1%；外加剂：±1%。

⑥模板应选用质地坚实、变形小、刚度大的材料，模板的高度应与透水混凝土路面厚度一致；立模的平面位置与高程应符合设计要求，模板与混凝土接触的表面应涂隔离剂。

⑦透水混凝土宜采用平整压实机，或采用低频平板振动器振动和专用滚压工具滚压。压实时应辅以人工补料及找平，人工找平时施工人员应穿上减压鞋进行操作。压实后宜采用磨光机进行收面。

⑧透水混凝土施工完成后，应采用薄膜覆盖等养护方式，并定期洒水，养护期间透水混凝土面层不得通车，未达到设计强度前不得投入使用。

⑨透水混凝土切缝至少应在施工完成后 5d 开始进行。透水混凝土道路实施效果见图 7-6。

图 7-6　透水混凝土道路实施效果

7.2.2.2　质量通病及防治措施

质量通病索引见表 7-5。

表 7-5　质量通病索引表

序号	质量通病	主要原因分析	主要防治措施
1	透水混凝土表面掉粒	搅拌不均匀；养护不到位	强制式搅拌机搅拌；无纺布覆盖养护，养护不小于 7d
2	透水混凝土空鼓、开裂	切缝时间过早；养护不到位	无纺布覆盖养护，并养护不小于 7d；养护至少 5d 后开始切割伸缩缝
3	透水混凝土堵塞	泥沙含量过高；维护不到位	控制原材料的标准；高压水冲洗路面
4	透水混凝土强度不足	配合比不满足要求；压实程度不足	配合比配料，搅拌均匀；采用低频平板振动器和专用滚压工具
5	透水混凝土颜色不均、掉色	搅拌不均匀	不同颜色的透水混凝土采用不同搅拌机进行拌制

1. 透水混凝土表面掉粒

透水混凝土表面掉粒见图 7-7。

原因分析：

①透水混凝土养护不到位。

②透水混凝土搅拌不均匀，导致透水混凝土离析，施工完成后表面掉粒。

③透水混凝土配比不合适，粘结剂用量过少，导致表层透水混凝土粘结不牢。

④透水混凝土未达到设计强度前上人上车。

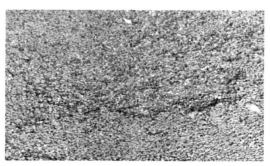

图 7-7　透水混凝土表面掉粒

⑤透水混凝土搅拌、成型、运输至现场施工时间过长，导致透水混凝土部分初凝，无法进行有效固结，成型后局部掉粒。

防治措施：

①严格按照设计配合比控制材料用量，一般水胶比在 0.28～0.32，骨胶比在 4∶1～6∶1。采用强制式搅拌机进行搅拌，先将集料和 50% 的水加入搅拌机拌和 30s，再加入水泥、增强料、外加剂拌和 40s，最后加入剩余用水量拌和 50s 以上，保证透水混凝土搅拌均匀。

②注意控制时间。透水混凝土拌合物从现场搅拌机出料后，运至施工区域进行摊铺、压实直至浇筑完毕的最长时间满足控制要求。若透水混凝土搅拌场地过远，则在现场进行搅拌。

③透水混凝土实施完成后及时使用薄膜或无纺布覆盖养护，并养护不小于 7d。

④透水混凝土未达到设计要求前，安排专人进行巡查看守，严禁上人上车。

2. 透水混凝土空鼓、开裂

透水混凝土局部开裂见图 7-8。

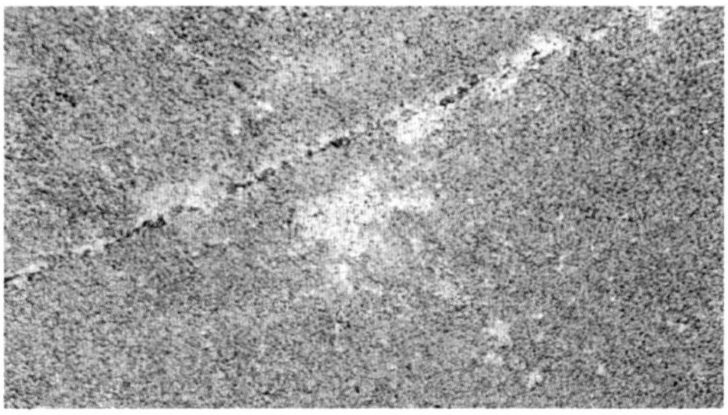

原因分析：

①透水混凝土未进行压实。

②面层透水混凝土与基层透水混凝土间隔时间过长，导致上下层分离，进而引起空鼓、开裂。

③透水混凝土在高温天气下养护不到位，导致开裂。

图 7-8　透水混凝土局部开裂

④透水混凝土切缝时间过早，切缝处开裂。

防治措施：

①采用平整压实机，或采用低频平板振动器振动和专用滚压工具滚压。

②透水混凝土面层应分层浇筑，当底层强固透水混凝土摊铺、压实完成后，间隔 15～30min 应进行面层透水混凝土施工，保证上下粘结。

③透水混凝土实施完成后及时使用薄膜或无纺布覆盖养护，并养护不小于 7d。

④透水混凝土路面养护至少 5d 后开始切割伸缩缝。

3. 透水混凝土堵塞

透水混凝土堵塞见图 7-9。

原因分析：

①透水混凝土维护不到位，未定期对孔洞进行清理，造成堵塞。

②原料中的泥沙含量过高，导致透水混凝土成型后堵塞。

防治措施：

①控制原材料的标准，采用高压水冲洗洁净不含泥沙的骨料。

②定期采用高压水冲对透水混凝土路面进行冲洗。

图 7-9　透水混凝土堵塞

4.透水混凝土强度不足

原因分析：

①胶凝材料用量不足。

②透水混凝土配合比不满足要求。

③透水混凝土压实程度不足。

防治措施：

①严格按照配合比进行配料，搅拌均匀。

②采用平整压实机，或采用低频平板振动器振动和专用滚压工具滚压，压实度控制在0.8左右。

5.透水混凝土颜色不均、掉色

原因分析：

①彩色透水混凝土搅拌不均匀。

②不同颜色的透水混凝土使用同一个搅拌机搅拌，且未清洗干净，导致颜色有变化。透水混凝土掉色见图7-10。

防治措施：

①不同颜色的透水混凝土采用不同搅拌机进行拌制。

②在密封剂中加入颜料拌制成彩色密封剂，保证面层颜色。

图 7-10 透水混凝土掉色

7.2.3 下凹绿地

7.2.3.1 质量控制标准

下沉式绿地施工允许偏差应符合表 7-6 的要求。

表 7-6 下沉式绿地施工允许偏差

项目	允许偏差	检验频率		检验方法
		范围	点数	
轴线（mm）	≤50	每 200m	5	用经纬仪、钢尺量
基底高程（mm）	±0，−10	每 200m	4	用水准仪测量
断面尺寸	不低于设计要求	每 200m	4	用钢尺量
蓄水层厚度（mm）	±10	每 200m	4	用钢尺量
渗水种植土厚度（mm）	±10	每 200m	4	用钢尺量
渗水砂砾层厚度（mm）	±10	每 200m	4	用钢尺量

7.2.3.2 质量控制要点

1.标高控制

雨水下凹绿地施工过程中标高控制是关键，若标高有误，则可能导致无法达到既定功能。施工过程中切忌采用肉眼、经验控制标高，需严格按照设计标高及位置进行放线，保证标高。

2. 填料控制

①作为雨水下凹绿地的过滤填料，要求填料的含泥沙量不大于 1%，进场时需对填料进行验收，采用置水、观察（用手随机抽取一把填料置入水中观察）等方式检验泥沙含量。

②施工时需注意控制每一层填料的厚度，每层填料实施完成都应该进行隐蔽验收，保证各层填料功能的实现。下凹绿地成型效果见图 7-11。

3. 植物控制

①若为袋苗，选择苗木时应选择根茎发达、枝叶饱满、土球完整的袋苗。若为盆苗，应选择涨势较好的盆苗。

②苗木种植时，需根据每种苗的特性选择合理间距进行种植，建议每平方米不超过 49 株，否则容易造成局部苗木死亡。

③苗木种植在下凹绿地中，需选择耐旱且耐湿的植物，防止下凹绿地未蓄水时植物死亡。

图 7-11　下凹绿地

7.2.3.3　质量通病及防治措施

质量通病索引见表 7-7。

表 7-7　质量通病索引表

序号	质量通病	主要原因分析	主要防治措施
1	开挖放坡坡度不满足要求	仪器精准不够；凭经验开挖	全站仪精准放线；人工修坡
2	透水土工布破损	材料不合格；搭接长度不够	进场验收；保证土工布搭接长度
3	苗木死亡	种植密度过大；种植土离析	种植过密的苗木进行清理；选择多年生植物而非一年生植物
4	堵塞	含泥沙量大；粒径不满足设计要求	严控回填材料；选择优质介质土
5	雨水无法进行溢流	标高控制有误；安装坡度有误	标高控制

1. 开挖放坡坡度不满足要求

原因分析：

①放线仪器精准度不够。

②仅放出坡顶线，未放出坡脚线，凭施工经验开挖。

防治措施：

①使用全站仪按设计图纸坐标进行精准放线，将坡顶线和坡脚线均采用石灰放线。

②湿地开挖时，先用机械开挖坡脚线，再用人工开挖修饰坡面，保证坡度。

2. 透水土工布破损

原因分析：

①回填种植土中含有石块、铁片等锋利物品。

②透水土工布材料不合格。

③透水土工布搭接长度不够或搭接不到位。

防治措施：

①做好材料进场验收，检查透水土工布相关报告，保证材料的完好性。

②做好隐蔽验收工作，保证透水土工布搭接长度或焊接完整。

3. 苗木死亡

原因分析：

①苗木种植密度过大，间距过小，导致苗木无法有效生长。控制种植间距见图 7-12。

②种植土离析，导致苗木不能完全吸收营养。

③种植苗木耐旱耐湿性差，或选择苗木为一年生植物而非多年生植物。

图 7-12　绿色屋顶

防治措施：

①严格对进场苗木进行验收，抽查其根茎是否有损坏。对损坏的苗木及时进行补苗，保证种植效果。

②对种植过密的苗木进行清理，保证苗木生长空间。

③避免选择非水生植物，导致植物长期泡水烂根而死。苗木搭配时，选择多年生植物而非一年生植物，避免重复更换苗木。

4. 堵塞

原因分析：

①回填的碎石含泥沙量大。

②碎石粒径不满足设计要求。

防治措施：

①严格控制回填原材料，选用符合设计的碎石料进行回填。

②选择优质介质土，防止介质土混合不均匀导致土壤离析，引起板结，造成堵塞。

5. 雨水无法进行溢流

原因分析：

①标高控制有误，使路面标高高于溢流井顶口标高。

②溢流排水管安装坡度有误，导致雨水倒流，无法流入就近雨水井。

防治措施：

按照设计要求对路面标高及溢流井标高进行控制，溢流井口标高必须低于周边路面标高。

7.2.4 绿色屋顶

7.2.4.1 质量控制要点

（1）绿色屋顶雨水口应不高于种植土标高，可设置在雨水收集沟内或雨水收集井内，且屋面应有疏排水设施。

（2）绿色屋顶的保温隔热层施工，应符合下列要求：

①种植坡屋面的保温隔热层应采用粘贴法或机械固定法施工。

②保温板施工应符合下列规定：

a）基层应平整、干燥和洁净。

b）应紧贴基层，并铺平垫稳。

c）铺设保温板接缝应相互错开，并用同类材料嵌填密实。

d）粘贴保温板时，胶粘剂应与保温板的材性相容。

（3）绿色屋顶的耐根穿刺防水层施工，应符合下列要求：

①耐根穿刺防水层的施工方式应与防水材料的检测报告要求相符。

②耐根穿刺防水卷材施工应符合下列规定：

a）改性沥青类耐根穿刺防水卷材搭接缝应一次性焊接完成，改性沥青类耐根穿刺防水卷材搭接缝应一次性焊接完成，并溢出 5～10mm 沥青胶封边，不得过火或欠火。

b）塑料类耐根穿刺防水卷材施工前应试焊，检查搭接强度，调整工艺参数，必要时应进行表面处理。

c）高分子耐根穿刺防水卷材暴露内增强织物的边缘应密封处理，密封材料与防水卷材应相容。高分子耐根穿刺防水卷材 T 形搭接处应做附加层，附加层直径（尺寸）不应小于200mm，附加层应为匀质的同材质高分子防水卷材，矩形附加层的角应为光滑的圆角。

d）不应采用溶剂型胶粘剂搭接。

③耐根穿刺防水层与普通防水层上下相邻，施工应符合下列规定：

a）耐根穿刺防水层的沥青基防水卷材与普通防水层的沥青基防水卷材复合时，应采用热熔法施工。

b）耐根穿刺防水层的高分子防水卷材与普通防水层的高分子防水卷材复合时，宜采用冷粘法施工。

（4）绿色屋顶的排（蓄）水层和过滤层施工，应符合下列要求：

①排（蓄）水层的高度应根据种植土厚度及排水量确定。

②排（蓄）水层施工应符合下列规定：

a）排（蓄）水层应与排水系统连通。

b）排（蓄）水设施施工前应根据屋面坡向确定整体排水方向。

c）排（蓄）水层应铺设至排水沟边缘或水落口周边。

d）铺设排（蓄）水材料时，不应破坏耐根穿刺防水层。

e）排水层采用卵石、陶粒等材料铺设时，粒径应大小均匀，铺设厚度应符合设计要求。陶粒的粒径不应小于 25mm，大粒径在下，小粒径在上。为了便于疏水，陶粒排水层应铺设平整，厚度均匀。

f）凹凸型塑料排（蓄）水板宜采用搭接法施工，搭接宽度应根据产品的规格而确定。

g）网状交织、块状塑料排水板宜采用对接法施工，并应接茬齐整。

h）挡墙或挡板下部设置泄水孔，主要是排泄种植土中过多的水分。泄水孔周围放置疏水粗细骨料，以防止泄水孔被种植土堵塞，影响正常的排水功能。

③过滤层施工应符合下列规定：

a）空铺于排（蓄）水层之上，铺设应平整、无褶皱。

b）搭接宜采用粘合或缝合固定，搭接宽度不应小于150mm。

c）边缘沿种植挡墙上翻时应与种植土高度一致，并应与挡墙或挡板粘牢。

（5）绿色屋顶的种植土层施工，应符合下列要求：

①种植土、植物等应在屋面上均匀堆放，且不得损坏防水层。为了防止种植土流失，种植土表面应低于挡墙高度100mm。

②种植土进场后不得集中码放，应及时摊平铺设、分层压实，平整度和坡度应符合竖向设计要求。摊铺后的种植土表面应采取覆盖或洒水措施防止扬尘。

③厚度500mm以下的种植土不得采取机械回填。绿色屋顶成型效果见图7-13。

（6）绿色屋顶施工时，施工现场应采取下列安全防护措施：

①屋面周边和预留孔洞部位必须设置防止人员和物体坠落的安全防护措施。

②雨雪天和五级风（8.0～10.7m/s）及以上时不得施工。

③应设置消防设施。

图7-13 绿色屋顶成型效果

7.2.4.2 质量通病及防治措施

质量通病索引见表7-8。

表7-8 质量通病索引表

序号	质量通病	主要原因分析	主要防治措施
1	找平层起砂、起皮	含泥量过大；搅拌不均	砂子含泥量不大于5%；
2	找平层开裂、空鼓	水泥砂浆与基层粘结不良；抹压不实或养护不良	基层应清扫冲洗干净；及时覆盖浇水养护
3	防水层通病	基层未清理干净；搭接长度不够	基层干燥洁净；试铺，保证搭接长度
4	保温层起鼓、开裂	水分过多	控制原材料含水率；雨季施工时保温层应采取遮盖措施

1. 找平层起砂、起皮

原因分析：

①使用过期或受潮结块的水泥。砂子含泥量过大。

②水泥砂浆配合比太差，搅拌不均，养护不充分，摊铺压实不当，特别是水泥砂浆在收水后未能及时进行二次压实和收光。

③结构层或保温层高低不平，导致找平层施工厚度不均，干湿不匀。

防治措施：

①严格控制结构或保温层的标高，确保找平层厚度、坡度及坡度基准点符合设计要求。

②水泥砂浆找平层配合比要适宜，通常采用 1:2.5～1:3（水泥:砂）的比例配合，且砂子含泥量不大于 5%。不可使用过期或受潮结块的水泥，宜掺微膨胀剂。

2. 找平层开裂、空鼓

原因分析：

①屋面基层未清扫干净，未涂刷水泥净浆，水泥砂浆与基层粘结不良，压抹不密实。

②若是保温屋面，保温材料容易吸水，采用水泥砂浆找平层，则刚度和抗裂性就会明显不足，或采用了两种膨胀系数相差较大的材料，均会引起开裂或空鼓。还与施工工艺技巧有关，抹压不实或养护不良或未设通气孔、排气槽等造成开裂。

③找坡不准，排水不畅。此外，多数原因是因屋面温差变化较大所致。

防治措施：

①水泥砂浆摊铺前，屋面基层应清扫冲洗干净，随后用水泥素浆薄薄涂刷一层，确保水泥砂浆与基层粘结良好，摊铺完成后，用靠尺刮平，木抹子初压，收第一道压光，并在初凝收水前再用铁抹子二次压实和收光。

②找平层施工后应及时覆盖浇水养护，保持表面湿润，也可使用涂刷冷底子油、喷养护剂等方法进行养护，保证砂浆中的水泥能充分水化。

③施工完成后，对屋面坡度、平整度应及时组织验收，建议在雨后检查屋面是否有积水，积极采取应对措施。

3. 防水层通病

原因分析：

①排水坡度设计不符合要求会造成屋面出现积水，排水不畅。

②基层未清理干净，基层干燥度不够。

③冷底油涂刷不均匀，有遗漏，纵横搭接长度不够，接口收头密封胶不严实。

④加强层偷工减料，铺贴顺序不对，应先低后高。

⑤防水层耐穿刺性能不满足要求。上部种植植物属于深根系植物，生长一段时间将防水层刺穿。

防治措施：

①检查阴阳角是否做了半径 100mm 的圆弧或边；确定铺贴顺序，先低后高。

②检查基层干燥程度及是否洁净。

③均匀涂刷冷底油，严禁遗漏或流淌。

④试铺，保证搭接长度，挤压密实，防止空鼓。

⑤接口，收头用密封胶封堵密实。

⑥阴阳角或管根处应按设计或规范要求做加强处理。

⑦做好材料进行验收，保证耐根穿刺防水卷材性能符合设计要求，苗木种植时尽量选择浅根植物。

4. 保温层起鼓、开裂

原因分析：

主要是保温材料中含有过多水分，在温差作用下形成巨大的蒸汽压力，致使保温层乃至找平层、防水层起鼓、开裂。而且可产生体积膨胀，严重的可推裂屋面女儿墙。

防治措施：

①屋面保温应优先采用质轻、导热系数小且含水率较低的保温材料，严禁采用现浇水泥膨胀蛭石及水泥膨胀珍珠岩材料。

②控制原材料含水率，封闭式保温层的含水率应相当于该材料在当地自然风干状态下的平均含水率。

③保温层施工完成后，应及时进行找平层和防水层的施工。在雨季施工时保温层应采取遮盖措施。

④从材料堆放、运输、施工及成品保护等环节，都应采取措施，防止受潮和雨淋。

⑤减少保温屋面的起鼓和开裂，找平层宜选用细石混凝土或配筋细石混凝土材料。

⑥屋面保温层干燥有困难时，应采用排气措施，排气道应纵横贯通，并与大气连通的排气孔相通，排气孔可每 $25m^2$ 设置 1 个，并做好防水处理。

7.2.5 渗透塘

7.2.5.1 质量控制要点

1. 标高控制

渗透塘施工过程中标高控制是关键，若标高有误，则可能导致无法达到既定功能。施工过程中切忌采用肉眼、经验控制标高，需严格按照设计标高及位置进行放线，确保标高无误。

2. 填料控制

①作为渗透塘的过滤填料，要求填料的含泥沙量不大于 1%，进场时需对填料进行验收，采用置水、观察（用手随机抽取一把填料置入水中观察）等方式检验泥沙含量。

②施工时需注意控制每一层填料的厚度，每层填料实施完成都应该进行隐蔽验收，保证各层填料功能的实现。渗透塘效果见图 7-14。

图 7-14 渗透塘效果

7.2.5.2 质量通病及防治措施

质量通病索引见表 7-9。

表 7-9 质量通病索引表

序号	质量通病	主要原因分析	主要防治措施
1	开挖放坡坡度不满足要求	仪器精准度不够；凭经验开挖	全站仪精准放线；人工修坡
2	透水土工布破损	材料不合格；搭接长度不够	进场验收；保证土工布搭接长度
3	堵塞	含泥沙量大；粒径不满足要求	严控回填材料；选择优质介质土

1. 开挖放坡坡度不满足要求

原因分析：

①放线仪器精准度不够。

②仅放出坡顶线，未放出坡脚线，凭施工经验开挖。

防治措施：

①使用全站仪按设计图纸坐标进行精准放线，将坡顶线和坡脚线均采用石灰放线撒出。

②湿地开挖时，先用机械开挖坡脚线，再用人工开挖修饰坡面，保证坡度。

2. 透水土工布破损

原因分析：

①回填种植土中含有石块、铁片等锋利物品。

②透水土工布材料合格。

③透水土工布搭接长度不够或搭接不到位。

防治措施：

①做好材料进场验收，检查透水土工布相关报告，保证材料的完好性。

②做好隐蔽验收工作，保证透水土工布搭接长度或焊接完整。

3. 堵塞

原因分析：

①回填的碎石含泥沙量大。

②碎石粒径不满足设计要求。

防治措施：

①严格控制回填原材料，选用符合设计的碎石料进行回填。

②选择优质介质土，防止介质土混合不均匀导致土壤离析，引起板结，进而水下渗。

7.2.6 渗井

7.2.6.1 质量控制标准及控制要点

1. 质量控制标准

①渗井几何尺寸应满足设计要求，不得使用含有毒害物质的材料制作。

检验方法：观察检查、钢尺量测、化学检测，检查出厂合格证、材质证明和质量检验报告。

②渗井开孔率应符合设计要求。

检验方法：观察检查、钢尺量测；检查频率：全数检查。

③透水土工布性能应满足设计要求，不得使用不合格的产品。

检验方法：力学检测，检查出厂合格证、材质证明和质量检验报告。

2. 控制要点

①渗井的井室应符合《给水排水管道工程施工及验收规范》（GB 50268—2008）、《塑料排水检查井应用技术规程》（CJJ/T 209—2013）的有关要求。

②渗井的水源应通过植草沟、植被缓冲带等设施对雨水进行预处理，且出水管的内底

高程应高于进水管的内顶高程，但不应高于上游相邻井出水管的内底高程。

③渗井砾石层应外包透水土工布，透水土工布性能指标应符合表 7-10 的规定。

表 7-10　透水土工布性能指标

项目	性能指标
单位面积质量（g/m²）	≥200
厚度（mm）	≥1.7
断裂强度（kN/m）	≥6.5
断裂伸长率（%）	25～100
撕破强力（kN）	≥1.6

7.2.6.2　质量通病及防治措施

质量通病索引见表 7-11。

表 7-11　质量通病索引表

序号	质量通病	主要原因分析	主要防治措施
1	渗井的几何尺寸不足	开挖尺寸不足	根据图纸设计确定沟槽的开挖断面
2	泥土或杂物进入渗井内	渗井顶面未高出地面 80cm	渗井顶面应高出地面 80cm

1. 渗井的几何尺寸不足

原因分析：

开挖尺寸不足，开挖完成后未进行有效的观察、测量。

防治措施：

①根据图纸设计确定沟槽的开挖断面，经过测量确定开挖沟槽位置。沟槽采用人工配合小挖土机开挖，沟槽土方应随挖随运。

②严格遵循先管线，后土基、基础，再做铺面的顺序施工。对土基及基础进行有效压实，必须满足设计压实度要求。在碾压困难的地段可采用混凝土基层。

③管沟开挖过程中，应对土质情况、地下水位和原管线等情况及时了解掌握，并对原管线采取保护措施。

④槽底高程的允许偏差为 ±20mm。

2. 泥土或杂物进入渗井内

原因分析：

渗井顶面未高出地面 80cm。

防治措施：

①渗井接入圆管的管口应与井内壁平齐，管道穿井壁处，应严密不漏水。

②渗井顶面应高出地面 80cm。

③渗井砌筑或安装至规定高程后，应及时浇筑或安装井圈，盖好井盖。

7.2.7　渗透管渠

7.2.7.1　质量控制标准及控制要点

1. 控制标准

①渗管的结构性能及开孔率应符合设计要求。

检验方法：每批 1 组，3 根为 1 组。

②透水水泥混凝土的渗透系数应符合设计要求。

检验方法：检查透水水泥混凝土渗透试块试验报告。

③渗渠的坡度应满足排水要求。

检验方法：水准仪、拉线和尺量检查。

④无砂混凝土渗渠的孔隙率应满足设计要求。

检验方法：检查试验报告。

⑤浅沟沟底表面的土壤渗透系数不小于设计要求，设计未明确时不应小于 5×10^{-5}m/s。

检验方法：灌水观察检查、秒表时间量测。

⑥管、渠的坐标、位置、渠底标高允许偏差值见表 7-12。

表 7-12　管、渠的坐标、位置、渠底标高允许偏差值

项目	允许偏差	检验频率		检验方法
		范围	点数	
管、渠轴线（mm）	≤15	每节管或 10m	1	用经纬仪测量
管、渠底高程（mm）	±10	每节管或 10m	1	用经纬仪测量
渠断面尺寸（mm）	不低于设计要求	每 10m	1	用钢尺量
盖板断面尺寸（mm）	不低于设计要求	每 10m	1	用钢尺量
墙高（mm）	±10	每 10m	1	用钢尺量
渠底中线每侧宽度（mm）	±10	每 10m	1	用钢尺量
墙面垂直度（mm）	10	每 10m	1	吊线、钢尺量
墙面平整度（mm）	10	每 10m	1	用 2m 靠尺量
墙厚（mm）	+10，0	每 10m	1	用钢尺量

2. 控制要点

①管材应符合下列规定：

a）管材的规格、性能及尺寸偏差应符合国家相关产品的规定。管材的外观应直顺、无残缺、无裂缝，管端光洁平齐且与管节轴线垂直。

b）有裂缝、缺口、漏筋的集水管不得使用，进水孔眼数量和总面积的允许偏差应为设计值的 ±5%。

②滤料的选用应符合下列规定：

a）滤料的粒径、不均匀系数及性质符合设计要求。

b）不得使用风化的岩石质滤料。

c）细滤料应质地坚硬清洁、级配良好，含泥量不应大于3%。粗滤料不得采用风化骨料，粒径应符合设计要求，含泥量不应大于1%。滤料运抵现场后，应按不同规格堆放在干净的场地上，并防止杂物混入。滤料堆放处，应标明滤料的规格和铺设的部位。渗透管渠施工见图7-15。

图7-15　渗透管渠施工

③沟槽底部不得超挖，靠近沟槽底部20cm采用人工开挖。开挖完成后槽底不得扰动。

④沟槽边坡或支护方式的施工应符合设计要求。沟槽顶堆土距离槽边缘不小于0.8m，堆土高度不大于设计堆置高度且不大于1.5m。

⑤开孔渗管的开孔形式、开孔率、开孔径、透水水泥混凝土渗透管渠的孔隙率和渗管在滤料中的埋设位置应符合设计要求。

⑥渗管管渠的接头应可靠，滤料不得渗漏至接头及管渠中。

⑦透水土工布应全断面包裹滤料及渗管，且不得出现破损现象，搭接宽度不应少于200mm。

⑧管道标高控制：管道安装前需根据设计图纸做好进水管、出水管、穿孔管的标高标记。在安装完成后，及时进行隐蔽验收，保证标高。

7.2.7.2　质量通病及防治措施

质量通病索引见表7-13。

表7-13　质量通病索引表

序号	质量通病	主要原因分析	主要防治措施
1	雨水倒坡	标高有误；安装错位	技术交底；标高复测
2	出水管出水浑浊	土工布破损；含泥量过大	进场验收；含泥量超标，应及时置换
3	管道破损	夯实压坏	小型机械进行夯实

1. 雨水倒坡

原因分析：

①管道安装标高有误。

②穿孔管或进出水管安装错位。

防治措施：

实施前，根据设计图纸做好现场交底，对进水管、出水管、穿孔管的标高做出标记，实施完成后及时进行验收。

2. 出水管出水浑浊

原因分析：

①上层透水土工布破损，导致回填土进入碎石层，进而进入穿孔管，导致出水浑浊。

②碎石含泥量过大。

防治措施：

做好透水土工布进场验收，保证透水土工布本身无破损问题。控制好透水土工布搭接长度或直接采用焊接。

对进场的碎石填料进行验收，若含泥量超标，应及时置换。

3. 管道破损

原因分析：

①管道本身质量问题。

②夯实过程中压坏。

防治措施：

做好管道运输过程的保护工作，进场后及时对管道进行验收。回填土方夯实时采用小型机械进行夯实。

7.3 滞蓄水设施

7.3.1 雨水湿地

7.3.1.1 质量控制要点

1. 标高控制

雨水湿地施工过程中标高控制是关键，若标高有误，则可能导致无法达到既定功能。施工过程中切忌采用肉眼、经验控制标高，需严格按照设计标高及位置进行放线，保证标高。

2. 填料控制

①作为雨水湿地的过滤填料，要求填料的含泥沙量不大于 1%，进场时需对填料进行验收，采用置水、观察（用手随机抽取一把填料置入水中观察）等方式检验泥沙含量。

②施工时需注意控制每一层填料的厚度，每层填料实施完成后都应该进行隐蔽验收，保证各层填料功能的实现。雨水湿地见图 7-16。

3. 植物控制

①若为袋苗，选择苗木时应选择根茎发达、枝叶饱满、土球完整的袋苗。若为盆苗，应选择涨势较好的盆苗。

图 7-16　雨水湿地

②苗木种植时，需根据每种苗的特性选择合理间距进行种植，建议每平方米不超过 49 株，否则容易造成局部苗木死亡。

③苗木种植在湿地中，需选择耐旱且耐湿的植物，防止未蓄水时植物死亡。

7.3.1.2　质量通病及防治措施

质量通病索引见表 7-14。

表 7-14　质量通病索引表

序号	质量通病	主要原因分析	主要防治措施
1	开挖放坡坡度不满足要求	仪器精准不够；凭经验开挖	全站仪精准放线；人工修坡
2	湿地无法蓄水或出水	盲管堵塞	控制填料中泥沙含量，防止堵塞盲管
3	苗木死亡	种植密度过大；种植土离析	种植过密的苗木进行清理；选择多年生植物而非一年生植物
4	管道控制		进场验收；盲管开孔是否符合设计要求

1. 开挖放坡坡度不满足要求

原因分析：

①放线仪器精准度不够。

②仅放出坡顶线，未放出坡脚线，凭施工经验开挖。

防治措施：

①使用全站仪按设计图纸坐标进行精准放线，将坡顶线和坡脚线均采用石灰放线撒出。

②湿地开挖时，先用机械开挖坡脚线，再用人工开挖修饰坡面，保证坡度。

2. 湿地无法蓄水或出水

原因分析：

①两布一膜土工布焊接不到位导致土工布有缝隙。

②回填料中有泥沙导致盲管堵塞。

防治措施：

①加强对土工布焊接和材料本身质量的检查，土工布施工完成后可进行闭水实验，验证土工布防水性能。

②滤料进场时进行严格验收，控制填料中泥沙含量，防止堵塞盲管。

3. 苗木死亡

原因分析：

①苗木种植密度过大，间距过小，导致苗木无法有效生长。

②种植苗木耐旱耐湿性差，或选择苗木为一年生植物而非多年生植物。

防治措施：

①严格对进场苗木进行验收，抽查其根茎是否有损坏。对损坏的苗木及时进行补苗，保证种植效果。

②对种植过密的苗木进行清理，保证苗木生长空间。

③避免选择非水生植物，导致植物长期泡水烂根而死。苗木搭配时，选择多年生植物而非一年生植物，避免重复更换苗木。

4. 管道控制

防治措施：

①对管道材料进行进场验收，查验管道出厂报告、强度报告等，对不合格产品进行清退。

②进场验收时查验盲管开孔是否符合设计要求，保证盲管能顺利收水、排水。

7.3.2 蓄水池

7.3.2.1 质量控制标准及控制要点

1. 质量控制标准

（1）钢筋工程。

①钢筋的品种和性能必须符合设计要求和有关标准的规定。

②钢筋带有颗粒状和片状老锈，经除锈后仍有麻点的钢筋，严禁按原规格使用，钢筋表面应保持清洁。

③钢筋的规格、形状、尺寸、数量、锚固长度、接头设置，必须符合设计要求和施工规范的规定。

（2）模板工程。

①模板及其支撑必须具有足够的强度、刚度和稳定性。

②模板接缝处应严密，缝隙不应漏浆，应小于 1.5mm。

③模板与混凝土的接触面应清理干净，模板隔离剂应涂刷均匀，不得漏刷或沾污钢筋。

（3）混凝土工程。

①混凝土所用的水泥、水、骨料、外加剂等必须符合规范及有关规定，检查出厂合格证或试验报告是否符合质量要求。

②混凝土的配合比、原材料计量、搅拌、养护和施工缝处理，必须符合施工规范规定。

③混凝土强度的试块取样、制作、养护和试验要求符合《混凝土强度检验评定标准》（GB/T 50107—2010）的规定。

④混凝土应振捣密实。不得有蜂窝、孔洞、漏筋、缝隙、夹渣等缺陷。

2. 控制要点

①土方开挖后，进行地基验槽，地基承载力验收合格后进行下道工序施工。

②混凝土养护必须按时洒水养护。

③砂浆配合比必须由试验室确定。

④回填土必须分层夯实。

⑤施工控制轴线必须用红色油漆标示清楚。

7.3.2.2 质量通病及防治措施

质量通病索引见表 7-15。

表 7-15 质量通病索引表

序号	质量通病	主要原因分析	主要防治措施
1	混凝土裂缝	水化热；沉降	严控配合比；加强地基的检查与验收
2	混凝土薄壁池体出现蜂窝、麻面及狗洞	骨料分离；漏振或过振	分层振捣密实
3	预埋件、预埋孔洞位置不准	未详细核对图纸	核对预埋件、预埋孔洞的位置
4	蓄水池漏水	未设置止水钢板；施工缝未进行凿毛	加止水钢板；凿毛；粘海绵条

1. 混凝土裂缝

原因分析：

①现浇混凝土因快速干燥而产生裂缝。

②现浇混凝土泌水沉降而产生裂缝。

③现浇混凝土顺序不当而产生裂缝。

④因水泥水化热而产生裂缝。

防治措施：

①严格控制混凝土材料的选用。

②严格控制钢筋的配置。钢筋的配置要严格按图纸要求施工。钢筋的品种、规格、数量的改变、代用必须考虑对构件抗裂性能的影响，并经过报批。保护层过大或过小，都可能导致混凝土开裂、裂缝。钢筋间距过大，容易引起钢筋之间的混凝土开裂。

③模板工程要严格按规格操作。模板构造要合理，防止模板各构件间的变形不同而导致混凝土裂缝，模板和支架要有足够的刚度，防止施工荷载作用下，模板变形过大而造成开合，合理掌握拆模时机。

④加强混凝土的早期养护，并适当延长养护时间。在气温高、湿度低或风速大的条件下，更应及早进行喷水养护。

⑤加强地基的检查与验收。基坑开挖后应及时通知勘察及设计单位到场验收。对较复杂的地基，设计方在基坑开挖后应要求钻探，当探出有不利地质情况时，必须先对地基加固处理，并验收合格后，方可进行下一步施工。

2. 混凝土薄壁池体出现蜂窝、麻面及狗洞

原因分析：

①混凝土的坍落度不满足配合比要求，坍落度太小。

②混凝土没分层下料浇筑。下料自由倾落高度过大，造成骨料分离。

③模板表面不光滑、不干净。浇筑混凝土前木模板湿润不够。模板缝隙过大，造成模板漏浆。

④混凝土入模后，振捣质量差，造成漏振或过振。

防治措施：

混凝土在浇捣前，各部位的钢筋、埋件插筋和预留洞必须由有关人员验收合格后方可进行浇捣，柱、混凝土不能一次下料到顶，应分层进行振捣。木模部位要隔夜浇水湿润。浇捣混凝土前应向施工人员进行交底，并做好书面记录，落实专人负责振捣，有专人负责看模。在操作难度较高处和留洞、钢筋密度较大的区域，应做好醒目标志，以加强管理，确保混凝土浇捣质量。

3. 预埋件、预埋孔洞位置不准

原因分析：

施工中未详细核对图纸。

防治措施：

浇筑混凝土前应详细核对预埋件、预埋孔洞的位置。

4. 蓄水池漏水

原因分析：

①施工缝未设置止水钢板。

②施工缝未进行凿毛。

③防水施工不到位。

防治措施：

①加止水钢板。所有侧墙上的工作缝均在上次混凝土浇筑前埋置厚 4mm、宽 400mm 止水钢板。

②凿毛。混凝土浇筑完毕，具有一定强度后认真进行凿毛。凿毛依据"两凿两吹"的操作方法进行：即先用錾子将工作缝混凝土面通凿一遍，凿掉浆皮，露出新茬，用空压机吹净混凝土渣，然后将所凿之处再仔细补凿，在合模板前认真吹干净。

③粘海绵条。支下次模板前在工作缝下部（水平工作缝）或一侧（竖向工作缝）30mm 处粘贴海绵胶条，防止下次浇筑混凝土时出现漏浆现象。

7.3.3 蓄水模块

7.3.3.1 质量控制标准及控制要点

1. 质量控制标准

①模块储水池施工质量检查的工序划分，不同工序应检查的内容和检查记录的要求，以及各施工工序应关注的问题。

②对扩建和改建工程应与现有相关管道、构筑物的协调内容，以及最终对模块储水池进行密封试验的质量合格标准的界定。蓄水模块施工见图 7-17。

③施工记录格式，条文中规定按现行国

图 7-17　蓄水模块施工

家规范《建筑给水排水及采暖工程施工质量验收规范》（GB 50242—2017）中附录 C、附录 D 规定如实记录和签署。

2．控制要点

①开挖应根据工程地质勘测报告确定开挖方案，通常采取机械开挖结合人工修整的办法进行施工。机械开挖至距基底标高 200mm 处采用人工开挖，确保不超挖，且保证基底土方开挖平整度（当局部土质达不到要求，需进行换填）。

②建筑混凝土垫层：为保证蓄水模块安装后的安全性，采用厚度不小于 150mm 的 C30 混凝土垫层，建筑尺寸根据水池的尺寸每边放出 100mm 工作面，表面抹光，并保证平整度。

③组装地板：垫层浇筑完成，待混凝土强度达到 75% 后即进行水池安装，板与板之间用黏土密封，法兰边对齐，将螺栓穿过法兰边上的孔，加上垫片螺母紧固即可。

④土方回填：侧边回填，在夯实前必须在水池内注水，注水高度以超过分层回填厚度 100mm 以上，且每层必须夯实，夯实采用轻型机械为宜。顶部回填，顶部回填施工需更加注意，回填总厚度以不超过 1000mm 为宜，每层回填厚度不宜超过 300mm，下部需回填密实，回填必须采用人工操作，严禁一次性堆土过高，以防止水池坍塌。

7.3.3.2 质量通病及防治措施

质量通病索引见表 7-16。

表 7-16 质量通病索引表

序号	质量通病	主要原因分析	主要防治措施
1	基底下沉开裂	软基未处理	碎石换填
2	蓄水模块无法安装	尺寸、高程不符	对尺寸、高程、位置进行验收
3	蓄水模块水池坍塌	回填高度过高；压实坍塌	严禁一次性堆土过高；轻型机械夯实

1．基底下沉开裂

原因分析：

①开挖后基底存在不良质土未进行处理。

②基底承载力达不到要求。

防治措施：

当局部土质达不到要求，需把达不到要求的松软层土方挖除，采用厚度为 300mm 碎石进行换填，采用机械平整、压实。

2．蓄水模块无法安装

原因分析：

①基坑开挖尺寸、位置、高程与设计不符，导致蓄水模块无法安装。

②模块损坏，运输过程碰撞。

防治措施：

安装前应对基坑的尺寸、高程、位置进行验收，验收单位应有建设单位、施工单位、勘察单位、设计单位、监理单位。

3. 蓄水模块水池坍塌

原因分析:

①一次性回填高度过高。

②夯实未采用轻型机械。

防治措施:

①侧边回填应考虑到水池所用材质为 SMC, 土方回填时侧压力较大的特性, 回填时必须考虑分层人工回填, 每层厚度按规范要求进行施工, 且在夯实前必须在水池内注水, 注水高度以超过分层回填厚度 100mm 以上, 且每层必须夯实, 夯实采用轻型机械为宜。

②顶部回填施工需更加注意, 回填总厚度以不超过 1000mm 为宜, 每层回填厚度不宜超过 300mm, 下部需回填密实, 回填必须采用人工操作, 严禁一次性堆土过高, 以防止水池坍塌。

7.3.4 调节塘

7.3.4.1 质量控制要点

1. 标高控制

调节塘施工过程中标高控制是关键, 若标高有误, 则可能导致无法达到既定功能。施工过程中切忌采用肉眼、经验控制标高, 需严格按照设计标高及位置进行放线, 保证标高。

2. 原材料控制

做好原材料进场验收工作, 检查透水土工布的检验报告, 保证透水系数符合要求, 砾石中泥沙含量不超过设计要求, 竖管管径符合设计要求。

7.3.4.2 质量通病及防治措施

质量通病索引见表 7-17。

表 7-17 质量通病索引表

序号	质量通病	主要原因分析	主要防治措施
1	开挖放坡坡度不满足要求	仪器精准度不够;凭经验开挖	全站仪精准放线;人工修坡
2	透水土工布破损	材料不合格;搭接长度不够	进场验收;保证土工布搭接长度

1. 开挖放坡坡度不满足要求

原因分析:

①放线仪器精准度不够。

②仅放出坡顶线, 未放出坡脚线, 凭施工经验开挖。

防治措施:

①使用全站仪按设计图纸坐标进行精准放线, 将坡顶线和坡脚线均采用石灰放线洒出。

②湿地开挖时, 先用机械开挖坡脚线, 再用人工开挖修饰坡面, 保证坡度。

2. 透水土工布破损

原因分析：

①回填种植土中含有石块、铁片等锋利物品。

②透水土工布材料不合格。

③透水土工布搭接长度不够或搭接不到位。

防治措施：

①做好材料进场验收，检查透水土工布相关报告，保证材料的完好性。

②做好隐蔽验收工作，保证透水土工布搭接长度或焊接完整。

7.3.5　生物滞留带

7.3.5.1　质量控制标准及控制要点

1. 质量控制标准

①生物滞留带构造应满足设计要求，不得导致周边次生灾害发生。

检验方法：观察检查、钢尺量测。

②生物滞留溢流装置应符合设计要求，设计未明确时，溢流口应高于设计液位100mm。

检验方法：观察检查、钢尺量测。

③蓄水层深度应符合设计要求，设计未明确时，一般为200～300mm，最高不超过400mm，并应设100mm的超高。

检验方法：观察检查、钢尺量测。

2. 控制要点

①开挖完成后进行标高、坡度复核，保证标高符合设计标高。如存在机械、管线、树木较多区域，机械难以进入，现场一律进行人工开挖。

②透水土工布摊铺应保证防水土工布布面平整，并留有一定的变形余量，防止回填时造成土工布破损。

③介质土回填厚度为400mm，回填时应保证回填厚度均匀，避免出现明显凹凸地区。

④介质土回填前应测试其渗透系数，当渗透系数满足设计要求时方可回填，回填时不应夯实，避免影响透水效果。生物滞留带效果见图7-18。

图7-18　生物滞留带

7.3.5.2　质量通病及防治措施

质量通病索引见表7-18。

表7-18　质量通病索引表

序号	质量通病	主要原因分析	主要防治措施
1	滞留带开挖深度不足	开挖后未进行标高复核	开挖完成后进行标高、坡度复核，保证标高符合设计标高
2	雨水无法汇流	回填高度过高	回填后完成面低于周边铺设路面120mm

1. 滞留带开挖深度不足

原因分析：

开挖后未进行标高复核。

防治措施：

①在开挖前，应对现状地下管线及隐蔽物进一步探查，由建设单位组织各管线相关管理部门，明确管线具体位置，确保安全后方可开挖施工。

②根据测量放线对已有地下水管线或构筑物的位置做出标记，开挖时应请有关管理单位现场监督。

③沟槽开挖坡度按设计进行开挖放坡。机械开挖至距基底标高200mm处采用人工开挖，避免超挖、多挖。开挖完成后进行标高、坡度复核，保证标高符合设计标高。如存在机械、管线、树木较多区域，机械难以进入，进行人工开挖。

④开挖完成后清理底部及侧壁的石块、树根等，以防止破坏土工布。随后应对生物滞留带边缘进行人工修整，着重对放坡不均处进行整理，保证曲线流畅，无折线、直线情况，以免影响后期景观效果。

2. 雨水无法汇流

原因分析：

回填高度过高。

防治措施：

①级配碎石采用人工进行回填，回填部位为裸土部位。

②回填采用人工回填，严禁采用机械回填。回填时应注意周边植被，严禁碎石直接回填于植被之上，造成植被损坏，影响景观效果。

③回填后完成面低于周边铺设路面120mm，保证周边雨水能够汇流。

④级配碎石应采用洗净碎石，保证其景观效果。

7.4 净水设施

7.4.1 人工土壤渗滤

7.4.1.1 质量控制要点

控制人工土壤的质量，选好厂家及做好进场验收是关键。确定厂家前，需到厂家生产地进行调查，并对工程案例做考察，以确定产品质量。土壤进场后，严格验收。

回填时，应注意不能对土壤进行夯实，否则会影响整体透水性。

7.4.1.2 质量通病及防治措施

质量通病索引见表 7-19。

表 7-19 质量通病索引表

序号	质量通病	主要原因分析	主要防治措施
1	土壤板结	未充分拌和均匀	严控各组分配比，并保证拌和均匀

土壤板结

原因分析：

人工土壤中各组分未充分拌和均匀，受雨水冲刷后产生离析，进而导致土中腐殖物等被滤除，只剩普通土壤，导致板结。

防治措施：

严格控制人工土壤中各组分配比，并保证拌和均匀。土壤进场后，严格落实验收程序。

7.4.2 植被缓冲带

7.4.2.1 质量控制要点

1. 坡度控制

施工过程中切忌采用肉眼、经验控制标高，需严格按照设计标高及位置进行放线，坡度不超过 6%。

2. 植物控制

①若为袋苗，选择苗木时应选择根茎发达、枝叶饱满、土球完整的袋苗。若为盆苗，应选择涨势较好的盆苗。

②苗木种植时，需根据每种苗的特性选择合理间距进行种植，建议每平方米不超过 49 株，否则容易造成局部苗木死亡。

③需选择耐旱且耐湿的植物，防止湿地未蓄水时植物死亡。植被缓冲带效果见图 7-19。

图 7-19　植被缓冲带

7.4.2.2 质量通病及防治措施

质量通病索引见表 7-20。

表 7-20　质量通病索引表

序号	质量通病	主要原因分析	主要防治措施
1	开挖放坡坡度不满足要求	仪器精准度不够；凭经验开挖	全站仪精准放线；人工修坡
2	苗木死亡	种植密度过大；种植土离析	对种植过密的苗木进行清理；选择多年生植物而非一年生植物

1. 开挖放坡坡度不满足要求

原因分析：

未使用仪器对全线段进行放线，局部仅凭肉眼进行开挖。

防治措施：

使用全站仪按设计图纸坐标进行精准放线。

2. 苗木死亡

原因分析：

①苗木种植密度过大，间距过小，导致苗木无法有效生长。

②种植苗木耐旱耐湿性差，或选择苗木为一年生植物而非多年生植物。

防治措施：

①严格对进场苗木进行验收，抽查其根茎是否有损坏。对损坏的苗木及时进行补苗，保证种植效果。

②对种植过密的苗木进行清理，保证苗木生长空间。

③避免选择非水生植物，导致植物长期泡水烂根而死。苗木搭配时，选择多年生植物而非一年生植物，避免重复更换苗木。

7.4.3 植草沟

7.4.3.1 质量控制要点

1. 坡度控制

施工过程中切忌采用肉眼、经验控制标高，需严格按照设计标高及位置进行放线，控制植草沟坡度和沿水流方向的坡度。

2. 草皮养护

①灌水：草坪铺设完后，根据实际情况进行灌水，一般一周内喷水两次，后期一周一次或几周一次。

②施肥：草皮铺设当年施有机肥一次，每平方米 30g，或施复合肥或尿素一次，每平方米 10g。植草沟效果见图 7-20。

图 7-20 植草沟

7.4.3.2 质量通病及防治措施

质量通病索引见表 7-21。

表 7-21 质量通病索引表

序号	质量通病	主要原因分析	主要防治措施
1	开挖放坡坡度不满足要求	仪器精准度不够；凭经验开挖	全站仪精准放线；人工修坡
2	草局部坏死	养护不到位；未定期杀虫	预防为主，综合防治

1. 开挖放坡坡度不满足要求

原因分析：

未使用仪器对全线段进行放线，局部仅凭肉眼进行开挖。

防治措施：

使用全站仪按设计图纸坐标进行精准放线。

2. 草局部坏死

原因分析：

①养护不到位，未定期进行浇水灌溉。

②未定期进行杀虫。

防治措施：

草坪为多年生植物，病虫害持续发生，主要病虫害有炭疽病、白斑病、环斑病、草坪粘虫、地老虎、夜蛾等几十种。防治方法以预防为主，综合防治。药物防治采用氧化乐果、辛硫磷、多菌灵、甲基托布津等。

7.4.4 初期雨水弃流设施

7.4.4.1 质量控制要点

1. 垫层浇筑

用铁锹铺混凝土，厚度略高于找平堆，随即用平板振捣器振捣。混凝土振捣密实后，以水平标高线及找平堆为准检查平整度，高的铲掉，凹处补平。用水平木刮杠刮平，表面再用木抹子搓平。

养护：已浇筑完的混土垫层应在 12h 左右覆盖和浇水。

2. 管道安装

实施前应充分了解图纸意图，在管道安装相应位置标记上标高，防止安装倒置，使水无法外流。安装过程中，需特别注意管道与雨水弃流设备连接口的位置，应使用防水胶带进行处理。

3. 回填

管道侧面和顶部 500mm 以内位置均应使用中粗砂回填，夯实系数应符合规范要求，一般为 0.9，上层土壤应分层回填，每层厚度不超过 30cm。

7.4.4.2 质量通病及防治措施

质量通病索引见表 7-22。

表 7-22 质量通病索引表

序号	质量通病	主要原因分析	主要防治措施
1	弃流装置倒流	出水标高高于进水标高	测量复核
2	垫层开裂	配合比设计不当；漏振、过振	采用中低热水泥或粉煤灰水泥；振捣均匀，避免漏振、过振

1. 弃流装置倒流

原因分析：

未按照设计标高和坡度进行管道安装，出水标高高于进入标高。

防治措施：

使用全站仪按设计图纸坐标进行精准放线，每根管道安装完成后都进行复核，全部安装完成后进行验收，保证坡度和标高。

2. 垫层开裂

原因分析：

①混凝土材料及配合比问题：配合比设计不当直接影响混凝土的抗拉强度，是造成混凝土开裂不可忽视的原因。配合比不当指水泥用量过大、水灰比大、含砂率不适当、骨料种类不佳、选用外加剂不当等，这几个因素是互相关联的。

②养护条件问题：养护是使混凝土正常硬化的重要手段。养护条件对裂缝的出现有着关键的影响。在标准养护条件下，混凝土硬化正常，不会开裂，但只适用于试块或是工厂的预制件生产，现场施工中不可能拥有这种条件。现场混凝土养护越接近标准条件，混凝土开裂可能性就越小。

③施工质量问题：混凝土浇筑施工中，振捣不均匀，或是漏振、过振等情况，会造成混凝土离析、密实度差，降低结构的整体强度。混凝土内部气泡不能完全排除时，钢筋表面的气泡就会降低混凝土与钢筋的粘结力。钢筋若受到过多振动，则水泥浆在钢筋周围密集，也将大大降低粘结力。

防治措施：

①选用收缩量较小的水泥型号，通常可采用中低热水泥或粉煤灰水泥，降低混凝土中的水泥用量。

②混凝土干缩裂缝的产生与水灰比有较大的关系，当水灰比越大时，干缩效应会越明显，因此，在混凝土配合比设计时，应尽量控制配合比，并掺入适量的减水剂，降低混凝土中水分的含量。

③在混凝土拌制时，施工单位应严格按配合比确定用水量。

④施工中应振捣均匀，避免漏振、过振。

⑤在混凝土养护期间，施工单位应加强养护管理，并结合实际情况，适当延长养护时间。

7.4.5 水湿生植物栽植

7.4.5.1 质量控制标准

（1）主要水湿生植物最适栽培水深应符合表 7-23 的规定。

表 7-23 主要水湿生植物最适栽培水深

序号	名称	类别	栽培水深（cm）
1	千屈菜	水湿生植物	5～10
2	鸢尾（耐湿类）	水湿生植物	5～10
3	荷花	挺水植物	60～80
4	菖蒲	挺水植物	5～10
5	水葱	挺水植物	5～10
6	慈姑	挺水植物	10～20
7	香蒲	挺水植物	20～30
8	芦苇	挺水植物	20～80

序号	名称	类别	栽培水深（cm）
9	睡莲	浮水植物	10～60
10	芡实	浮水植物	<100
11	菱角	浮水植物	60～100
12	荇菜	漂浮植物	100～200

（2）水湿生植物栽植地的土壤质量不良时，应更换合格的栽植土，使用的栽植土和肥料不得污染水源。

（3）水景园、水湿生植物景点、人工湿地的水湿生植物栽植槽工程应符合下列规定：

①栽植槽的材料、结构、防渗应符合设计要求。

②槽内不宜采用轻质土或栽培基质。

③栽植槽土层厚度应符合设计要求，无设计要求的应大于50cm。

（4）水湿生植物栽植的品种和单位面积栽植数应符合设计要求。

（5）水湿生植物的病虫害防治应采用生物和物理防治方法，严禁药物污染水源。

（6）水湿生植物栽植后至长出新株期间应控制水位，严防新苗（株）浸泡窒息死亡。

（7）水湿生植物栽植成活后单位面积内拥有成活苗（芽）数应符合表7-24的规定。

表7-24　水湿生植物栽植成活后单位面积内拥有成活苗（芽）数

项次	种类、名称		单位	每 m² 内成活苗（芽）数	地下部、水下部特征
1	水湿生类	千屈菜	丛	9～12	地下具粗硬根茎
		鸢尾（耐湿类）	株	9～12	地下具鳞茎
		落新妇	株	9～12	地下具根状茎
		地肤	株	6～9	地下具明显主根
		萱草	株	9～12	地下具肉质短根茎
2	挺水类	荷花	株	不少于1	地下具横生多节根状茎
		雨久花	株	6～8	地下具匍匐状短茎
		石菖蒲	株	6～8	地下具硬质根茎
		香蒲	株	4～6	地下具粗壮匍匐根茎
		菖蒲	株	4～6	地下具较偏肥根茎
		水葱	株	6～8	地下具横生粗壮根茎
		芦苇	株	不少于1	地下具粗壮根状茎
		茭白	株	4～6	地下具匍匐茎
		慈姑、荸荠、泽泻	株	6～8	地下具根茎

续表

项次	种类、名称		单位	每 m² 内成活苗（芽）数	地下部、水下部特征
3	浮水类	睡莲	盆	按设计要求	地下具横生或直立块状根茎
		菱角	株	9～12	地下根茎
		大漂	丛	控制在繁殖水域以内	根系悬垂于水中

7.4.5.2 质量控制要点

（1）浮水植物。浮水植物根不生于泥中，在检查病虫害后，放入水中即可。漂浮植物的生长速度很快，能更快地提供水面的遮盖装饰。但有些品种生长、繁衍得特别迅速，可能会成为水中一害，如浮萍、水葫芦等。必须定时疏除繁殖快速的种类，以免覆满水面，影响睡莲或其他沉水植物的生长。

（2）挺水植物、浮叶植物、沉水植物。

①检查水生植物有无病虫害、起苗运输过程中有无造成植物严重损伤的情况，对不满足栽植要求的予以清除。

②水生植物栽植土壤：可用干净的园土细细筛过，去掉土中的小树枝、杂草、枯叶等，尽量避免用塘里的稀泥，以免掺入水生杂草的种子或其他有害生物菌。以此为主要材料，再加入少量粗骨粉及一些缓释性氮肥。

③栽植：在池底砌筑栽植槽栽植的，应至少铺上 15cm 厚的培养土。采用种植器栽植的，应注意装土栽种以后，在水中不致倾倒或被风浪吹翻，一般不用有孔的容器，因为培养土及其肥效很容易流失到水里，甚至污染水质。采用竹竿秧插的，应注意控制插入深度，以防止在风浪作用下植株漂起或栽入过深影响存活及生长。

④栽植后，除日常管理工作之外，还要注意以下几点：检查植株是否拥挤，一般过3～4 年时间分一次株。定期施加追肥。清除水中的杂草，池底或池水过于污浊时要换水或彻底清理。美人蕉效果见图 7-21。

图 7-21　美人蕉

7.4.5.3 质量通病及防治措施

（1）水生植物配置不科学，影响水体的水质和整体环境，水景观效果差。

原因分析：

①设计时对植物的习性、水位深度、土壤环境、栽植季节、地域环境等没有做合理的分析就进行配置设计，而导致水生植物配置不合理。

②施工人员对设计所涉及的水生植物不了解，或者不按设计进行施工。

防治措施：

①设计人员需要对水生植物的习性及生长特性很了解，做到合理配置水生植物。

②根据不同的水位深度选择不同的植物类型及植物品种配置栽种。因为不同生长类型的植物有不同适宜其生长的水深范围。如植物种植时，应把握这样的两个准则，即"栽种后的平均水深不能淹没植株的第一分枝或心叶"和"一片新叶或一个新稍的出水时间不能超过 4 天"。这里说的出水时间是新叶或新稍从显芽到叶片完全长出水面的时间，尤其是在透明度低、水质较肥的环境里更应该注意。

③根据不同土壤环境条件选择不同的植物品种栽种。如土壤养分含量高、保肥能力强的土壤栽种喜肥的植物类型，而土壤贫瘠的土壤环境则选择那些耐贫瘠的植物类型。静水环境下选择浮叶、浮水植物而流水环境下选择挺水植物等等。

④根据不同栽植季节选择不同类型的植物栽种。在设计时，应预料到各种配置植物的生长旺季以及越冬时的苗情，防止在栽种后即出现因植株生长未恢复或越冬植物太弱而不能正常越冬的情况。因此，在进行植物配置时，应该先确定设计栽种的时间范围，再以此时间范围及植物的生长特性为主要依据，进行植物的配置。

⑤根据不同的地域环境选择不同的植物进行配置。在进行植物配置时，应以乡土植物品种为主，而对于一些新的外来植物品种，在配置前，应参考其在本地区域附近地区的生长情况后再确定，防止盲目配置而造成施工困难或适应性差等情况。

⑥施工人员在进行施工时，需对设计所涉及的水生植物有相关的了解。有些施工人员对有些植物名称都是头一次听到，更谈不上对它的习性了解，因此施工时没有按相应的要求进行施工，所以只有对植物特性方面做到有一定了解，才能理解设计意图和更好地完善植物配置。

第8章 管网敷设不开槽施工

8.1 工作井

8.1.1 国家、行业相关标准、规范

（1）《给水排水管道工程施工及验收规范》（GB 50268—2008）

（2）《顶进施工法用钢筒混凝土管》（JC/T 2092—2011）

（3）《给水排水工程顶管技术规程》（CECS 246：2008）

（4）《盾构法隧道施工及验收规范》（GB 50446—2017）

8.1.2 质量控制标准

根据《给水排水工程顶管技术规程》要求，允许偏差见表8-1。

表 8-1 工作井允许偏差表

项目		允许偏差
工作坑每侧	宽度	不小于设计规定值
	长度	
装配式后墙背	垂直度	$0.1\%H$
	水平扭转度	$0.1\%L$

8.1.3 质量控制要点

（1）在地下水位高的地段开挖工作井时，应采取降、排水措施。

（2）工作井内应设置集水坑。

（3）后背墙结构强度与刚度必须满足顶管、盾构最大允许顶力和设计要求。

（4）后背墙平面与掘进轴线应保持垂直，表面应坚实平整，能有效地传递作用力。

（5）施工前必须对后背土体进行允许抗力的验算，验算通不过时应对后背土体进行加固，以满足施工安全、周围环境保护要求。工作井施工见图8-1。

（6）顶管的顶进工作井后背墙还应符合下列规定：

图 8-1 工作井

①上、下游两段管道有折角时，还应对后背墙结构及布置进行设计。

②装配式后背墙宜采用方木、型钢或钢板等组装，底端宜在工作坑底以下且不小于500mm。组装构件应规格一致、紧贴固定。后背土体壁面应与后背墙贴紧，有孔隙时应采用砂石料填塞压实。

③无原土做后背墙时，宜就地取材设计结构简单、稳定可靠、拆除方便的后背墙。

④利用已顶进完毕的管道做后背时，待顶管道的最大允许顶力应小于已顶管道的外壁摩擦阻力。后背钢板与管口端面之间应衬垫缓冲材料，并应采取措施保护已顶入管道的接口不受损伤。

（7）建立地面上平面控制网和高程控制网，每个井口布设不少于3个控制点。

（8）工作井的结构必须满足井壁支护以及顶管（顶进工作井）、盾构（始发工作井）推进后坐力作用等施工要求，其位置选择应符合下列规定：

①宜选择在管道井室位置。

②便于排水、排泥、出土和运输。

③尽量避开现有构（建）筑物，减小施工扰动对周围环境的影响。

④顶管单向顶进时宜设在下游一侧。

8.1.4 质量通病及防治措施

质量通病索引见表8-2。

表8-2 质量通病索引表

序号	质量通病	主要原因分析	主要防治措施
1	工作井位移	覆土层较浅；主顶推力过大	加固土体；中继间
2	工作井渗水	周边雨水；土体渗水	设置挡水坎；降排水措施

1. 工作井位移

原因分析：

①覆土层较浅、所顶管口径较大、顶进距离较长时易发生。

②主顶推力超过工作井周边土所承受的最大推力，导致井后土体不稳定。

防治措施：

①顶进距离较长时，使用中继间，降低主顶油缸对工作井的推力。中继间油缸见图8-2。

②对后背土体进行允许抗力的验算，验算不通过时采用注浆或者压重等方式加固工作井后的土体。

③加强对工作井位移的实时监测，以掌握其位移变化。

2. 工作井渗水

工作井渗水见图8-3。

原因分析：

①工作井口未设置挡水坎，导致周边雨水汇流至工作井中。

图8-2 中继间油缸

②地面雨水通过已顶完的管道，流到工作坑中未能及时排出。

③工作井中的排水设备损坏或排量过小。

④管口处密封性较差，洞口前方土体渗水。

防治措施：

①在工作井口设置不低于 10cm 高的挡水坎，防止雨水流入井内。

②已顶好的管道应把管口封住，防止雨水或其他明水通过管道流入工作井。

图 8-3 工作井渗水

③工作井中的排水设施应完好，同时有备品备件，以确保及时排水。

④严格按设计要求做好管口密封措施，必要时注浆加固管口土体。

⑤工作井内设置集水坑，保证坑内积水顺利排尽。

8.2 顶管

8.2.1 国家、行业相关标准、规范

（1）《给水排水管道工程施工及验收规范》（GB 50268—2008）

（2）《顶进施工法用钢筒混凝土管》（JC/T 2092—2011）

（3）《给水排水工程顶管技术规程》（CECS 246：2008）

8.2.2 设备安装

8.2.2.1 质量控制标准

根据《给水排水工程顶管技术规程》（CECS 246：2008）要求，允许偏差如下：

后座：后座应与管道垂直，垂直误差应不大于 5mm/m。

导轨：轴线位置，±3mm。顶面高程，0～3mm。两轨间距，±2mm。

主顶：千斤顶宜固定在支架上，并与管道中心的垂线对称，其合力的作用点应在管道中心的垂直线上。

总体：安装后的顶铁轴线应与管道轴线平行、对称，顶铁与导轨和顶铁之间的接触面不得有泥土、油污。顶管施工平面布置见图8-4。

8.2.2.2 质量控制要点

（1）导轨应采用钢质材料，其强度和刚度应满足施工要求。导轨安装的坡度应与设计坡度一致。

图 8-4 顶管施工平面布置

①导轨安装前应复核管道中心位置，导轨的高度应与管道标高相对应。

②两导轨应顺直、平行、等高，其纵坡应与管道设计坡度一致。导轨见图8-5。

图8-5 导轨

（2）顶铁应符合下列规定：

①顶铁的强度、刚度应满足最大允许顶力要求。安装轴线应与管道轴线平行、对称，顶铁在导轨上滑动平稳且无阻滞现象，以使传力均匀和受力稳定。

②顶铁与管端面之间应采用缓冲材料衬垫，并宜采用与管端面吻合的U形或环形顶铁。

③顶进作业时，作业人员不得在顶铁上方及侧面停留，并应随时观察顶铁有无异常现象。

（3）千斤顶、油泵等主顶进装置应符合下列规定：

①千斤顶宜固定在支架上，并与管道中心的垂线对称，其合力的作用点应在管道中心的垂线上。千斤顶对称布置且规格应相同。

②千斤顶的油路应并联，每台千斤顶应有进油、回油的控制系统。油泵应与千斤顶相匹配，并应有备用油泵。高压油管应顺直、转角少。管顶千斤顶见图8-6。

③千斤顶、油泵、换向阀及连接高压油管等安装完毕，应进行试运转。整个系统应满足耐压、无泄漏要求，千斤顶推进速度、行程和各千斤顶同步性应符合施工要求。

④初始顶进应缓慢进行，待各接触部位密合后，再按正常顶进速度顶进。顶进中若发现油压突然增高，应立即停止顶进，检查原因并经处理后方可继续顶进。

图8-6 管顶千斤顶

⑤千斤顶活塞退回时，油压不得过大，速度不得过快。

（4）后座安装。

①反力墙平整。

②后背墙结构强度与刚度必须满足顶管最大允许顶力和设计要求。主顶后座见图8-7。

③后背墙平面与掘进轴线应保持垂直，表面应坚实平整，能有效地传递作用力。

（5）主顶站安装。

①千斤顶数量应为偶数，设置在管道两侧，并与管中心左右对称。每只千斤顶均应与

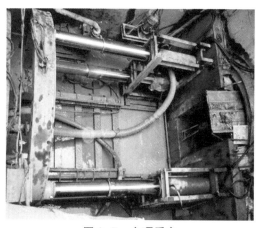

图8-7 主顶后座

管轴线平行。主顶站见图 8-8。

②千斤顶的合力中心与管道中心线重合。

（6）顶管机安装。

①安装前进行试吊，检查场地、缆绳、吊具等工作状态。

②顶管机下放至距离导轨 50cm 时，调整顶管机的吊装位置，并使顶管机的刀盘超出导轨，然后缓慢放下。

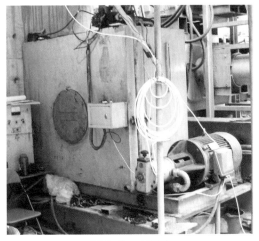

图 8-8　主顶站

8.2.3　管节验收

8.2.3.1　质量控制标准

1. 钢筋混凝土管

①应符合 GB/T 11836—2009 和《混凝土和钢筋混凝土排水管》（GB/T 11836—2009）的规定。

②顶进前应对钢筋混凝土管、钢套环、橡胶密封圈及衬垫材料做检测和验收。

③长度应根据使用条件和起吊能力确定。

④当地下水或管内贮水对混凝土和钢筋有腐蚀性时，应对钢筋混凝土管内外壁做相应的防腐处理。钢筋混凝土管堆放见图 8-9。

图 8-9　钢筋混凝土管堆放

2. 钢管

①钢管的性能和规格应符合 GB/T 700—2006 的规定。

②钢管的长度应根据工作井尺寸确定。

③钢管的焊缝质量检验，非压力管道不应低于焊缝质量等级 Ⅲ 级标准，压力管道不应低于焊缝质量等级 Ⅱ 级标准。

④钢管内外应根据设计要求做防腐处理。

8.2.3.2　质量控制要点

（1）顶管管材一般包括：钢筋混凝土管、钢管、玻璃纤维增强塑料夹砂管、用于顶管专用的球墨铸铁管和钢筒混凝土管。

（2）进场进行现场验收，应检查每批产品的质量合格证明书、性能检验报告、使用说明书等。

（3）管道制造商应提供下列详细资料：

①管道的内径。

②管道的外径。

③管道的接头形式。

④管道连接位置的尺寸。

⑤管道长度（平均长度）。

（4）对于公称直径不小于 2000mm 的管材，宜设置 4 个注浆孔；公称直径小于 2000mm，宜设置 3 个注浆孔。

8.2.4 管节顶进

8.2.4.1 质量控制标准

根据《给水排水工程顶管技术规程》（CECS 246：2008）要求，允许偏差（mm）见表 8-3：

表 8-3 顶管施工允许偏差

项目		允许偏差
轴线位置（mm）		50
管道内底标高（mm）	$D<1500$	+30，-40
	$D\geqslant1500$	+40，-50
相邻管间错口（mm）	钢管道	≤2
	钢筋混凝土管道	15% 管道壁厚且不大于 20
对顶时两端错口（mm）		50

顶管时地面沉降或隆起的允许量应符合施工设计的规定。

8.2.4.2 质量控制要点

（1）一次顶进距离大于 100m 时，宜根据条件采用中继间技术。

（2）在砂砾层或卵石层顶管时，应采取管节外表面熔蜡措施、触变泥浆技术等减少顶进阻力和稳定周围土体。

（3）长距离顶管应采用激光定向等测量控制技术。

（4）计算施工顶力时，应综合考虑管节材质、顶进工作井后背墙结构的允许最大荷载、顶进设备能力、施工技术措施等因素。施工最大顶力应大于顶进阻力，但不得超过管材或工作井后背墙的允许顶力。

（5）施工最大顶力有可能超过允许顶力时，应采取减少顶进阻力、增设中继间等施工技术措施。

（6）开始顶进前应检查下列内容，确认条件具备时方可开始顶进。

①全部设备经过检查、试运转。

②顶管机在导轨上的中心线、坡度和高程应符合要求。

③防止流动性土或地下水由洞口进入工作井的技术措施。

④拆除洞口封门的准备措施。

（7）顶管进、出工作井时应根据工程地质和水文地质条件、埋设深度、周围环境和顶进方法，选择经济合理的技术措施，并应符合下列规定：

①应保证顶管进、出工作井和顶进过程中洞圈周围的土体稳定。

②应考虑顶管机的切削能力。

③洞口周围土体含地下水时，若条件允许可采取降水措施，或采取注浆等措施加固土体以封堵地下水。在拆除封门时，顶管机外壁与工作井洞圈之间应设置洞口止水装置，防

止顶进施工时泥水渗入工作井。

（8）工作井洞口封门拆除应符合下列规定：

①钢板桩工作井，可拔起或切割钢板桩露出洞口，并采取措施防止洞口上方的钢板桩下落。

②工作井的围护结构为沉井工作井时，应先拆除洞圈内侧的临时封门，再拆除井壁外侧的封板或其他封填物。

③在不稳定土层中顶管时，封门拆除后应将顶管机立即顶入土层。

（9）拆除封门后，顶管机应连续顶进，直至洞口及止水装置发挥作用为止。

（10）在工作井洞口范围可预埋注浆管，管道进入土体之前可预先注浆。

（11）顶进作业应符合下列规定：

①应根据土质条件、周围环境控制要求、顶进方法、各项顶进参数和监控数据、顶管机工作性能等，确定顶进、开挖、出土的作业顺序和调整顶进参数。

②掘进过程中应严格量测监控，实施信息化施工，确保开挖掘进工作面的土体稳定和土（泥水）压力平衡。并控制顶进速度、挖土和出土量，减少土体扰动和地层变形。

③管道顶进过程中，应遵循"勤测量、勤纠偏、微纠偏"的原则，控制顶管机前进方向和姿态，并应根据测量结果分析偏差产生的原因和发展趋势，确定纠偏的措施。

④开始顶进阶段，应严格控制顶进的速度和方向。

⑤进入接收工作井前应提前进行顶管机位置和姿态测量，并根据进口位置提前进行调整。

⑥在软土层中顶进混凝土管时，为防止管节飘移，宜将前3～5节管体与顶管机联成一体。

⑦钢筋混凝土管接口应保证橡胶圈正确就位。钢管接口焊接完成后，应进行防腐层补口施工，焊接及防腐层检验合格后方可顶进。

（12）施工的测量与纠偏应符合下列规定：

①施工过程中应对管道水平轴线和高程、顶管机姿态等进行测量，并及时对测量控制基准点进行复核。发生偏差时应及时纠正。钻头纠偏系统见图8-10。

②顶进施工测量前应对井内的测量控制基准点进行复核。发生工作井位移、沉降、变形时应及时对基准点进行复核。

③由工作井进入土层，每顶进300mm，测量不应少于一次。正常顶进时，每顶进1000mm，测量不应少于一次。进入接收工作井前30m应增加测量，每顶进300mm，测量不应少于一次。全段顶完后，应在管节接口处测量其水平轴线和高程。有错口时，应测出相对高差。

图8-10 钻头纠偏系统

④纠偏量较大或频繁纠偏时应增加测量次数。

⑤测量记录应完整、清晰。

⑥距离较长的顶管，宜采用计算机辅助的导线法（自动测量导向系统）进行测量。在管道内增设中间测站进行常规人工测量时，宜采用少设测站的长导线法。每次测量均应对

中间测站进行复核。纠偏千斤顶见图 8-11。

⑦顶管过程中应绘制顶管机水平与高程轨迹图、顶力变化曲线图、管节编号图，随时掌握顶进方向和趋势。在顶进中及时纠偏。采用小角度纠偏方式。纠偏时开挖面土体应保持稳定。采用挖土纠偏方式，超挖量应符合地层变形控制和施工设计要求。刀盘式顶管机应有纠正顶管机旋转措施。纠偏液压泵见图 8-12。

图 8-11　纠偏千斤顶

（13）防止管道后退：拼装管段时，主推千斤顶在回缩前应对已顶进的管段与井壁进行临时固定。

（14）管道顶进应连续作业。管道顶进过程中，遇下列情况时，应暂停顶进，并应及时处理。

①工具管前方遇到障碍。
②后背墙变形严重。
③顶铁发生扭曲现象。
④管位偏差过大且校正无效。
⑤顶力超过管端的允许顶力。
⑥油泵、油路发生异常现象。
⑦接缝中漏泥浆。

8.2.5　管节连接

图 8-12　纠偏液压泵

（1）采用钢筋混凝土管时，其接口处理应符合下列规定：

①管节未进入土层前，接口外侧应垫麻丝、油毡或木垫板，管口内侧应留有 10~20mm 的空隙。顶紧后两管间的孔隙宜为 10~15mm。

②管节入土后，管节相邻接口处安装内胀圈时，应使管节接口位于内胀圈的中部，并将内胀圈与管道之间的缝隙用木楔塞紧。

（2）采用 T 形钢套环橡胶圈防水接口时，应符合下列规定：

①混凝土管节表面应光洁、平整，无砂眼、气泡。接口尺寸符合规定。

②橡胶圈的外观和断面组织应致密、均匀，无裂缝、孔隙或凹痕等缺陷。安装前应保持清洁、无油污，且不得在阳光下直晒。

③钢套环接口无疵点，焊接接缝平整，肋部与钢板平面垂直，且应按设计规定进行防腐处理。

④木衬垫的厚度应与设计顶力相适应。

（3）采用橡胶圈密封的企口或防水接口时，应符合下列规定：

①粘结木衬垫时凹凸口应对中，环向间隙应均匀。

②插入前，滑动面可涂润滑剂。插入时，外力应均匀。

③安装后，发现橡胶圈出现位移、扭转或露出管外，应拔出重插。

8.2.6 管壁注浆

8.2.6.1 质量控制标准

根据《给水排水工程顶管技术规程》（CECS 246：2008）要求，浆液质量控制标准应符合表 8-4 的规定。

表 8-4　浆液质量控制标准

比重（g/cm³）	失水量 [（cm³/(30min)]	pH 值	静切力（Pa）	稳定性
1.1～1.6	<25	7～10	100 左右	静置 24h，无离析水

同步注浆量宜为机尾空隙的 3～6 倍，沿线补浆量宜为机尾空隙的 3～5 倍。注浆压力宜控制在 0.8～1.2γh（γ 为土的容重，h 为土的深度）。

8.2.6.2 质量控制要点

（1）应遵循"同步注浆与补浆相结合"和"先注后顶、随顶随注、及时补浆"的原则，制定合理的注浆工艺。

（2）施工中应对触变泥浆的黏度、重度、pH 值、注浆压力、注浆量进行检测。

（3）注浆前，应检查注浆装置水密性。注浆时压力应逐步升至控制压力。注浆遇有机械故障、管路堵塞、接头渗漏等情况时，经处理后方可继续顶进。

（4）采用同步注浆和补浆，及时填充管外壁与土体之间的施工间隙，避免管道外壁土体扰动。管壁注浆见图 8-13。

（5）每个注浆口设置阀门，在机尾和管路应设置压力表。

（6）注浆压力可按不大于 0.1MPa 开始加压，在注浆过程中的注浆流量、压力等施工参数，应按减阻及控制地面变形的量测资料调整。

（7）拆除注浆管路后，应将管道上的注浆孔封闭严密。

（8）注浆及置换触变泥浆后，应将全部注浆设备清洗干净。

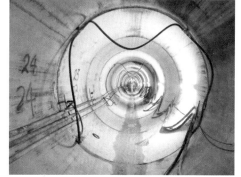

图 8-13　管壁注浆

8.2.7 质量通病及防治措施

质量通病索引见表 8-5。

表 8-5　质量通病索引表

序号	质量通病	主要原因分析	主要防治措施
1	管道顶进轴线与设计轴线偏差过大，使管道发生弯曲，甚至造成管节损坏，接口渗漏	正面阻力不均匀；千斤顶不同步	设置测力装置，指导纠偏；顶力、行程、速度一致

续表

序号	质量通病	主要原因分析	主要防治措施
2	顶管施工过程中或施工后，在管道轴线两侧一定范围内发生地面沉降或隆起，使管道周围建筑物和道路交通及管道等公用设施受到影响	管道外周空隙；管道接口渗漏	注入润滑支承介质；采取加固保护措施
3	洞口止水圈撕裂或外翻	材质不符合要求；安装不当；土压力、水压力过大	增加洞口止水圈的层数或增加橡胶止水圈的厚度
4	后靠背严重变形、位移或损坏	刚度不够；	选用刚度大的钢结构；注浆加固土体
5	顶力突然增大	遇障碍物；轴线偏差	同步注浆；轴线控制
6	工具管沿圆周方向旋转，使顶进操作发生困难	土层软硬不均匀；纠偏量过大	多挖硬、少挖软；小幅度纠偏和预见性纠偏

1. 管道顶进轴线与设计轴线偏差过大，使管道发生弯曲，甚至造成管节损坏，接口渗漏

原因分析：

①地层正面阻力不均匀，使工具管受力不均匀，形成导向偏差。

②顶管后背发生位移或不平整，使顶力合力线偏移。

③千斤顶不同步，或千斤顶的顶力相差较大，或安装精度不够，造成顶力合力线偏差。

防治措施：

①顶管施工前应对管道通过地带的地质情况认真调查，设置测力装置，指导纠偏。纠偏按照勤测量、勤纠偏、小量纠的操作方法进行。

②加强顶管后背施工质量的控制，确保后背不发生位移，并应使后背平整，以保证顶进设备的安装精度。

③采用同种规格的液压千斤顶，使其顶力、行程、速度一致，保持顶力合力线与管道中心线相重合。

④顶进过程中应随时绘制顶进曲线，指导顶进纠偏工作。

2. 顶管施工过程中或施工后，在管道轴线两侧一定范围内发生地面沉降或隆起，使管道周围建筑物和道路交通及管道等公用设施受到影响

原因分析：

①管道外周空隙引起的沉降与隆起。

②管道与周围土体摩擦引起的沉降与隆起。

③管道接口渗漏引起的沉降与隆起。

防治措施：

①施工前应对工程地质条件和环境情况进行周密细致的调查，制定切实可行的施工方案，正确选用工具管，并对距离管道较近的建筑物和其他设施采取加固保护措施。

②安装测力装置，掌握顶进压力，保持顶进力与前端土体压力的平衡。

③施工时尽量采取小幅度的纠偏，尽可能地保证管道的直顺，减小管道绕曲造成土层移动引起的沉降。避免大幅度纠偏造成管道接口密封失效和管端碎裂，发生水土和触变泥

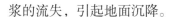

浆的流失，引起地面沉降。

④在顶进过程中应及时足量地注入的润滑支承介质，填充管道外围环形空隙。

3. 洞口止水圈撕裂或外翻

原因分析：

①洞口止水圈或洞口钢板孔径尺寸不符合设计要求。

②止水圈的橡胶材质不符合要求。

③安装不当，与管道有较大的偏心。

④橡胶止水圈太薄或洞口的土压力、水压力过大。

防治措施：

①洞口止水圈应按设计要求的尺寸和材料进行加工，并应制成整体式。

②洞口止水圈应按设计图纸的尺寸要求正确安装。

③对于洞口土压力太高或橡胶止水圈太薄引起的外翻，增加洞口止水圈的层数或增加橡胶止水圈的厚度。

④设计没有提出要求时，根据施工经验，洞口钢板内径可比管节外径大 4~6cm，洞口止水圈内径可比管节外径小 10% 左右为宜。

4. 后靠背严重变形、位移或损坏

原因分析：

①后靠背的刚度不够。

②后靠背后面的预留孔或管口没有垫实。

③用钢板桩支护的工作井，由于覆土太浅或被动土抗力太小而使钢板桩产生位移影响到后靠背的稳定。

防治措施：

①应选用刚度大的钢结构取代单块钢板做后靠背。

②后靠背后面的洞口要采取垫实措施，可用刚度大的板桩或工字钢叠成墙，垫住洞口或管口。

③后座墙后的土体采用注浆等措施加固，或者在其地面上压钢锭，增加地面荷载。

④用钢筋混凝土浇筑整体性好的后座墙，并且尽量使墙脚插入到工作坑底板以下。

5. 顶力突然增大

原因分析：

①土层塌方或工具管前端遇障碍物，使阻力增大。

②管道轴线偏差形成弯曲，使摩阻力增大。

③减阻介质膨润泥浆配比不当或注入不及时，或注入量不足，减阻效果降低，使摩阻力增大。

④顶进设备的油泵、油缸或油路发生故障。

⑤顶进施工中因故停顶时间过久，润滑泥浆失水使减阻效果降低。

防治措施：

①顶管在正常顶进施工过程中，必须密切注意顶进轴线的控制，使管道轴线被控制在允许偏差范围以内。

②按不同地质条件配制适宜的泥浆，并采取同步注浆的方法，及时足量地注入泥浆。

③顶进施工前应对顶进设备进行认真的检修保养。

④停顶时间不能过久，发生故障应及时加以排除。

6. 工具管沿圆周方向旋转，使顶进操作发生困难

原因分析：

①工具管前端土层软硬不均匀，使工具管受力不均，造成工具管向土层软的方向旋转。

②顶进千斤顶及油路布置不合理，千斤顶之间存在着顶进时间差，使顶进合力线偏移，造成工具管旋转。

③顶管轴线发生偏差时，纠偏量过大，使工具管发生旋转。

④管道向左、向下纠偏，管道逆时针扭转。

⑤后座或后背不稳或主油缸与管轴线不平行，使主油缸在工作时方向变化，对管道形成一个扭矩，使管道扭转。

⑥管道内施工设备布置不对称，构成一个固定方向的扭矩，使管道按某一方向扭转。

防治措施：

①遇前端土层软硬不均匀，应采取多挖硬、少挖软的方法。

②顶进前应逐台调试千斤顶，应采用同种规格，并使液压泵到各千斤顶之间的距离相等、管径一致。

③在顶进过程中，要时刻留意偏差发展的趋势，以勤测、勤纠为原则，多进行小幅度纠偏和预见性纠偏，使偏差只在小幅度范围内波动，尽量避免大角度纠偏。

④工具管设置测力装置，以便测定平衡力的大小指导纠偏。

⑤管内设备布置重量对称；主油缸安装平稳，并且与管轴线平行；刀盘经常变换方向；尽量采用小角度纠偏，其次是纠扭。可采用压重的办法纠扭，即管道单边压重，使管道反向扭转。

8.3 盾构

8.3.1 国家、行业相关标准、规范

（1）《盾构法隧道施工及验收规范》（GB 50446—2017）

（2）《盾构隧道管片质量检测技术标准》（CJJ/T 164—2011）

（3）《给水排水管道工程施工及验收规范》（GB 50268—2008）

8.3.2 管片制作

8.3.2.1 质量控制标准及要求

（1）应符合《盾构法隧道施工及验收规范》（GB 50446—2017）和《盾构隧道管片质量检测技术标准》（CJJ/T 164—2011）的规定。

（2）混凝土管片应进行外观检验。

（3）混凝土管片应进行尺寸检验。

（4）盾构隧道管片应进行水平拼装检验。

（5）混凝土管片应进行管片渗漏检验，检验结果应满足设计要求。

（6）混凝土管片应进行抗弯性能检验，检验结果应满足设计要求。

（7）混凝土管片应进行吊装螺栓孔抗拔性能检验，检验结果应满足设计要求。

8.3.2.2 质量控制要点

（1）模具、钢筋骨架按有关规定验收合格。

（2）经过试验确定混凝土配合比，普通防水混凝土坍落度不宜大于 70mm。水、水泥、外掺剂用量偏差应控制在 ±2%。粗、细骨料用量允许偏差应为 ±3%。

（3）混凝土保护层厚度较大时，应设置防表面混凝土收缩的钢筋网片。

（4）混凝土振捣压实，且不得碰钢模芯棒、钢筋、钢模及预埋件等。外弧面收水时应保证表面光洁、无明显收缩裂缝。

（5）管片养护应根据具体情况选用蒸汽养护、水池养护或自然养护。

（6）在脱模、吊运、堆放等过程中，应避免碰伤管片。

（7）管片应按拼装顺序编号排列堆放。管片粘贴防水密封条前应将槽内清理干净。粘贴时应牢固、平整、严密、位置准确，不得有起鼓、超长和缺口等现象。粘贴后应采取防雨、防潮、防晒等措施。

8.3.3 土压平衡盾构掘进

8.3.3.1 一般要求

（1）盾构现场组装完成后应对各系统进行调试并验收。土压平衡盾构机见图 8-14。

图 8-14 土压平衡盾构机

（2）掘进施工可划分为始发、掘进和接收阶段。施工中，应根据各阶段施工特点及施工安全、工程质量和环保要求等采取针对性施工技术措施。

（3）试掘进应在盾构起始段 50～200m 进行。试掘进应根据试掘进情况调整并确定掘进参数。

（4）掘进施工应控制排土量、盾构姿态和地层变形。

（5）管片拼装时应停止掘进，并应保持盾构姿态稳定。

（6）掘进过程中应对已成环管片与地层的间隙充填注浆。

（7）掘进过程中，盾构与后配套设备、抽排水与通风设备、水平运输与垂直运输设备、泥浆管道输送设备和供电系统等应能正常运转。

（8）应根据盾构机类型采取相应的开挖面稳定方法，确保前方土体稳定。

（9）盾构掘进轴线按设计要求进行控制，每掘进一环应对盾构姿态、衬砌位置进行测量。

（10）在掘进中逐步纠偏，并采用小角度纠偏方式。

（11）根据地层情况、设计轴线、埋深、盾构机类型等因素确定推进千斤顶的编组。

（12）根据地质、埋深、地面的建筑设施及地面的隆沉值等情况，及时调整盾构的施工参数和掘进速度。

（13）掘进中遇有停止推进且间歇时间较长时，应采取维持开挖面稳定的措施。

（14）在拼装管片或盾构掘进停歇时，应采取防止盾构后退的措施。

（15）推进中盾构旋转角度偏大时，应采取纠正的措施。

（16）根据盾构选型、施工现场环境，合理选择土方输送方式和机械设备。

（17）盾构掘进每次达到1/3管道长度时，对已建管道部分的贯通测量不少于一次。曲线管道还应增加贯通测量次数。

8.3.3.2　掘进控制

（1）开挖渣土应充满土仓，渣土形成的土仓压力应与刀盘开挖面外的水土压力平衡，并应使排土量与开挖土量相平衡。

（2）应根据隧道工程地质和水文地质条件、埋深、线路平面与坡度、地表环境、施工监测结果、盾构姿态以及始发掘进阶段的经验，设定盾构刀盘转速、掘进速度和土仓压力等掘进参数。

（3）掘进中应监测和记录盾构运转情况、掘进参数变化和排出渣土状况，并应及时分析反馈，调整掘进参数和控制盾构姿态。

（4）应根据工程地质和水文地质条件，向刀盘前方及土仓注入添加剂，渣土应处于流塑状态。

8.3.4　泥水平衡盾构掘进

8.3.4.1　一般要求

与3.3.1节要求相同。

8.3.4.2　掘进控制

（1）泥浆压力与开挖面的水土压力应保持平衡，排出渣土量与开挖渣土量应保持平衡，并应根据掘进状况进行调整和控制。泥水平衡盾构机见图8-15。

（2）应根据工程地质条件，经试验确定泥浆参数，应对泥浆性能进行检测，并实施泥浆动态管理。

（3）应根据隧道工程地质与水文

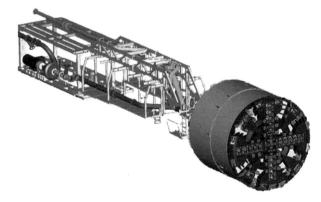

图8-15　泥水平衡盾构机

地质条件、隧道埋深、线路平面与坡度、地表环境、施工监测结果、盾构姿态和盾构始发掘进阶段的经验，设定盾构刀盘转速、掘进速度、泥水仓压力和送排泥水流量等掘进参数。

（4）泥水管路延伸和更换，应在泥水管路完全卸压后进行。

（5）泥水分离设备应满足地层粒径分离要求，处理能力应满足最大排渣量的要求，渣土的存放和运输应符合环境保护要求。

8.3.5 管片拼装

8.3.5.1 一般要求

（1）拼装前，管片防水密封材料的粘贴效果应验收合格。

（2）管片选型应符合下列规定：

①应根据设计要求，选择管片类型、排版方法、拼装方式和拼装位置。

②当在曲线地段或需纠偏时，管片类型和拼装位置的选择应根据隧道设计轴线和上一环管片姿态、盾构姿态、盾尾间隙、推进油缸行程差和铰接油缸行程差等参数综合确定。

（3）管片应按便于拼装的顺序存放，存放场地基础条件应满足承载力要求。盾构管片堆放见图8-16。

（4）拼装管片时，拼装机作业范围内严禁站人和穿行。

图 8-16 盾构管片堆放

8.3.5.2 拼装质量控制

（1）管片不得有内外贯穿裂缝、宽度大于0.2mm的裂缝及混凝土剥落现象。

（2）管片防水密封质量应符合设计要求，不得缺损，粘结应牢固、平整。

（3）螺栓质量及拧紧度应符合设计要求。

（4）管片拼装过程中应对隧道轴线和高程进行控制。

（5）拼装成环后应进行质量检测，并记录填写报表。

（6）防止损伤管片防水密封条、防水涂料及衬垫。有损伤或挤出、脱槽、扭曲时，及时修补或调换。

（7）管片下井前应进行防水处理。管片与连接件等应有专人检查，配套送至工作面，拼装前应检查管片编组编号。

（8）千斤顶顶出长度应满足管片拼装要求。

（9）拼装前应清理盾尾底部，并检查拼装机运转是否正常。拼装机在旋转时，操作人员应退出管片拼装作业范围。

（10）每环中的第一块拼装定位准确，自下而上、左右交叉对称依次拼装，最后封顶成环。

（11）逐块初拧管片环向和纵向螺栓，成环后环面应平整。管片脱出盾尾后应再次复紧螺栓。

（12）拼装时保持盾构姿态稳定，防止盾构后退、变坡变向。

（13）防止管片损伤，并控制相邻管片间环面平整度、整环管片的圆度、环缝及纵缝的拼接质量，所有螺栓连接件应安装齐全并及时检查复紧。

（14）其他要求参见 GB 50446—2017。

8.3.6 壁后注浆

8.3.6.1 一般要求

（1）应根据工程地质条件、地表沉降状态、环境要求及设备性能等选择注浆方式。

（2）管片与地层间隙应填充压实。

（3）壁后注浆过程中，应采取减少注浆施工对周围环境影响的措施。

8.3.6.2 注浆质量控制

1. 注浆材料与参数

①根据注浆要求，应通过试验确定注浆材料和配比。可按地质条件、隧道条件和工程环境选用单液或双液注浆材料。管片注浆见图 8-17。

②注浆材料的强度、流动性、可填充性、凝结时间、收缩率和环保等应满足施工要求。

③应根据注浆量和注浆压力控制同步注浆过程，注浆速度应根据注浆量和掘进速度确定。

④注浆压力应根据地质条件、注浆方式、管片强度、设备性能、浆液特性和隧道埋深等因素确定。

⑤同步注浆和即时注浆的注浆量充填系数应根据地层条件、施工状态和环境要求确定，充填系数宜为 1.3～2.5。

图 8-17　管片注浆

⑥二次注浆的注浆量和注浆压力应根据环境条件和沉降监测结果等确定。

2. 注浆作业

①注浆前，应根据注浆施工要求准备拌浆、储浆、运浆和注浆设备，并应进行试运转。

②注浆前，应对注浆孔、注浆管路和设备进行检查。

③浆液应符合下列规定：

a）浆液应按设计施工配合比拌制。

b）浆液的相对密度、稠度、和易性、杂物最大粒径、凝结时间、凝结后强度和浆体固化收缩率均应满足工程要求。

c）拌制后浆液应易于压注，在运输过程中不得离析和沉淀。

④合理制定壁后注浆的工艺，并应根据注浆效果调整注浆参数。

⑤宜配备对注浆量、注浆压力和注浆时间等参数进行自动记录的仪器。

⑥注浆作业应连续进行。作业后，应及时清洗注浆设备和管路。

⑦采用管片注浆口注浆后，应封堵注浆口。

8.3.7 防水工程

8.3.7.1 一般要求

（1）防水应包括管片自防水、管片接缝防水和特殊部位防水。

（2）遇水膨胀防水材料在运输、存放和拼装前应采取防雨、防潮措施。

（3）渗漏水处理应符合现行国家标准《地下工程防水技术规范》（GB 50108—2008）的规定。

8.3.7.2 防水质量控制

1. 接缝防水

①防水材料应按设计要求选择，施工前应分批进行抽检。

②防水密封条粘贴应符合下列规定：

a）应按管片型号选用。

b）变形缝、柔性接头等接缝防水的处理应符合设计要求。

c）密封条在密封槽内应套箍和粘贴牢固，不得有起鼓、超长或缺口现象，且不得歪斜、扭曲。

③当采用遇水膨胀橡胶密封垫时，应按设计要求粘贴。

④当采用嵌缝防水材料时，应清理管片槽缝，并应按规定进行嵌缝作业，填塞应平整、压实。

2. 特殊部位防水

①当采用注浆孔注浆时，注浆后应对注浆孔进行密封防水处理。

②注浆孔及螺栓孔处密封圈应定位准确，并应与密封槽相贴合。

③与工作井、联络通道等附属构筑物的接缝处，应按设计要求进行防水处理。

8.3.8 质量通病及防治措施

质量通病索引见表 8-6。

表 8-6 质量通病索引表

序号	质量通病	主要原因分析	主要防治措施
1	泥水冒出地面	覆土层太浅；卵石、粗砂等地层	控制泥水压力；加深覆土
2	机头偏低	粉砂等砂性土层；软硬相间土层	提高泥浆浓度；控制泥浆压力
3	泥水压力过高	吸泥管漏气；排泥管堵塞	检查吸泥口，排除阻塞；清洗堵塞的排泥管道
4	盾构推进困难或地面隆起变形	障碍物；平衡压力过大	合理设定平衡压力；摸清沿线障碍物
5	盾构基座变形	基座的整体刚度、稳定性不够	混凝土或钢板等垫平垫实

续表

序号	质量通病	主要原因分析	主要防治措施
6	盾构进出洞时洞口土体流失	洞门密封不到位；洞口土体加固质量不好	洞门密封圈安装准确；补充注浆
7	盾构到达时姿态突变	轴线不一致；管片沉降	复紧管片拼装螺栓；槽钢连结
8	盾构后退	自锁性能不好；压力设定过低	安全溢流阀的压力调到规定值；千斤顶维修保养
9	管片接缝渗漏	拼装的质量不好；管片碎裂	保证管片的整圆度和止水条的正常工况；及时修补
10	管片碎裂	偏心量太大；位置错动	及时纠正环面不平整度、环面与隧道设计轴线不垂直度、纵缝偏差等质量问题

1. 泥水冒出地面

原因分析：

①因覆土层太浅，不满足泥水平衡盾构覆土深度大于 1.5 倍管外径的要求。

②土质情况所致。泥水平衡盾构的覆土如果是渗透系数很大的卵石、粗砂等容易产生冒顶。

③开挖面泥浆的粘滞度低，稳定性不好。

防治措施：

①控制泥水密封舱的泥水压力，保持在 1～1.1 倍正面土体静止土压力。

②土层渗透系数很大，或覆土深度不够时，加深覆土。

③注意土层土质特性，施加性能适当的护壁浆液，在有黏性的土中，增加进水中黏土的比例，提高进水比重，使泥水不易渗透；在砂性土中，按渗透性大小，采用比重不同的膨润土触变泥浆。

2. 机头偏低

原因分析：

①发生在粉砂等砂性土中。由于盾构机比较重，而且机器转动会引起振动，这种振动会使砂性土很快液化，从而降低了它的承载力，使盾构机产生往下沉的趋势。

②遇到了上下性质不同的土，由于下面一层土较软，而使盾构机往下偏。

③泥水压力控制不到位。

防治措施：

①仔细阅读土质资料，在粉砂等砂性土中顶进偏低时，把膨润土泥浆浓度适当提高以防砂性土开挖面坍塌，同时适当增加顶管机的推进速度。

②遇到两层软硬程度不一样的土时，让顶管机的头部略微往上翘一些，同时把前三至四节混凝土管与顶管机后壳体联成一体。

③控制好密封舱的泥浆压力。

3. 泥水压力过高

原因分析：

①顶进距离较长且排泥系统中无中继泵，使排泥流速过低或流量过小造成排泥不畅。

②排泥泵吸泥管漏气，排泥量下降。

③排泥泵扬程过低，无法满足排泥要求。

④排泥管堵塞。

⑤进水泵排量过大，与排泥泵不匹配，造成泥水压力增高。

⑥中继泵排量过小。

防治措施：

①顶进距离过长时，应及时安装中继泵。

②经常检查排泥泵吸泥口，排除阻塞。

③更换较高扬程的排泥泵。

④采用逆洗循环，清洗堵塞的排泥管道。

⑤选用流量合适的进水泵，做好进水泵、排泥泵、中继泵之间的流量匹配。

4. 盾构推进过程中，由于正面阻力过大造成盾构推进困难或地面隆起变形

原因分析：

①盾构刀盘的进土开口率偏小，进土不畅通。

②盾构正面地层土质发生变化。

③盾构正面遭遇较大块状的障碍物。

④推进千斤顶内泄漏，达不到其本身的最高额定油压。

⑤正面平衡压力设定过大。

⑥刀盘磨损严重。

防治措施：

①调整进土孔的尺寸，保证出土畅通。

②对盾构穿越沿线做详细的地质勘查，摸清沿线影响盾构推进的障碍物的具体位置、深度。

③详细了解盾构推进断面内的土质状况，及时优化调整土压设定值、推进速度等施工参数。

④经常检修刀盘和推进千斤顶，确保其运行良好。

⑤合理设定平衡压力，加强施工动态管理，及时调整控制平衡压力值。

5. 盾构基座变形

原因分析：

①盾构基座的中心夹角轴线与隧道设计轴线不平行，盾构在基座上纠偏产生了过大的侧向力。

②盾构基座的整体刚度、稳定性不够，或局部构件的强度不足。

③盾构姿态控制不好，盾构推进轴线与基座轴线产生较大夹角，致使盾构基座受力不均匀。

④盾构基座固定不牢靠。

防治措施：

①盾构基座形成的中心夹角轴线应与隧道设计轴线方向一致，当洞口段处于隧道设计

轴线的曲线时，应考虑将盾构基座沿曲线的切线方向放置，切点必须位于洞口内侧面处。

②选用强度和刚度能抵抗盾构出洞段施工土体加固区所产生的推力的基座框架结构。

③控制盾构姿态，使盾构轴线与盾构基座中心夹角轴线保持一致。

④盾构基座的底面与始发井的底板之间用混凝土或钢板等垫平垫实，保证接触面积满足要求。

6. 盾构进出洞时洞口土体流失

原因分析：

①洞口土体加固质量不好，强度未达到设计或施工要求而产生塌方，或者加固不均匀，隔水效果差，造成漏水、漏泥现象。

②洞门密封装置安装不到位，止水橡胶帘带内翻，造成水土流失。

③洞门密封装置强度不够，经不起较高的土压力，受挤压破坏而失效。

④到达时土压力未及时下调，致使洞门装置被顶坏，井外大量土体塌入井内。

防治措施：

①进出洞口前，检查洞口土体加固效果，止水效果不佳时，补充注浆。

②洞门密封圈安装准确，在盾构推进的过程中注意观察，防止盾构刀盘的周边刀割伤橡胶密封圈，密封圈可涂牛油增加润滑性。洞门的扇形钢板及时调整，改善密封圈的受力状况。

③盾构到达时要及时快速将洞门密封好。

④盾构在到达口时，及时降低正面的平衡压力。

7. 盾构到达时姿态突变

原因分析：

①盾构到达时，由于接收基座中心夹角轴线与推进轴线不一致，盾构姿态产生突变，使在盾尾内的圆环管片位置产生变化。

②最后两环管片在脱出盾尾后，由于洞口处无法及时填充空隙，使管片产生沉降。

防治措施：

①将到达段的最后一段管片上半圈的部位用槽钢相互连结，增加隧道刚度。

②在最后几环管片拼装时，及时复紧管片的拼装螺栓，提高抗变形的能力。

③到达前调整好盾构姿态，使盾构标高略高于接收基座标高。盾构机姿态调整见图8-18。

图8-18 盾构机姿态调整

8. 盾构后退

原因分析：

①盾构千斤顶自锁性能不好，千斤顶回缩。

②千斤顶安全溢流阀压力设定过低，使千斤顶无法顶住盾构正面的土压力。

③盾构拼装管片时千斤顶缩回的个数过多，并且没有控制好应有的最小防后退顶力。

防治措施：

①加强盾构千斤顶的维修保养工作，防止产生内泄漏。

②将安全溢流阀的压力调到规定值。

③拼装时少缩回千斤顶，管片拼装到位后及时伸出千斤顶到规定压力。

9. 管片接缝渗漏

原因分析：

①管片拼装的质量不好，接缝中有杂物，管片纵缝有内外张角、前后喇叭等，管片之间的缝隙不均匀，局部缝隙太大，使止水条无法满足密封要求，周围的地下水渗漏进管道。管片渗水见图 8-19。

②管片碎裂，破损范围达到粘贴止水条的止水槽时，尤其是管片角部碎裂，止水条与管片间不能密贴，导致破损处渗水进入隧道。

③纠偏量太大，所贴的楔子垫块厚度超过止水条的有效作用范围。

图 8-19 管片渗水

④止水条粘贴质量不好，粘贴不牢固，使止水条在拼装时松脱或变形，无法起到止水作用。

⑤止水条质量不符合质量控制标准，强度、硬度、遇水膨胀倍率等参数不符合要求，止水能力下降。

⑥对管片成品保护不到位，使止水条在拼装前已遇水膨胀，管片拼装困难且止水能力下降。

防治措施：

①提高管片的拼装质量，及时纠正环面，拼装时保证管片的整圆度和止水条的正常工况，提高纵缝的拼装质量。

②对破损的管片尤其是管片角部及时进行修补，运输过程中造成的损坏应在贴止水条以前修补好。对于因为管片与盾壳相碰而在推进或拼装过程中被挤坏的管片，也应原地进行修补，以对止水条起保护作用。

③控制衬垫的厚度，在已贴较厚衬垫的止水条上按规定加贴一层遇水膨胀橡胶条。

④严格按照粘贴止水条的规程进行操作，清理止水槽，胶水不流淌以后粘贴止水条。

⑤采购质量好的止水条产品，在施工过程中定期抽检止水条的质量，产品须检验合格方能使用。

⑥在施工现场加雨棚等防护设施，加强对管片的保护。根据情况也可对膨胀性止水条涂缓膨胀剂，确保施工的质量。

10. 管片碎裂

管片破损见图 8-20。

原因分析：

①管片在脱模、储存、运输过程中发生碰撞，致使管片的边角缺损。

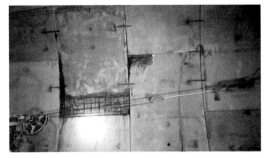

图 8-20 管片破损

②拼装时管片在盾尾中的偏心量太大,管片与盾尾发生磕碰现象,以及盾构推进时盾壳卡坏管片。

③定位凹凸榫的管片,在拼装时位置不准,凹凸榫没有对齐,在千斤顶靠拢时会由于凸榫对凹榫的径向分力而顶坏管片。

④管片拼装时相互位置错动,管片与管片间没有形成面接触,盾构推进时在接触点处产生应力集中而使管片的角碎裂。

⑤前一环管片的环面不平,使后一环管片单边接触,在千斤顶的推动下形同跷跷板,管片受到额外的弯矩而断裂。在封顶块与邻接块的接缝处的环面不平,也是导致邻接块两角容易碎裂的原因。

⑥拼装好的邻接块开口量不够,在插入封顶块时间隙偏小,强行插入,导致封顶块管片或邻接块管片的角崩落。

⑦拼装机在操作时转速过大,拼装时管片发生边角碰撞。

防治措施:

①管片运输过程中,使用弹性的保护衬垫将管片与管片之间隔离开,以免发生碰撞而损坏管片。在起吊过程中要小心轻放,防止磕坏管片的边角。

②管片拼装时要小心谨慎,动作平稳,减少管片的撞击。

③提高管片拼装的质量,及时纠正环面不平整度、环面与隧道设计轴线不垂直度、纵缝偏差等质量问题。

④拼装时将封顶块管片的开口部位留得稍大一些,使封顶块能顺利插入。

⑤发生管片与盾壳相碰,应在下一环盾构推进时立即进行纠偏。

8.4 浅埋暗挖

8.4.1 国家、行业相关标准、规范

(1)《混凝土结构设计规范》(GB 50010—2010)(2015 版)

(2)《混凝土结构工程施工质量验收规范》(GB 50204—2015)

(3)《给水排水管道工程施工及验收规范》(GB 50268—2008)

(4)《混凝土质量控制标准》(GB 50164—2011)

(5)《工程测量规范》(GB 50026—2007)

(6)《地下工程防水技术规范》(GB 50108—2008)

(7)《岩土锚杆与喷射混凝土支护工程技术规范》(GB 50086—2015)

8.4.2 洞口工程

8.4.2.1 洞口排水工程施工

(1)洞顶截水沟是洞口排水工程的重要组成部分,可有效防止表水渗入开挖面影响成洞面稳定。施工时,除严格按规范施工,还须用黏土将洞口顶部地表的凹坑填平或喷混凝土填平,使其排水顺畅,并接入两侧路基边沟内,形成完善的排水系统。

(2)反坡施工洞口。施工期间洞口设渗水盲沟,并将两侧排水沟于洞口部位设浆砌片

石隔墙和洞外隔离。

8.4.2.2　洞口土石方开挖

（1）洞口土石方施工宜避开降雨期。洞口支挡工程应结合土石方开挖一并完成；洞门端墙处的土石方，应视地层稳定程度、洞口施工季节和隧道施工方法等选择施工时机和施工方法。

（2）洞口土石方采用明挖法施工，自上而下分阶段、分层进行开挖。第一阶段挖至设计临时成洞面，并视围岩情况，结合暗洞开挖方法，预留进洞台阶；第二阶段开挖其余部分，形成永久边仰坡。

（3）土方部分直接用人工配合挖掘机进行开挖；石方部分近边仰坡处预留光爆层，松动控制爆破，二次光面爆破成型，以减轻对洞口围岩的扰动，保证边坡平顺度。

（4）当洞口可能出现地层滑坡、崩塌、偏压时，应采取相应的预防措施。

8.4.2.3　开挖面临时防护

由于洞口边仰坡开挖成型距洞门完成、永久防护到位间隔时间较长，结合多雨的气候特点，为防止表水渗入开挖面，保证洞口坡体的稳定性，采取锚喷网支护形式。洞口土石方每级开挖完成，应随之及时进行防护。锚喷网支护详见《长江大保护施工质量控制与实践　城镇污水处理厂工程》中第 2 章 "喷锚网支护"相关内容。

8.4.2.4　进洞辅助措施施工

根据洞口围岩条件，通常采用的进洞辅助措施有超前砂浆锚杆、超前小导管和超前长管棚三种形式，和钢架支护联合设置，形成棚架式支护体系，以利于安全进洞。

8.4.3　超前支护

8.4.3.1　超前小导管加固土层要求

（1）宜采用顺直、长度 3～4m、直径 40～50mm 的钢管。

（2）沿拱部轮廓线外侧设置，间距、孔位、孔深、孔径符合设计要求。

（3）小导管的后端应支承在已设置的钢格栅上，其前端应嵌固在土层中，前后两排小导管的重叠长度不应小于 1m。

（4）小导管外插角不应大于 15°。

（5）超前小导管加固的浆液应依据土层类型，通过试验选定。超前小导管施工见图 8-21。

图 8-21　超前小导管施工

8.4.3.2　钢筋锚杆加固土层要求

（1）稳定洞体时采用的锚杆类型、锚杆间距、锚杆长度及排列方式，应符合施工方案的要求。

（2）锚杆孔距允许偏差：普通锚杆 ±100mm；预应力锚杆 ±200mm。

（3）灌浆锚杆孔内应砂浆饱满，砂浆配比及强度符合设计要求。

（4）锚杆安装经验收合格后，应及时填写记录。

（5）锚杆试验要求：同批每 100 根为一组，每组 3 根，同批试件抗拔力平均值不得小于设计锚固力值。

8.4.4 洞身开挖

（1）宜用激光准直仪控制中线和隧道断面仪控制外轮廓线。

（2）按设计要求确定开挖方式，内径小于 3m 的管道，宜用正台阶法或全断面开挖。

（3）每开挖一榀钢拱架的间距，应及时支护、喷锚、闭合，严禁超挖。

（4）土层变化较大时，应及时控制开挖长度。在稳定性较差的地层中，应采用保留核心土的开挖方法，核心土的长度不宜小于 2.5m。

（5）在稳定性差的地层中停止开挖，或停止作业时间较长时，应及时喷射混凝土封闭开挖面。

（6）相向开挖的两个开挖面相距约 2 倍管（隧）径时，应停止一个开挖面作业，进行封闭，由另一开挖面做贯通开挖。洞身开挖见图 8-22。

（7）开挖过程中应注意浆液扩散情况，观察地层是否达到有效固结，有无漏水和流沙现象，以便修正下一循环的修正系数。

（8）开挖时严格控制进尺在有效注浆范围内进行。

图 8-22 洞身开挖

8.4.5 初期衬砌

8.4.5.1 原材料及配合比要求

喷射混凝土原材料及配合比应符合下列规定：

①宜选用硅酸盐水泥或普通硅酸盐水泥。

②细骨料应采用中砂或粗砂，细度模数宜大于 2.5，含水率宜控制在 5%～7%。采用防粘料的喷射机时，砂的含水率宜为 7%～10%。

③粗骨料应采用卵石或碎石，粒径不宜大于 15mm。

④应使用非碱活性骨料。使用碱活性骨料时，混凝土的总含碱量不应大于 3kg/m³。

⑤速凝剂质量合格且用前应进行试验，初凝时间不应大于 5min，终凝时间不应大于 10min。

⑥拌和用水应符合混凝土用水标准。

⑦应控制水灰比。

8.4.5.2 喷射质量控制

（1）工作面平整、光滑、无干斑或流淌滑坠现象。喷射作业分段、分层进行，喷射顺序由下而上。初期支护施工见图 8-23。

（2）喷射混凝土时，喷头应保持垂直于工作面，喷头距工作面不宜大于 1m。

（3）采取措施减少喷射混凝土回弹损失。

（4）一次喷射混凝土的厚度：侧壁宜为 60～100mm，拱部宜为 50～60mm。分层喷射时，应在前一层喷混凝土终凝后进行。

（5）钢格栅、钢架、钢筋网的喷射混凝土保护层不应小于 20mm。

图 8-23　初期支护施工

8.4.6　监控量测

（1）监控量测包括下列主要项目：

①开挖面土质和支护状态的观察。

②拱顶、地表下沉值。

③拱脚的水平收敛值。

（2）测点应紧跟工作面，离工作面距离不宜大于 2m，宜在工作面开挖以后 24h 测得初始值。监控量测见图 8-24。

图 8-24　监控量测

（3）量测频率应根据监测数据变化趋势等具体情况确定和调整。量测数据应及时绘制成时态曲线，并注明当时管（隧）道施工情况以分析测点变形规律。

（4）监控量测信息并及时反馈，指导施工。

8.4.7　防水层

（1）应在初期支护基本稳定，且衬砌检查合格后进行。

（2）防水层材料应符合设计要求，排水管道工程宜采用柔性防水层。防水施工见图 8-25。

（3）清理混凝土表面，剔除尖、突部位，并用水泥砂浆压实、找平，防水层铺设基面凹凸高差不应大于 50mm，基面阴阳角应处理成圆角或钝角，圆弧半径不宜小于 50mm。

（4）初期衬砌表面塑料类衬垫应符合下列规定：

图 8-25　防水施工

①衬垫材料应直顺，用垫圈固定，钉牢在基面上。固定衬垫的垫圈，应与防水卷材同

材质，并焊接牢固。

②衬垫固定时宜交错布置，间距应符合设计要求。固定钉距防水卷材外边缘的距离不应小于 0.5m。

③衬垫材料搭接宽度不宜小于 500mm。

（5）防水卷材铺设时应符合下列规定：

①牢固地固定在初期衬砌面上。采用软塑料类防水卷材时，宜采用热焊固定在垫圈上。

②采用专用热合机焊接。双焊缝搭接，焊缝应均匀连续，焊缝的宽度不应小于 10mm。

③宜环向铺设，环向与纵向搭接宽度不应小于 100mm。

④相邻两幅防水卷材的接缝应错开布置，并错开结构转角处，且错开距离不宜小于 600mm。

⑤焊缝不得有漏焊、假焊、焊焦、焊穿等现象。焊缝应经充气试验，合格条件为：气压 0.15MPa，经 3min 下降值不大于 20%。

8.4.8　二次衬砌

（1）在防水层验收合格后，结构变形基本稳定的条件下施作。

（2）采取措施保护防水层完好。

（3）伸缩缝应根据设计设置，并与初期支护变形缝位置重合。止水带安装应在两侧加设支撑筋，并固定牢固，浇筑混凝土时不得有移动位置、卷边、跑灰等现象。

（4）模板施工应符合下列规定：

①模板和支架的强度、刚度和稳定性应满足设计要求，使用前应经过检查，重复使用时应经修整。

②模板支架预留沉落量为 0～30mm。

③模板接缝拼接严密，不得漏浆。

④变形缝端头模板处的填缝中心应与初期支护变形缝位置重合，端头模板支设应垂直、牢固。二次衬砌施工见图 8-26。

（5）混凝土浇筑应符合下列规定：

①应按施工方案划分浇筑部位。

②浇筑前，应对设立模板的外形尺寸、中线、标高、各种顶埋件等进行隐蔽工程检查，并填写记录。检查合格后，方可进行浇筑。

③应从下向上浇筑，各部位应对称浇筑、振捣压实，且振捣器不得触及防水层。

④应采取措施做好施工缝处理。

（6）泵送混凝土应符合下列规定：

①坍落度为 60～200mm。

②碎石级配，骨料最大粒径≤25mm。

③减水型、缓凝型外加剂，其掺量应经试验确定。掺加防水剂、微膨胀剂时应以动态运转试验控制掺量。

图 8-26　二次衬砌施工

（7）拆模时间应根据结构断面形式及混凝土达到的强度确定：矩形断面，侧墙应达到设计强度的 70%，顶板应达到 100%。

8.4.9 质量通病及防治措施

质量通病索引见表 8-7。

表 8-7 质量通病索引表

序号	质量通病	主要原因分析	主要防治措施
1	拉拔力不足	钻孔深度不够；注浆不饱满	检查钻孔深度和孔径；加大注浆压力
2	喷射混凝土厚度不足，强度达不到设计要求，喷射回弹量大	原材料不合格；未按设计要求施工	对原材料进行检测，严格按照施工配合比施工；布设厚度标尺
3	洞口坍塌	雨水冲刷；爆破作业	设置截水沟、排水沟；采用非爆破或弱爆破
4	衬砌背后存在空洞	灌注混凝土不饱满，振捣不够	控制超挖；设置溢浆管；增加灌注口
5	衬砌渗漏水	防水板破损；防水、排水、引水设施不完善	对基面钢筋头、尖锐突出物进行清理；采取附加排水措施（暗沟、盲沟）

1. 锚杆数量、长度不够，类型不符合设计要求，锚杆垫板未施作，拉拔力不足

原因分析：

①注浆（或锚固剂）不饱满，孔内空气未排尽或压力不够。

②锚杆钻孔深度不够。

③锚杆长度不够。

防治措施：

①检查钻孔深度和孔径，保证钻孔满足设计要求。

②调整注浆（锚固）工艺，设置排气管，保证排气畅通，适当加大注浆压力。

③抽查进场锚杆长度，同时锚杆施工必须施作锚垫板。

2. 喷射混凝土厚度不足，强度达不到设计要求，喷射回弹量大

原因分析：

①水泥、砂、石和外加剂等原材料进场控制不严，拌和时未严格按照施工配合比拌料。

②欠挖没有按要求处理。

③喷射混凝土时在岩壁没有设置厚度标尺。

防治措施：

①对进场的原材料进行检测，各项指标满足要求后方可使用。拌和时严格按照试验室下发的施工配合比施工。

②加强开挖净空检查，严格按照设计和规范预留沉降量。对欠挖及时处理，满足设计

和规范要求后方可进行喷射混凝土作业。

③隧道环向每 2m 布设一个厚度标尺。

3. 洞口坍塌

洞口坍塌见图 8-27。

原因分析：

①地表水渗透或雨水冲刷使隧道洞门边、仰坡失稳造成洞口坍塌。

②洞门边、仰坡开挖采用爆破作业方式，对隧道洞口围岩产生扰动，造成隧道洞口坍塌。

③洞口围岩松散软弱，自稳性能差，进洞施工方案不妥。

图 8-27 洞口坍塌

④洞口边、仰坡开挖后防护施工跟进不及时。

防治措施：

①洞口工程施工前，首先做好洞口范围内地表防排水工作，填平洼地和积坑，防止地面水渗透。

②及时施作洞口工程系统截水沟、排水沟，尽可能与洞口路基排水系统形成整体。宜在雨季前及边、仰坡开挖前完成。

③隧道边、仰坡土石方开挖作业尽可能采用非爆破或弱爆破方法自上而下分部进行，减少对洞口围岩的扰动。开挖后对边、仰坡及时进行防护。

④隧道门端墙处土石方开挖施工完成后及时施作洞门端墙及挡护工程。

⑤洞门施作尽量避开雨季进行，尽早施作洞门和洞口段衬砌，保证洞门边坡稳定。

4. 衬砌背后存在空洞

原因分析：

①对超挖未按施工规范进行回填。

②衬砌时拱顶灌注混凝土不饱满，振捣不够。

③泵送混凝土在输送管远端由于压力损失、坡度等原因造成浇筑空洞。

防治措施：

①控制好开挖质量，控制超挖。

②衬砌灌注混凝土施工时，拱顶设置溢浆管，检查拱顶混凝土灌注的饱满度。

③衬砌适当增加拱部混凝土灌注口，保证混凝土灌注饱满、压实。在拱顶设注浆孔进行注浆，充填空洞。

5. 衬砌渗漏水

衬砌渗漏水见图 8-28。

原因分析：

①衬砌开裂。

图 8-28 衬砌渗漏水

②防水、排水、引水设施不完善。

③环向施工缝、变形缝处理存在质量缺陷，止水条、止水带安设不规范。

④防水板破损、穿孔，焊缝不严密。

⑤衬砌捣固不压实，存在孔洞或蜂窝。

⑥防水材料不合格。

⑦泄水孔数量不够或排水不通。

防治措施：

①铺设防水板前应对基面钢筋头、尖锐突出物进行清理，并用砂浆把基面基本找平。防水板紧贴基面，对有较大坑凹处，应增加固定铆钉数量，确保防水板与基面之间紧贴不留空洞。

②根据基面实际情况适当留有松弛度，防止浇注混凝土时挤裂。

③防水板与暗钉圈焊接要牢固，两块防水板搭接宽度满足设计要求，双焊缝搭接，焊接时温度适宜，焊机行走速度均匀，不得焊穿。

④铺设及搭接顺序应遵循先拱部后边墙，下部防水板压住上部防水板。

⑤加强施工缝、变形缝的防水工程质量控制，确保止水条安装位置在施工缝的中间。

⑥因地制宜采取附加排水措施（暗沟、盲沟）。

⑦必要时对洞身地层、衬砌背后实施防水注浆处理。做到环向、纵向盲管通畅，对水量大的地段增设泄水孔的数量，确保水流通畅。

8.5 定向钻

8.5.1 国家、行业相关标准、规范

（1）《水平定向钻法管道穿越工程技术规程》（CECS 382—2014）

（2）《给水排水管道工程施工及验收规范》（GB 50268—2008）

8.5.2 钻机及导向架安装

（1）钻机应安装在铺设生产管中心线延伸的起始位置。定向钻施工见图 8-29。

图 8-29　定向钻施工

（2）调整机架方位应符合设计钻孔轴线要求。

（3）按设计入土角调整机架倾斜角度。

（4）钻机定位后，钻机与地面之间采用锚杆锚固。土层坚硬且干燥可采用直锚杆锚固。土层松散可采用混凝土基础或沉箱螺旋锚杆锚固定位。钻机安装见图8-30。

（5）钻机锚固应满足在钻机最大推拉力作用下不发生失效。

图 8-30　钻机安装

8.5.3　准备工作及泥浆配制

8.5.3.1　钻进前准备

（1）设备、人员应符合下列要求：

①设备应安装牢固、稳定，钻机导轨与水平面的夹角符合入土角要求。

②钻机系统、动力系统、泥浆系统等调试合格。泥浆池见图8-31。

③导向控制系统安装正确，校核合格，信号稳定。

④钻进、导向探测系统的操作人员经培训合格。

图 8-31　泥浆池

（2）管道的轴向曲率应符合设计、管材轴向弹性性能和成孔稳定性的要求。

（3）按施工方案确定入土角、出土角。

（4）无压管道从竖向曲线过渡至直线后，应设置控制井。控制井的设置应结合检查井、入土点、出土点位置综合考虑，并在导向孔钻进前施工完成。

（5）进、出控制井洞口范围的土体应稳固。

（6）最大控制回拖力应满足管材力学性能和设备能力要求。

（7）回拖管段的地面布置应符合下列要求：

①待回拖管段应布置在出土点一侧，沿管道轴线方向组对连接。

②布管场地应满足管段拼接长度要求。

③管段的组对拼接、钢管的防腐层施工、钢管接口焊接无损检验符合《水平定向钻法管道穿越工程技术规程》和设计要求。

④管段回拖前预水压试验应合格。

（8）应根据工程具体情况选择导向探测系统。

8.5.3.2　泥浆配制

（1）水平定向钻进应根据地层条件、穿越管道直径和长度，制定合理的泥浆体系，选择合适的造浆材料。

（2）钻孔泥浆的设计应包含下列内容：

①确定钻孔泥浆的比重、黏度、静切力、动切力、滤失量、泥饼厚度、允许含砂量、pH 值等基本参数。

②各种造浆材料的配合比。

③钻孔泥浆材料用量计算。

④泥浆制备。

⑤制定钻孔泥浆循环、净化、管理措施。

（3）钻孔泥浆用量计算应综合考虑最终扩孔直径、钻孔长度、扩孔次数、孔内漏失状况等因素。

（4）钻孔泥浆的配方和性能参数应根据施工过程中地层条件、钻进工艺、孔内情况等因素进行实时监测；调整施工时泥浆泵的泵量，使其能满足施工要求。

（5）水平定向钻施工过程中应保持稳定的泥浆循环。

（6）泥浆应在专用搅拌容器或搅拌池中配制，从钻孔内返出的泥浆应经沉淀池或泥浆净化设备处理并调整后方可重复利用。

（7）当钻进过程需要长时间中断时，应向孔内定时补充新泥浆并活动钻具，以补偿泥浆漏失及防止卡钻事故的发生。

（8）钻孔泥浆配制过程中应按要求填写钻孔泥浆记录表。

8.5.4 先导孔钻进

（1）对于距离短、埋深浅、电磁干扰弱、地面有通行条件的穿越工程，宜采用无缆式导向仪进行导向钻进。

（2）对于距离长、埋深大、电磁干扰强或地面无通行条件的穿越工程，宜采用有缆式导向仪进行导向钻进。

（3）应根据地层类型、穿越长度及钻杆尺寸选择合适的导向钻具组合。

（4）先导孔钻进施工应符合下列规定：

①施工前钻机应进行试运转，时间不应少于 15min，确定机具各部分运转正常且钻头喷嘴有泥浆流动后方可钻进。

②第一根钻杆入土钻进时应轻压慢转、稳定入土位置，符合设计入土角后方可继续钻进且入土段和出土段应为直线钻进，其直线长度宜控制在 20m 左右。定向钻施工见图 8-32。

③先导孔钻进时，直线段测量计算频率宜每根钻杆一次。

④采用无缆式导向仪时，应按要求记录导向数据，并绘制钻孔轨迹剖面图。

⑤采用有缆式导向仪时，司钻应定时观察计算机处理的随钻数据，并进行数据采集。

图 8-32 定向钻施工

⑥控向员应及时将测量数据与设计值进行对比，引导司钻员调整钻进轨迹。

⑦钻进至既有管线临近区域时，应慢速钻进并复核先导孔轨迹，测算与交叉管线的距离，确认在安全许可范围后再恢复正常钻进。

（5）曲线段钻进时，应符合下列规定：

①一次顶进长度宜小于 0.5m。

②应观察延伸长度顶角变量且该变量应符合钻杆极限弯曲强度要求。

③应采取分段施钻，使延伸长度顶角变化均匀。

（6）导向钻进遇到异常情况时，应停钻查明原因，问题解决后方可继续施工。

（7）先导孔纠偏应平缓，避免出现大的转角。

8.5.5 扩孔钻进

（1）扩孔钻进应根据地层特点、工程规模、钻机能力、钻杆规格及扩孔器类型进行合理设计。

（2）当设计的终孔直径较大或施工设备能力有限时，宜分多次将钻孔直径扩至设计要求。

（3）扩孔钻进前应确认扩孔器喷嘴畅通。

（4）扩孔钻进应符合下列规定：

①应按设计的扩孔极差给定钻进参数及泥浆排量。

②扩孔过程中，如发现扭矩、拉力异常，应降低进尺速度，判断孔内状况并调整相关技术参数。

③一级扩孔完成后，应结合扩孔过程中扭矩、拉力及返浆情况对孔内清洁状况进行判断，若孔内钻屑量偏多，宜进行洗孔后再进行下一级扩孔。定向钻扩孔施工见图 8-33。

④应按要求填写扩孔钻进记录。

（5）从出土点向入土点回扩，扩孔器与钻杆连接应牢固。

（6）根据管径、管道曲率半径、地层条件、扩孔器类型等确定一次或分次扩孔方式。分次扩

图 8-33 定向钻扩孔施工

孔时每次回扩的级差宜控制在 100～150mm，终孔孔径宜控制在回拖管节外径的 1.2～1.5 倍。

（7）严格控制回拉力、转速、泥浆流量等技术参数，确保成孔稳定和线形要求，无坍孔、缩孔等现象。

（8）扩孔完成后，应根据孔内清洁程度确定是否进行清孔。

（9）扩孔孔径达到终孔要求后应及时进行回拖管道施工。

8.5.6 管道回拖

（1）从出土点向入土点回拖。

（2）回拖管段的质量、拖拉装置安装及其与管段连接等经检验合格后，方可进行拖管。

（3）严格控制钻机回拖力、扭矩、泥浆流量、回拖速率等技术参数，严禁硬拉硬拖。

（4）回拖过程中应有发送装置，避免管段与地面直接接触和减小摩擦力。发送装置可采用水力发送沟、滚筒管架发送道等形式，并确保进入地层前的管段曲率半径在允许范围内。

（5）管道进入钻孔时应确保管道轴线与钻孔轴线在出土端的延长线重合，避免管道与钻孔形成夹角。管道回拖施工见图 8-34。

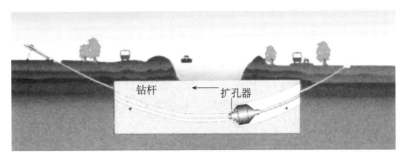

图 8-34 管道回拖

（6）回拖过程应连续施工，特殊情况下需中断时，中断时间不宜超过 4h。

（7）回拖速度应均匀，避免造成孔内压力动荡，回拖过程中宜保持泥浆循环。检查露出管节的外观及管节外防腐层的损伤情况。

（8）管道贯通后工作井洞口与管外壁之间进行封闭、防渗处理。

（9）定向钻管道轴向伸长量经校测应符合管材性能要求，并应等待 24h 后方能与已敷设的上下游管道连接。

（10）定向钻施工的无压力管道，应对管道周围的钻进泥浆（液）进行置换改良，减少管道后期沉降量。

（11）管道回拖完成后，应对管道两端进行封堵。管道敷设后应对管道实际轴线进行测量。两端造斜段环空应视情况进行注浆加固处理。

8.5.7 过程监测和保护

（1）定向钻的入土点、出土点设有专人联系和有效的联系方式。

（2）定向钻施工时，应做好待回拖管段的检查、保护工作。

（3）根据地质条件、周围环境、施工方式等，对沿线地面、建（构）筑物、管线等进行监测，并做好保护工作。

8.5.8 质量通病及防治措施

质量通病索引见表 8-8。

表 8-8 质量通病索引表

序号	质量通病	主要原因分析	主要防治措施
1	冒浆	泥浆泵压力过大；出土角处土壤压力低	两小时一检查，杜绝压力过大；开挖放送沟
2	塌孔	流沙地层；成孔液配比不当	泥浆配比及时调整，添加固化剂，配制专门的护壁泥浆
3	钻头损坏	地质复杂	根据地层配备钻头
4	管道弯曲	钻速过快；扩孔过大	减小转速；扩孔系数应为 1.2～1.5
5	卡钻	遇杂物、硬黏土层	松脱扭矩，缓慢回扩
6	缩径	软土层	固相泥浆护壁

1. 冒浆

原因分析：

①泥浆泵压力过大，造成冒浆现象。

②压力表过期没有及时更换，灵敏度差，对压力误判。

③在出土角造斜阶段离地面较近，土壤压力低容易造成冒浆现象。

防治措施：

①更换泥浆泵压力表，使泥浆压力显示准确。

②对泥浆泵操作每两个小时做一次检查，杜绝将泥浆泵压力调整过大。

③出土角处最容易冒浆，在出土角处用挖掘机先开挖放送沟，减少距地面较近处的冒浆现象。

2. 塌孔

定向钻塌孔见图8-35。

原因分析：

①遇到流沙地层，成孔难，造成塌孔。

②成孔液配比不当造成塌孔现象。

③操作时泥浆泵流速过大将孔壁冲坏，造成塌孔。

防治措施：

①对泥浆配方进行及时调整，对地质差的地方在泥浆中添加固化剂，配制专门的护壁泥浆。

②增加测量器具，对水的 pH 值、泥浆密度、泥浆粘度、泥浆失水量、土壤含沙量进行详细检测。

图8-35 塌孔

3. 钻头损坏

原因分析：

①遇到不同地质层没有及时更换钻头。

②复杂地形没有准备充足类型的钻头。

防治措施：

针对不同的地质层准备多种不同型号钻头。

带腰笼翼状钻头：适用于较硬土层、夹杂硬的矿物结核的扩孔。加大直径方便，缺点是向右下方爬行。需专门清孔，带腰笼翼状增加了腰笼，起到扶正器作用。旋转阻力较低。

螺旋形钻头：在挤压树根、碎石类等中、软土壤中通过障碍能力强，成型好、清孔工作小、铺管阻力小，属于挤压性钻头，需大扭矩。

凹槽状钻头：适合于在砂层或含有石块的紧密砂层中。凹槽状流线形设计易于泥浆流动和钻头清洁，具有挤压和切削双重功能。

牙轮式钻头：适用于硬脆碎岩石或强风化、半风化的岩层。

双向纺锤形钻头：适用于黏土。泥浆在钻头体外流动自如，钻头自洁能力较强。

环刀形钻头：适用于软土层。

4. 管道弯曲

原因分析：

①机械钻速过快。

②一次扩孔过大。

防治措施：

①尽量采用反向回拉扩孔，钻杆在回拉时起一定导向作用。

②减小转速。

③一次扩孔不应过大，扩孔系数应为 1.2～1.5，一次扩孔过大，会造成停留时间长，加速钻头下沉。

④分多级完成扩孔，尽可能消除土体受扰动后的变形；选择适合于管径的钻头，尽量减小空隙。

⑤采用扶正器减少弯曲。

5. 卡钻

原因分析：

①与地下管线相碰卡钻。

②杂填土中的砖块、石块卡钻。

③大直径钻头扩孔，遇到硬黏土层，造成频繁卡钻。

④钻头与树根相遇卡钻。

防治措施：

①退出钻头，拖回钻杆，钻机移位，重做导向孔。

②松脱扭矩，转动钻头，缓慢扩孔；杂填土中的大块石、混凝土块卡钻：设法退出钻头，钻机移位重做，或者挖出石块，继续扩孔。

③放慢扩孔速度，加大泥浆量。

④松脱扭矩，缓慢回扩，通过树根后又给进重新回扩，将树根粉碎，以防铺管时有障碍。

6. 缩径

原因分析：

软土层扩孔，孔内容易产生缩径现象。

防治措施：

①遇到严重缩径，选用固相泥浆护壁，使孔内压力平衡，保持成孔。

②加大一级钻头扩孔，再清孔铺管。

③选用硬度较高、抗侧压力强的 PE、PVC 管材。

④如果轻微缩径，一般多清一次孔即可铺管。

第9章 非开挖修复

9.1 国家、行业相关标准、规范

（1）《城镇给水管道非开挖修复更新工程技术规程》（CJJ/T 210—2016）

（2）《城镇排水管道检测与评估技术规程》（CJJ 181—2012）

（3）《翻转式原位固化法排水管道修复技术规程》（DB33/T 1076—2011）

（4）《城镇排水管渠与泵站运行维护安全技术规程》（CJJ 68—2016）

（5）《排水管道电视和声纳检测评估技术规程》（DB31/T 444—2009）

（6）《给水排水管道工程施工及验收规范》（GB 50268—2008）

9.2 管道清理

管道清理是采用化学方法或者物理方法对管道内表面污垢进行清除，达到清洗的目的，保证管道内表面回复原来表面材质的过程。

非开挖修复更新工程施工前应清除管内污物。管道清洗技术主要包括绞车清淤法、水冲刷清淤法、高压水射流清洗等。其中高压水射流清洗目前是国际上工业及民用管道清洗的主导设备，使用比例约占80%～90%，国内该项技术也有较多应用。

1. 降水、排水

使用泥浆泵将检查井内污水排出至露出井底淤泥。将需要疏通的管线进行分段，分段的办法根据管径与长度分配，相同管径两检查井之间为一段。管道清淤见图9-1。

2. 稀释淤泥

高压水车把分段的两检查井向井室内灌水，使用疏通器搅拌检查井和污水管道内的污泥，使淤泥稀释。人工要配合机械不断地搅动淤泥直至淤泥稀释到水中。管道淤泥稀释见图9-2。

图9-1 管道清淤

3. 吸污

用吸污车将两检查井内淤泥抽吸干净，两检查井剩余少量的淤泥时，用高压水枪向井室内冲击井底淤泥，再一次进行稀释，然后抽吸干净。管道吸污见图9-3。

图9-2 管道淤泥稀释　　　　图9-3 管道吸污

4. 截污

设置堵口将自上而下的第一个工作段处用封堵把井室进水管道口堵死，然后将下游检查井出水口和其他管线通口堵死，只留下该段管道的进水口和出水口。

5. 高压清洗车疏通

使用高压清洗车进行管道疏通。将高压清洗车水带伸入上游检查井底部，把喷水口向着管道流水方向对准管道进行喷水，在污水管道下游检查井中继续对室内淤泥进行吸污。管道清洗见图9-4。

6. 通风

施工人员进入检查井前，必须使大气中的氧气进入检查井中或用鼓风机进行换气通风，测量井室内氧气的含量。施工人员进入井内必须佩戴安全带、防毒面具及氧气罐。井室通风见图9-5。

图9-4 管道清洗

图9-5 井室通风

7. 清淤

在下井施工前对施工人员安全措施安排完毕后，对检查井内剩余的砖、石、部分淤泥等残留物进行人工清理，直到清理完毕为止。然后，按照上述说明对下游污水检查井逐个进行清淤，在施工清淤期间对上游首先清理的检查井进行封堵，以防上游的淤泥流入管道或下游施工期间对管道进行充水时流入上游检查井和管道中。人工清淤见图9-6。

图9-6　人工清淤

9.2.1　质量控制标准

依据《城镇排水管渠与泵站运行维护安全技术规程》（CJJ 68—2016）中3.3.13条标准，管道清理质量要求见表9-1。

表9-1　管道清理质量要求

检查项目	检查方法	质量要求
残余污泥	管道闭路电视检测系统检测	疏通后积泥深度不应超过管径或渠净高1/8
检查井	目视检查	井壁清洁无结垢。井底不得有硬块，不得有积泥
工作现场	目视检查	工作现场污泥、硬块不落地。作业面冲洗干净

9.2.2　质量控制要点

《城镇排水管渠与泵站运行维护安全技术规程》（CJJ 68—2016）中3.5.8条要求：

（1）CCTV（Closed Circuit Television Inspection，管道闭路电视检测系统）检测不应带水作业。

（2）当现场条件无法满足时，应采取措施降低水位，确保管道内水位不大于管道直径的20%，且不应大于200mm。

（3）采用CCTV检测时管内最大淤积深度不应大于100mm。

9.2.3　质量通病及防治措施

质量通病索引见表9-2。

表 9-2　质量通病索引表

序号	质量通病	主要原因分析	主要防治措施
1	水流对管壁造成剥蚀、刻槽、裂缝及穿孔等损坏	压力过大；停留时间长	减少水压
2	清洗管道对周围环境造成污染	污水、污物	净化处理

1. 水流对管壁造成剥蚀、刻槽、裂缝及穿孔等损坏

原因分析：

①水流压力过大对管壁造成剥蚀、刻槽、裂缝及穿孔等损坏，同时当管道内有沉积碎片或碎石时，往往会因水流压力过大、碎石弹射造成管道破坏。

②喷射水流在某一局部位置停留时间过长。

防治措施：

①高压水射流清洗水性、油性、黏着性、附着性垢的压力一般为 20～30MPa，对硬质垢一般为 30～70MPa。

②高压水射流清洗过程中应根据清洗任务、管材、管道壁厚以及管道断面的结构条件，来决定喷嘴处水压力、水量、喷头和管壁之间的距离、喷头的数量、大小、喷出角度等。

③喷射角度一般为 15°～30°。研究表明喷嘴处以 12MPa 的压力、300L/min 的流量清洗石棉水泥管、混凝土管、PVC 管和 HDPE 管时，不会损坏管道。

2. 清洗管道对周围环境造成污染

原因分析：

清洗产生的污水和污物对周围环境造成污染。

防治措施：

清洗产生的污水和污物应从检查井内排出，污物应按国家现行标准《城镇排水管渠与泵站维护技术规程》（CJJ 68—2016）中的规定处理，污水应经净化处理。

9.3　管道检测

管道检测的目的就是为了及时发现排水管道存在的问题，为制定管道养护、修理计划和修理方案提供技术依据。管道仪器检测技术主要分为三种：管道闭路电视检测系统检测、声呐检测和潜望镜检测。

1. 管道闭路电视检测系统

管道闭路电视检测系统见图 9-7。

管道闭路电视检测系统是一套集机械化与智能化为一体的记录管道内部情况的设备。它对于管道内部的情况可以进行实时影像监视、记录、视频回放、图像抓拍及视频文件的存储等操作，无须人员进入管内即可了解管道内部状况。管道闭路电视检测检测见图 9-8。

主要检查步骤如下：

（1）设立施工现场围栏和安全标志，必要时须按道路交通管理部门的指示封闭道路后再作业。

（2）打开井盖后，首先保证被检测的管道通风，在下井作业之前，要使用有毒、有害

图 9-7　管道闭路电视检测系统

图 9-8　管道闭路电视检测

气体检测仪进行检测，气体检测应测定井下的空气含氧量（井下的空气含氧量不得低于19.5%）和常见有毒有害、易燃易爆气体的浓度和爆炸范围。必须做到"先通风、再检测、后作业"。严禁通风、检测不合格作业；必须配备个人防中毒窒息等防护装备（防毒面具、便携式氧气瓶等），设置安全警示标识，严禁无防护监护措施作业；必须对作业人员进行安全培训，严禁教育培训不合格上岗，必须制定应急措施，现场配备应急装备，严禁盲目施救。

（3）管道预处理，如封堵、吸污、清洗、抽水等。

（4）仪器设备自检。

（5）管道实地检测与初步判读。对发现的重大缺陷问题应及时报知委托方或委托方指定的现场监理。

（6）检测完成后应及时清理现场，并对仪器设备进行清洁保养。

2. 声呐检测系统

声呐管道检测仪可以将传感器头浸入水中进行检测。声呐系统对管道内侧进行声呐扫描，声呐探头快速旋转并向外发射声呐信号，然后接收被管壁或管中物体反射的信号，经计算机处理后形成管道的横断面图。一般来说，声呐检测可以提供管线断面的管径、沉积物形状及其变形范围。声呐检测系统见图9-9。

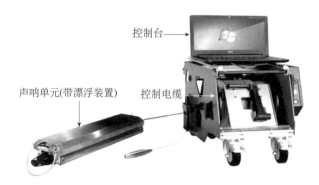

控制台

声呐单元(带漂浮装置)　　控制电缆

图 9-9　声呐检测系统

3. 潜望镜检测系统

管道潜望镜视频检测仪采用伸缩杆将摄像机送到被检测管井，对各种复杂的管道情况进行视频判断。工作人员对控制系统进行镜头焦距、照明控制等操作，可通过控制器观察管道内实际情况并进行录像，以确定管道内的破坏程度、病害情况等，最终出具管道的检测报告，作为管道验收、养护投资的依据。目前已经广泛应用于大型容器罐体内部视频检查、市政排水管快速视频勘察、隧道涵洞内部空间状况视频检测和槽罐车内部视频检测等。潜望镜检测系统见图 9-10。管道潜望镜见图 9-11。

图 9-10　潜望镜检测系统

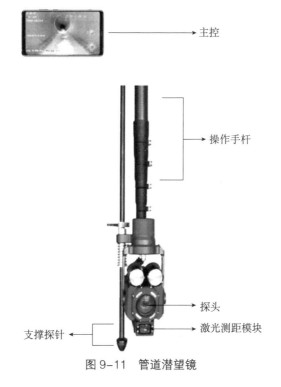

图 9-11　管道潜望镜

9.3.1　质量控制标准

（1）检测仪器和工具保持良好状态是确保检测工作顺利进行的必备条件。除了日常对检测仪器、工具的养护和定期检校以外，在现场检测前还要对仪器设备进行自检，确保其完好率达 100%，以免影响检测作业的正常进行，从而保证检查成果的质量。

检测时，应在现场创造条件，使显示的图像清晰可见，为现场的初步判读提供条件。

（2）为了管道修复时在地面上对缺陷进行准确定位，误差不超过 ±0.5m，能够保证在 1m 的修复范围内找到缺陷。

（3）检测时，缺陷纵向距离定位所用的计量单位应为米（m）。电缆长度计数最低计量单位为 0.1m 的规定是保证缺陷定位精度的要求。

（4）影像资料版头是指在每一管段采用电视检测或管道潜望镜检测等摄像之前，检测录像资料开始时，对被检测管段的文字标注。版头应录制在被检测管道影像资料的最前端，并与被检测管道的影像资料连续，保证被检测管道原始资料的真实性和可追溯性。

（5）管道检测的影像记录应该连续、完整，不应有连接、剪辑的处理过程。

（6）检测标准：①缺陷数≤2 个/km；②缺陷管段率≤5%；③严禁出现 3 级、4 级缺陷。

（7）检测时应对管网周边的空洞进行检测，确认管网是否脱空，周边是否冲刷、塌陷等。

9.3.2 质量控制要点

1. 管道闭路电视检测

①新建管网 100% 进行 CCTV/QV（管道潜望镜）检测。在对每一段管道开拍前，必须先拍摄看板图像，看板上应写明道路或备检对象所在地名称、起点和终点编号、管道属性、管径以及时间等。

②管径小于等于 200mm 时，直向摄影的行进速度不宜超过 0.1m/s；大于 200mm 时，直向摄影的行进速度不宜超过 0.15m/s。

③圆形或矩形排水管道摄影镜头移动轨迹应在管道中轴线上，蛋形管道摄像头移动轨迹应在管道高度 2/3 的中央位置，偏离不应大于 ±10%。

④摄像机进入管道起始位置时，必须将电缆计数测量仪归零。

⑤电缆上应有距离刻度标记，每一段检测完成后，应计算电缆计数测量仪的修正值。

⑥在起始位置应根据需要输入路名、路段（位置）名、起止点检查井编号、管径、属性、时间等内容。

⑦直向摄影时，图像横向必须保持正向水平，中途不应改变拍摄角度和焦距。

⑧侧向摄影时，爬行器必须停止，同时变动拍摄角度和焦距以获得最佳图像。

⑨对各种缺陷、特殊结构和检测状况应作详细判读、量测和记录，填写电视检测结果。

2. 声呐检测

①检测前应从被检管道中取水样通过调整声波速度对系统进行校准。

②在进入每一段管道记录图像前，必须录入地名、路段和被测管道的起点、终点编号。

③声呐探头的推进方向应与水流方向一致。

④探头行进速度不宜超过 0.1m/s。

⑤声呐探头应与管道轴线一致，滚动传感器标志应朝正上方。

⑥探头的发射和接收部位必须超过承载工具的边缘。

⑦声呐探头放入管道起始位置时，必须将电缆计数测量仪归零。

⑧在声呐探头前进或后退时，电缆应保持紧绷状态。

⑨根据管径的不同，应按表9-3的标准选择不同的脉冲宽度。

表9-3　脉冲宽度选择标准

管径范围（mm）	脉冲宽度（μs）
125～500	4
500～1000	8
1000～1500	12
1500～2000	16
2000～3000	20

3. 管道潜望镜检测

管道潜望镜只能检测管内水面以上的情况，管内水位越深，可视的空间越小，能发现的问题也就越少。光照的距离一般能达到30～40m，一侧有效的观察距离大约仅为20～30m，通过两侧的检测便能对管道内部情况进行了解，所以规定管道长度不宜大于50m。

镜头保持在竖向中心线是为了在变焦过程中能比较清晰地看清楚管道内的整个情况，镜头保持在水面以上是观察的必要条件。

管道潜望镜检测的方法：将镜头摆放在管口并对准被检测管道的延伸方向，镜头中心应保持在被检测管道圆周中心（水位低于管道直径1/3位置或无水时）或位于管道圆周中心的上部（水位不超过管道直径1/2位置时），调节镜头清晰度，根据管道的实际情况，对灯光亮度进行必要的调节，对管道内部的状况进行拍摄。

拍摄管道内部状况时通过拉伸镜头的焦距，连续、清晰地记录镜头能够捕捉的最远距离，如果变焦过快看不清楚管道状况，容易晃过缺陷，造成缺陷遗漏；当发现缺陷后，镜头对准缺陷调节焦距直至清晰显示时保持静止10s以上，给准确判读留有充分的资料。

管道检测时，管道内不允许有积水、杂物、垃圾等，保证爬行器在管道内正常行走、无障碍物阻挡。

对各种缺陷、特殊结构和检测状况应作详细判读和量测，并填写现场记录表。

检测工作结束后施工单位应向建设单位提交管道检测与评估报告、检测视频等资料。

对于施工完成后管道内存在的缺陷，施工单位必须全部整改。

9.3.3 质量通病及防治措施

质量通病索引见表9-4。

表9-4　质量通病索引表

序号	质量通病	主要原因分析	主要防治措施
1	CCTV检测视频质量差，不能充分反映管道实际情况	灯光不足；积水过多	冲洗；积水不超过管径的15%

CCTV 检测视频质量差，不能充分反映管道实际情况

原因分析：

①灯光不足。

②检测视频中，水位高度大于管道直径 20% 以上。

③检测中，因镜头沾满污物、污水、雾气而导致视频图像清晰度不够。

④拍摄管道时，摄像镜头移动轨迹不在管道中轴线上，偏离度大于管径的 10%。

⑤拍摄管道时，移动速度过快，行进速度超过 0.3m/s。

⑥检测过程中发现缺陷时，未能将爬行器在完全能够解析缺陷的位置停 10s，未能确保拍摄的图像清晰完整。CCTV 检测视频质量差见图 9-12。

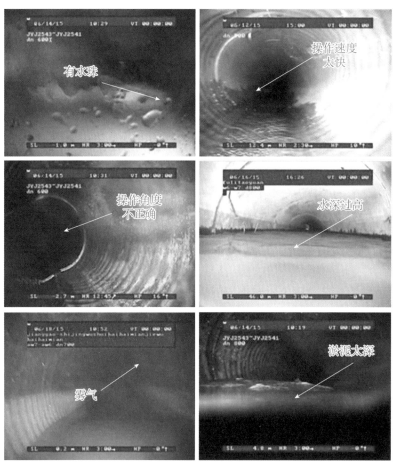

图 9-12　CCTV 检测视频质量差

防治措施：

①管道检测前搜集如下资料：管道平面图、竣工图等技术资料，已有的管道检测资料。

②现场勘察管道周围地理、地貌、交通和管道分布情况。开井目视水位、积泥深度及水流。核对资料中的管位、管径、管材。

③确定检测技术方案，明确检测的目的、范围、期限。针对已有资料认真分析确定检测技术方案，包括：管道如何封堵，管道清洗的方法，对已存在的问题如何解决，制定安

全措施等。

④管道修复检测前的技术要求：首先应将需检测的管道进行冲洗。检测前应确保管道内积水不能超过管径的 15%，如有支管流水应先将其堵住，确保机车所摄录的影像资料清晰，检测准确。检测开始前须进行疏通、清洗、通风及有毒有害气体检测。

9.4 管道评估

管道评估即是对管道根据检测后所获取的资料，特别是影像资料进行分析，对缺陷进行定义、对缺陷严重程度进行打分、确定单个缺陷等级和管段缺陷等级，进而对管道状况进行评估，提出修复和养护建议。

9.4.1 质量控制标准

（1）管道评估应依据检测资料进行。

（2）管道评估工作宜采用计算机软件进行。

（3）当缺陷沿管道纵向的尺寸不大于 1m 时，长度应按 1m 计算。管道的很多缺陷是局部性缺陷，例如孔洞、错口、脱节、支管暗接等，其纵向长度一般不足 1m，为了方便计算，1 处缺陷的长度按 1m 计算。

（4）当管道纵向 1m 范围内 2 个以上缺陷同时出现时，分值应叠加计算；当叠加计算的结果超过 10 分时，应按 10 分计。当缺陷是连续性缺陷（纵向破裂、变形、纵向腐蚀、起伏、纵向渗漏、沉积、结垢）且长度大于 1m 时，按实际长度计算；当缺陷是局部性缺陷（环向破裂、环向腐蚀、错口、脱节、接口材料脱落、支管暗接、异物穿入、环向渗漏、障碍物、残墙、坝根、树根）且纵向长度不大于 1m 时，长度按 1m 计算。当在 1m 长度内存在 2 个及以上的缺陷时，该 1m 长度内各缺陷分值进行综合叠加，如果叠加值大于 10 分，按 10 分计算，叠加后该 1m 长度的缺陷按 1 个缺陷计算（相当于 1 个综合性缺陷）。

（5）管道评估应以管段为最小评估单位。当对多个管段或区域管道进行检测时，应列出各评估等级管段数量占全部管段数量的比例。当连续检测长度超过 5km 时，应作总体评估。

（6）排水管道的评估应对每一管段进行。排水管道是由管节组成管段、管段组成管道系统。管节不是评估的最小单位，管段是评估的最小单位。在针对整个管道系统进行总休评估时，以各管段的评估结果进行加权平均计算后作为依据。

9.4.2 检测项目名称、代码及等级

管道缺陷定义是管道评估的关键内容，本节规定了管道的结构性缺陷和功能性缺陷及其代码、分级和分值，以及检测过程中对特殊结构和操作状态名称和代码的标示方法。

（1）《城镇排水管道检测与评估技术规程》（CJJ 181—2012）已规定的代码应采用两个汉字拼音首个字母组合表示，未规定的代码应采用与此相同的确定原则，但不得与已规定的代码重名。

（2）管道缺陷等级应按表 9-5 的规定分类。

表 9-5　缺陷等级分类表

缺陷性质＼等级	1	2	3	4
结构性缺陷程度	轻微缺陷	中等缺陷	严重缺陷	重大缺陷
功能性缺陷程度	轻微缺陷	中等缺陷	严重缺陷	重大缺陷

（3）结构性缺陷的名称、代码、等级划分及分值应符合表 9-6 的规定。

表 9-6　结构性缺陷名称、代码、等级划分及分值

缺陷名称	缺陷代码	定义	等级	缺陷描述	分值
破裂	PL	管道的外部压力超过自身的承受力致使管子发生破裂。其形式有纵向、环向和复合3种	1	裂痕——当下列一个或多个情况存在时：①在管壁上可见细裂痕；②在管壁上由细裂缝处冒出少量沉积物；③轻度剥落	0.5
			2	裂口——破裂处已形成明显间隙，但管道的形状未受影响且破裂无脱落	2
			3	破碎——管壁破裂或脱落处所剩碎片的环向覆盖范围不大于弧长60°	5
			4	坍塌——当下列一个或多个情况存在时：①管道材料裂痕、裂口或破碎处边缘环向覆盖范围大于弧长60º；②管壁材料发生脱落的环向范围大于弧长60º	10
变形	BX	管道受外力挤压造成形状变异	1	变形不大于管道直径的5%	1
			2	变形为管道直径的5%～15%	2
			3	变形为管道直径的15%～25%	5
			4	变形大于管道直径的25%	10
腐蚀	FS	管道内壁受侵蚀而流失或剥落，出现麻面或露出钢筋	1	轻度腐蚀——表面轻微剥落，管壁出现凹凸面	0.5
			2	中度腐蚀——表面剥落显露粗骨料或钢筋	2
			3	重度腐蚀——粗骨料或钢筋完全显露	5
错口	CK	同一接口的两个管口产生横向偏差，未处于管道的正确位置	1	轻度错口——相接的两个管口偏差不大于管壁厚度的1/2	0.5
			2	中度错口——相接的两个管口偏差为管壁厚度的1/2～1	2
			3	重度错口——相接的两个管口偏差为管壁厚度的1～2倍	5
			4	严重错口——相接的两个管口偏差为管壁厚度的2倍以上	10
起伏	QF	接口位置偏移，管道竖向位置发生变化，在低处形成注水	1	起伏高/管径≤20%	0.5
			2	20%<起伏高/管径≤35%	2
			3	35%<起伏高/管径≤50%	5
			4	起伏高/管径>50%	10

续表

缺陷名称	缺陷代码	定义	等级	缺陷描述	分值
脱节	TJ	两根管道的端部未充分接合或接口脱离	1	轻度脱节——管道端部有少量泥土挤入	1
			2	中度脱节——脱节距离不大于 20mm	3
			3	重度脱节——脱节距离为 20～50mm	5
			4	严重脱节——脱节距离为 50mm 以上	10
接口材料脱落	TL	橡胶圈、沥青、水泥等类似的接口材料进入管道	1	接口材料在管道内水平方向中心线上部可见	1
			2	接口材料在管道内水平方向中心线下部可见	3
支管暗接	AJ	支管未通过检查井直接侧向接入主管	1	支管进入主管内的长度不大于主管直径 10%	0.5
			2	支管进入主管内的长度在主管直径 10%～20% 之间	2
			3	支管进入主管内的长度大于主管直径 20%	5
异物穿入	CR	非管道系统附属设施的物体穿透管壁进入管内	1	异物在管道内且占用过水断面面积不大于 10%	0.5
			2	异物在管道内且占用过水断面面积为 10%～30%	2
			3	异物在管道内且占用过水断面面积大于 30%	5
渗漏	SL	管外的水流入管道	1	滴漏——水持续从缺陷点滴出,沿管壁流动	0.5
			2	线漏——水持续从缺陷点流出,并脱离管壁流动	2
			3	涌漏——水从缺陷点涌出,涌漏水面的面积不大于管道断面的 1/3	5
			4	喷漏——水从缺陷点大量涌出或喷出,涌漏水面的面积大于管道断面的 1/3	10

注：表中缺陷等级定义区域 X 的范围为 x～y 时,其界限的意义是 $x<X≤y$。

（4）功能性缺陷名称、代码、等级划分和分值应符合表 9-7 的规定。

表 9-7　功能性缺陷名称、代码、等级划分及分值

缺陷名称	缺陷代码	定义	缺陷等级	缺陷描述	分值
沉积	CJ	杂质在管道底部沉淀淤积	1	沉积物厚度为管径的 20%～30%	0.5
			2	沉积物厚度为管径的 30%～40%	2
			3	沉积物厚度为管径的 40%～50%	5
			4	沉积物厚度大于管径的 50%	10
结垢	JG	管道内壁上的附着物	1	硬质结垢造成的过水断面损失不大于 15%;软质结垢造成的过水断面损失在 15%～25% 之间	0.5
			2	硬质结垢造成的过水断面损失在 15%～25% 之间;软质结垢造成的过水断面损失在 25%～50% 之间	2

续表

缺陷名称	缺陷代码	定义	缺陷等级	缺陷描述	分值
结垢	JG	管道内壁上的附着物	3	硬质结垢造成的过水断面损失在25%～50%之间；软质结垢造成的过水断面损失在50%～80%之间	5
			4	硬质结垢造成的过水断面损失大于50%；软质结垢造成的过水断面损失大于80%	10
障碍物	ZW	管道内影响过流的阻挡物	1	过水断面损失不大于15%	0.1
			2	过水断面损失在15%～25%之间	2
			3	过水断面损失在25%～50%之间	5
			4	过水断面损失大于50%	10
残墙、坝根	CQ	管道闭水试验时砌筑的临时砖墙封堵，试验后未拆除或拆除不彻底的遗留物	1	过水断面损失不大于15%	1
			2	过水断面损失在15%～25%之间	3
			3	过水断面损失在25%～50%之间	5
			4	过水断面损失大于50%	10
树根	SG	单根树根或是树根群自然生长进入管道	1	过水断面损失不大于15%	0.5
			2	过水断面损失在15%～25%之间	2
			3	过水断面损失在25%～50%之间	5
			4	过水断面损失大于50%	10
浮渣	FZ	管道内水面上的漂浮物（该缺陷需记入检测记录表，不参与计算）	1	零星的漂浮物，漂浮物占水面面积不大于30%	—
			2	较多的漂浮物，漂浮物占水面面积的30%～60%	—
			3	大量的漂浮物，漂浮物占水面面积大于60%	—

注：表中缺陷等级定义的区域X的范围为x～y时，其界限的意义是x<X≤y。

（5）特殊结构及附属设施的代码应符合表9-8的规定。

表9-8 特殊结构及附属设施名称、代码和定义

名称	代码	定义
修复	XF	检测前已修复的位置
变径	BJ	两检查井之间不同直径管道相接处
倒虹管	DH	管道遇到河道、铁路等障碍物，不能按原有高程埋设，而从障碍物下面绕过时采用的一种倒虹形管段
检查井（窨井）	YJ	管道上连接其他管道以及供维护工人检查、清通和出入管道的附属设施
暗井	MJ	用于管道连接，有井室而无井筒的暗埋构筑物
井盖埋没	JM	检查井盖被埋没
雨水口	YK	用于收集地面雨水的设施

（6）操作状态名称和代码应符合表9-9的规定。

表 9-9　操作状态名称和代码

名称	代码编号	定义
缺陷开始及编号	KS××	纵向缺陷长度大于1m时的缺陷开始位置，其编号应与结束编号对应
缺陷结束及编号	JS××	纵向缺陷长度大于1m时的缺陷结束位置，其编号应与开始编号对应
入水	RS	摄像镜头部分或全部被水淹
中止	ZZ	在两附属设施之间进行检测时，由于各种原因造成检测中止

9.4.3　结构性状况评估

管段结构性缺陷等级的确定应符合表 9-10 的规定。

表 9-10　管段结构性缺陷等级评定对照表

等级	缺陷参数 F	损坏状况描述
I	$F \leq 1$	无或有轻微缺陷，结构状况基本不受影响，但具有潜在变坏的可能
II	$1 < F \leq 3$	管段缺陷明显超过一级，具有变坏的趋势
III	$3 < F \leq 6$	管段缺陷严重，结构状况受到影响
IV	$F > 6$	管段存在重大缺陷，损坏严重或即将导致破坏

管段结构性缺陷类型评估可按表 9-11 确定。

表 9-11　管段结构性缺陷类型评定参考表

缺陷密度 S_M	<0.1	0.1～0.5	>0.5
管段结构性缺陷类型	局部缺陷	部分或整体缺陷	整体缺陷

9.5　管道修复

9.5.1　拉入式紫外光原位固化修复

紫外线光固化修复 UV-CIPP 技术是非开挖修复原位固化法中的一种，住房和城乡建设部颁布的行业标准《城镇排水管道非开挖修复更新工程技术规程》（CJJ/T 210—2014）中将原位固化法定义为采用牵拉方式将浸渍树脂的内衬管置入原有管道内，固化后形成管道内衬的修复方法。紫外线光固化技术是将玻璃纤维编制成软管浸渍树脂，然后将其拉入原有管道内充气扩张紧贴原有管道，在紫外光的作用下使树脂固化形成具有一定强度的内衬管的原位固化法。

该工法采用 UV 固化树脂体系，软管材料为玻璃纤维，固化后的内衬层强度高、耐腐蚀，能改善水流情况。UV-CIPP 有如下特点：

①无须开挖，只需利用检查井即可对排水管道进行整体修复，可修复排水管道存在的破裂、错口、脱节、树根侵入、渗漏等结构性缺陷。

②内衬层光滑、连续、厚 3～15mm，降低了管道的表面粗糙度，提高了管道的输送

能力。

③内衬管基材韧性好、强度高，与复合树脂浸渍相熔性好，固化后内衬层弯曲模量可达 12 000MPa，内衬层和原管道紧紧地贴合在一起，隔绝了腐蚀环境，起到了堵漏效果。

④适用于管径为 200～1600mm 的各类管线的修复。拉入式紫外光原位固化修复见图 9-13。

⑤施工周期短（单段固化 3～5h）、环境影响小、不影响交通、施工安全性好。

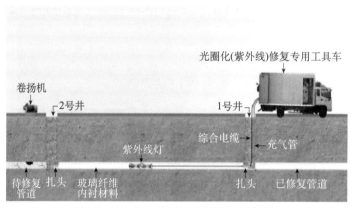

图 9-13　拉入式紫外光原位固化修复

9.5.1.1　质量控制标准

依据《城镇排水管道非开挖修复更新工程技术规程》（CJJ/T 210—2014）、《城镇排水管道检测与评估技术规程》（CJJ 181—2012）、《给水排水管道工程施工及验收规范》（GB 50268—2008）、《城镇排水管渠与泵站维护技术规程》（CJJ 68—2007）等规范进行质量控制及验收。

9.5.1.2　质量控制要点

1. 紫外光固化施工

紫外光原位固化修复见图 9-14。

图 9-14　紫外光原位固化修复

①待修复管道口径、长度测量。

②封堵、导流、临排。

③对旧管道进行高压水冲洗、修复前的预处理工作（管道内壁无明显附着物、尖锐物体，无明显凸起现象，无大于 5cm×5cm 的孔洞，无严重的渗水、积水现象等）。

④ CCTV 录像检测并保存影像资料。

⑤旧管道铺设底膜并确保随底膜放置的牵引绳处在底膜上方。

2. 内衬软管拉入

①内衬修复材料的拉入应平稳、缓慢进行。

②拉入速度不得大于 5m/min。

③拉入过程中不得划伤内衬修复材料。

④拉入后的内衬修复材料应处于底膜上方。

⑤内衬修复材料应超出原有管道 300～600mm。

3. 扎头绑扎、内衬软管充气

①应做好替换绳的链接。

②应注意保护内衬修复材料内膜不被扎头划伤。

③两根相邻的绑扎带收紧方向相反为宜。

④重复绑扎带锁紧、松开不得少于 2 次。

⑤绑扎完成，卡扣应位于扎头的 12 点钟方向。

9.5.2 热水翻转式原位固化修复

热水翻转式原位固化修复是将纤维＋毛毡的复合结构软管作为载体，浸渍树脂后，用水做翻转动力，将软管翻转置入待修复管道内，通过锅炉加热管道内的水，保持一定的温度和时间后，使树脂固化形成的内衬紧紧地贴合在待修复管道内壁的复合内衬管上。热水翻转式原位固化修复见图 9-15。

图 9-15 热水翻转式原位固化修复

9.5.2.1 质量控制标准

依据《城镇排水管道非开挖修复更新工程技术规程》（CJJ/T 210—2014）、《城镇排水管道检测与评估技术规程》（CJJ 181—2012）、《给水排水管道工程施工及验收规范》（GB 50268—2008）、《城镇排水管渠与泵送维护技术规程》（CJJ 68—2007）、《翻转式原位固化法排水管道修复技术规程》（DB33/T 1076—2011）等规范进行质量控制及验收。

9.5.2.2 质量控制要点

1. 施工准备

①需停水检查，应在待修复管道上游检查井上口和下游检查井下口进行临时封堵截流。

②管道损坏长度、位置、程度是判断是否能够采用热水翻转式原位固化法修复的重要依据。

③施工前应采用人力疏通、机械疏通或高压射水等方式将附着于管内的污物等去除。

④待修复管道中若已安装内钢套的，应先将钢套的连接件等突出部位进行割除，并对坚固突出部位用快干水泥抹平等方式处理。

⑤管道错位会缩小过水断面面积，若错位后过水断面满足过水流量的要求且符合翻转修复工艺需求（错位尺寸小于管径的5%），错位断面可以不作处理进行施工，否则应对错位断面采用垫衬坡脚、注浆等方式进行处理。

⑥为便于翻转施工，在有条件的情况下，可掀除井筒，扩大下管口径并利于施工人员下井作业。

2. 翻转

①施工人员需在钢管支架上进行翻转操作，且翻转端部需固定在支架上，故支架应搭接稳固。

②钢管支架搭设高度应根据翻转所需水头高度确定。

③翻转施工前，在管道内铺设防护袋，减小摩擦阻力，保护树脂浸渍软管在翻转过程中不会发生磨损现象。

④翻转与加热用水应取自水质较好的水源，宜为自来水或Ⅲ类水体及以上的河道水。

⑤为降低翻转摩阻力而使用润滑剂时，不应对内衬材料、加热设备等产生污染或腐蚀等影响。

⑥树脂浸渍软管的翻转速度可按如下要求控制：ϕ450mm以下，5m/min以下；ϕ450mm以上，2m/min以下。

⑦如在翻转施工进行过程中，无法顺利翻转到位或发生不可预计情况需中断施工，而树脂浸渍软管已经进入待修复管道的，在全部作业人员安全上井的前提下，应立即将其拖出，以避免树脂浸渍软管在未完全翻转到位的情况下固化。管道水翻法修复见图9-16。

图9-16 管道水翻法修复

3. 固化与冷却

①固化所需温度应根据管径、材料壁厚、树脂材料、固化剂种类及环境温度等条件的不同具体确定，一般可为60～85℃。

②加热完成后，若立即放空管内热水，可能因降温过快致使固化管热胀冷缩产生褶皱甚至裂缝，故需待固化管内热水逐渐冷却后，方可放空，避免产生褶皱或收缩裂缝。

4. 端部处理

①为保证内衬管与井壁的良好衔接，切割内衬管时，应做到切口平整，并可在管口外留出适当余量，一般可为管径的5%～10%。

②固化管端部与待修复管道内壁之间的空隙，应采用灰浆或环氧树脂类快速密封材料或树脂混合物等进行填充、压实，防止漏水。

9.5.3 机械制螺旋管内衬修复

通过螺旋缠绕的方法在待修复管道内部将带状PVC型材通过压制卡口不断地前进形成

新的管道，新管道卷入待修复管道后，通过扩张紧贴旧管壁或以固定口径在新旧管之间注浆形成复合新管。机械制螺旋管内衬修复见图9-17。

图9-17 机械制螺旋管内衬修复

螺旋缠绕内衬又可分为贴合原有管壁和非贴合原有管壁两种工艺。前者称为可扩充螺旋管，安装在井内的制管机先将带状型材绕制成比原有管道略小的螺旋管，推送到终端后继续旋转使其膨胀，直到和原有管壁贴合。后者则需要向管壁之间的环状空隙注入水泥浆使新旧管道结合成整体。

按照缠绕机的工作状态可分为固定设备内衬和移动设备内衬。固定设备内衬施工过程中螺旋缠绕机在工作井内施工，缠绕管沿管道推进。移动设备内衬施工过程中螺旋缠绕机随着螺旋缠绕管的形成沿管道移动。

9.5.3.1 质量控制标准

依据《城镇排水管道非开挖修复更新工程技术规程》（CJJ/T 210—2014）、《城镇排水管道检测与评估技术规程》（CJJ 181—2012）、《给水排水管道工程施工及验收规范》（GB 50268—2008）、《城镇排水管渠与泵站维护技术规程》（CJJ 68—2007）等规范进行质量控制及验收。

9.5.3.2 质量控制要点

（1）每次在缠绕施工前检查所用型材的质量保证书、型材规格、生产日期和使用期限以确保材料的品质以及所用材料的规格同设计相符。

（2）在缠绕过程中，应有专人检查型材是否有破损、弯曲等现象，及时修补小的缺陷。如有较为严重的情况，应及时通知现场技术人员采取相应的措施；遇到个别特别严重的情况，应停止施工，以确保每次缠绕的质量。

（3）在缠绕中，操作人员要特别注意公母锁扣的缩径连接、锁扣内的注胶和PE热熔焊接。

（4）注浆应根据设计配比分批分段进行（DN600以上的每10m有个注浆口）。

9.5.4 土体注浆地基加固防渗处理

在排水管非开挖修复中，土体注浆常被作为一种辅助修复方法使用，一般不能独立使用，而通常与其他修复方法联合使用。

土体注浆技术是较早应用的一种排水管道堵漏的辅助修复技术，是通过对排水管道周围土体和接口部位、检查井底板和四周井壁注浆，形成隔水帷幕防止渗漏，固化管道和检查井周围土体，填充因水土流失造成的空洞，增加地基承载力和变形模量，堵塞地下水进入管道及检查井的渗透途径的一种修复方法。土体注浆地基加固防渗处理见图9-18。

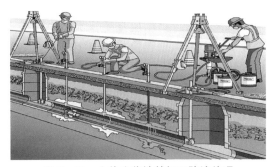

图9-18 土体注浆地基加固防渗处理

管道注浆分为土体注浆和裂缝注浆，土体注浆按注浆材料可选用水泥注浆和化学注浆两种，裂缝注浆选用化学注浆。为了加快水泥浆凝固，可添加水泥重量 0.5%～3.0% 的水玻璃，在满足强度要求的前提下，可在水泥浆中添加水泥重量 20%～70% 的粉煤块。化学注浆的材料主要是可遇水膨胀的聚氨酯。

按照注浆管的设置可分为管内向外钻孔注浆和地面向下钻孔注浆两种方式，大型管道采用管内向外钻孔注浆可以使管道周围浆液分布更均匀，更节省。

9.5.4.1 质量控制标准

依据《城镇排水管道非开挖修复更新工程技术规程》（CJJ/T 210—2014）、《城镇排水管道检测与评估技术规程》（CJJ 181—2012）、《给水排水管道工程施工及验收规范》（GB 50268—2008）、《城镇排水管渠与泵站维护技术规程》（CJJ 68—2007）等规范进行质量控制及验收。

9.5.4.2 质量控制要点

（1）注浆孔的间距、深度及数量应符合设计要求。

（2）注浆效果应符合设计要求。

（3）路基及管道沉陷符合设计要求。

（4）先利用计量器具在搅拌机内放入足量的水，再依次按配合比放入水泥、粉煤灰、水玻璃，持均匀搅拌 3min 后，可供注浆。制成的浆体应能在设计要求的时间内凝固并具有一定强度，其本身的防渗性和耐久性应满足设计要求，制成的浆体 1h 内不应发生析水现象。

（5）注浆压力控制在 0.2～1.0MPa，每根注浆量控制在 0.5～1.0m³。注浆量必须达到平均方量，以确保土体内呈饱和状态。

（6）检查方法：抽取注浆孔数的 2%～5%，当检验结果低于设计指标的 70% 时，应增加 1 倍的检查量。

（7）根据设计需要，检查时间在注浆结束 28d 以内，从以下几种中选用检查方法：

①钻孔取芯，室内土工试验。

②静力触探试验。

③标准贯入度试验。

④十字板抗剪切试验。

⑤静载荷试验。

9.5.5 水泥基聚合物涂层修复

水泥基聚合物涂层修复技术是一种排水管道非开挖涂层内衬修理方法，采用高分子聚合物乳液与无机粉料构成的双组分复合型防水涂层材料，当两个组分混合后可形成高强坚韧的防水膜，该涂层既有有机材料弹性高，又有无机材料耐久性好的特点。

水泥基聚合物涂层修复技术可以用于管道的局部和整体修理，主要是以管道防腐、防渗为修理目的，对管道断面的影响较小，但对结构强度没有增强作用。施工前对堵漏和管道表面处理有严格的要求。

水泥基聚合物防水膜涂层具有隔水性好、无毒、无污染、与水泥基材粘结力强、柔韧性好、施工方便、无接缝、整体性好、凝固速度快、轻质、刚柔、抗碱性、修补容易等特点。

在排水管道非开挖修复中，通常与土体注浆技术联合使用。

9.5.5.1 质量控制标准

依据《城镇排水管道非开挖修复更新工程技术规程》(CJJ/T 210—2014)、《城镇排水管道检测与评估技术规程》(CJJ 181—2012)、《给水排水管道工程施工及验收规范》(GB 50268—2008)、《城镇排水管渠与泵站维护技术规程》(CJJ 68—2007)等规范进行质量控制及验收。

9.5.5.2 质量控制要点

1. 材料质量控制

①水泥基聚合物涂层的组成材料有：底批干粉、甲组分面批干粉、乙组分（乳液）三种。三种材料必须有产品合格证和生产日期，使用时间必须在原材料的保质期内。

②纤维网格布拉力应大于等于 $1600N/m^2$。

③底批、面批糊状料必须按规定配比调和均匀，不得有粉团、结块、夹生等现象。盛装底批、面批料的器具，必须清洁、干净，过时的余料必须铲刮干净。

2. 施工质量控制

质量检验标准及允许偏差应符合表 9-12 的规定。

表 9-12 质量检验标准及允许偏差

项次	检查项目	单位	规定值及允许偏差	检验频率		检验方法
1	厚度	mm	6.5～7.0	每段管道内衬	不小于 10%	用尺在实体上量测
2	宽度	cm	+1～-0	每段管道内衬	不小于 10%	用尺在实体上量测
3	粘结度	每道	无空壳声	每段管道不少于 50% 内衬膜		用木榔头随机敲击
4	平整度	每道	表面平整无毛刺，具有微度粗糙感	每段管道不少于 51% 内衬膜		手摸
5	抗拉强度	MPa	≥2.4	每段管道不少于一块样品试板，送供货单位试验室做拉伸试验		
6	断裂伸长率	%	≥200	每段管道不少于一块样品试板，送供货单位试验室做拉伸试验		

9.5.6 聚氨酯等高分子喷涂

采用专用设备将材料加热，在加热的同时给材料加压，用高速气流将其雾化并喷到管道表面，形成覆盖层，以提高管道抗压、耐蚀、耐磨等性能的非开挖修复工程技术。

聚氨酯喷涂材料是由催化剂组分（简称 A 组分）与树脂组分（简称 B 组分）反应生成的一种弹性／刚性体材料。

通过喷涂设备将 A 料和 B 料加温加压，通过专用软管连接到喷枪，在喷出前一刹那 A 料和 B 料形成涡流混合，A 料和 B 料在混合后即喷涂在基体表面，发生快速的化学反应。固化的同时产生大量的热量。化学反应中产生的热量将大大提高喷涂材料和基体的粘结程度。聚氨酯高分子喷涂见图 9-19。

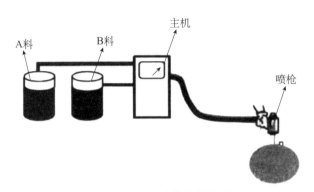

图 9-19 聚氨酯等高分子喷涂

9.5.6.1 质量控制标准

依据《城镇排水管道非开挖修复更新工程技术规程》(CJJ/T 210—2014)、《城镇排水管道检测与评估技术规程》(CJJ 181—2012)、《给水排水管道工程施工及验收规范》(GB 50268—2008)、《城镇排水管渠与泵站维护技术规程》(CJJ 68—2007)等规范进行质量控制及验收。

9.5.6.2 质量控制要点

1. 材料质量控制

①聚氨酯喷涂涂层的组成材料有组分 A 和组分 B。两种材料必须有产品合格证和生产日期，使用时间必须在原材料的保质期内。

②膨胀材料：膨胀材料必须有产品合格证和生产日期，使用时间必须在原材料的保质期内。

③喷涂设备在喷涂实验开始前必须有足够的开机时间，保证喷涂材料的温度和喷涂管的压力达到设计要求并保持稳定。

2. 施工质量控制

质量检验标准及允许偏差应符合表 9-13 的规定。

表 9-13 质量检验标准及允许偏差

项次	检查项目	单位	规定值及允许偏差	检验频率		检验方法
1	厚度	mm	6.5~7.0	每段管道内衬	不小于 10%	用尺在实体上量测
2	宽度	cm	+1~-0	每段管道内衬	不小于 10%	用尺在实体上量测
3	粘结度	每道	无空壳声	每段管道不少于 50% 内衬膜		用木榔头随机敲击
4	平整度	每道	表面平整无毛刺，具有微度粗糙感	每段管道不少于 51% 内衬膜		手摸
5	抗拉强度	MPa	≥2.4	每段管道不少于一块样品试板，送供货单位试验室做拉伸试验		
6	断裂伸长率	%	≥200	每段管道不少于一块样品试板，送供货单位试验室做拉伸试验		

9.5.6.3 质量通病及防治措施

质量通病索引见表 9-14。

表 9-14　质量通病索引表

序号	质量通病	主要原因分析	主要防治措施
1	喷涂质量不达标	外观检查不达标，厚度不达标	快速扫枪，距离宜适中，匀速移动

喷涂质量不达标

原因分析：

①工程外观检查不达标，喷涂材料出现局部脱落或坍塌。

②喷涂厚度不达标。

③喷涂材料的物理力学特性不达标。

防治措施：

①采用加热循环泵对 A 和 B 聚氨酯喷涂材料进行预热 4h。

②材料预热结束后，将材料通过专用导管连接至喷涂设备，待设备 A、B 材料对应的温度仪表分别达到 36℃ 和 71℃ 时，压力表达到 1150Pa 后，稳定 30min 进行预喷涂实验。

③每个工作日正式喷涂作业前，在施工现场先喷涂一块 150mm × 300mm、不同厚度的样块，由施工技术主管人员进行外观质量评价并留样备查。当涂层外观质量达到要求后，方可确定工艺参数并开始喷涂作业。

④现场喷涂实验结束后，待喷涂成型的材料冷却后，检查其喷涂的厚度、色泽、光滑度和力学强度是否满足要求。若不满足要求，表明材料的预热时间或喷涂设备的参数设置不满足设计要求，应进行检查核对，并再次进行喷涂实验。若满足要求，则由工人将喷涂管转移至待修复管道中。

⑤在喷涂操作开始时，采取快速扫枪动作，间隔时间以表干时间为准（简单方法为触觉感受），不一定有固定的间隔时间。经过多次类似喷涂后，直到见不到基底。快速扫枪的目的是为了避免基底可能滞留的极少水分或其他杂质与产品发生反应，避免发生起泡、针孔等不良结果。特别是在没有明确清楚底材是否完全干燥时。

⑥平面喷涂。喷枪宜垂直于待喷基底，距离宜适中，匀速移动。喷涂开始时一定要采取扫枪的方法，避免不良效果出现。然后按照先细部后整体的顺序连续作业，一次多遍、交叉喷涂至设计要求的厚度。

⑦阴角处理。在遇到角落处喷涂的情况下，采取甩小臂 / 腕喷涂，从角的一段实施到另一段时，并以扫枪方式结束。

⑧正常情况下，产品的重涂时间在 15min 内，并且不会出现断层现象，但当超过重涂时间，需要二次喷涂时，打磨并清理待喷面，并应用专用层间处理剂。采取措施防止灰尘、溶剂、杂物等的污染直到烘干，继续喷涂。两次喷涂作业面之间的接荐宽度不小于 200mm。

⑨喷涂施工完成并经检验合格后，如有特殊要求，可对表面施作保护层。例如如需增强抗紫外线能力，可在涂层上涂抹面漆。喷涂后 2s 开始固化，2min 达到不脱落状态，4～6h 完全固化，应用后 30min 可通水施工。

9.5.7 管道 SCL 软衬法修复

采用速格垫制作成内衬，加工成需要的规格、长度，通过卷扬机牵引安装进旧管道，通过内衬内充水支撑成型，然后进行灌浆，形成新的管壁结构，以提高管道抗压、耐蚀、耐磨等性能的非开挖修复工程技术。管道 SCL 软衬法修复见图 9-20。

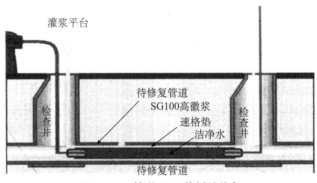

图 9-20 管道 SCL 软衬法修复

9.5.7.1 质量控制标准

依据《城镇排水管道非开挖修复更新工程技术规程》（CJJ/T 210—2014）、《城镇排水管道检测与评估技术规程》（CJJ 181—2012）、《给水排水管道工程施工及验收规范》（GB 50268—2008）、《城镇排水管渠与泵站维护技术规程》（CJJ 68—2007）等规范进行质量控制及验收。

9.5.7.2 质量控制要点

（1）管道预处理。
（2）速格垫焊接。
（3）速格垫敷设。
（4）灌浆。
（5）管道连接。
（6）管道严密性试验。
（7）施工监控量测。

9.5.7.3 质量通病及防治措施

质量通病索引见表 9-15。

表 9-15 质量通病索引表

序号	质量通病	主要原因分析	主要防治措施
1	管道预处理不达标	存在沉积物、垃圾等障碍物	缺陷处理；土体加固
2	速格垫焊缝出现焊透、夹渣、气孔等缺陷		清除油脂、水分、灰尘、垃圾和其他杂物；定时保养
3	速格垫敷设过程中，出现破损现象		清除管内异物；发现破损，及时修补
4	灌浆质量不达标	注浆压力过大或过小	严控注浆压力，改善注浆工艺
5	修复后的内衬管表面出现局部划伤、裂纹、磨损、孔洞、起泡、干斑、褶皱、拉伸变形和软弱带等影响管道结构、使用功能的损伤和缺陷	施工材料及工艺不达标	材料性能检测；焊缝检测

1. 管道预处理不达标

原因分析：

管道预处理时，因清洗后的管道存在沉积物、垃圾等其他障碍物，同时伴随有施工后的积水，导致出现影响衬入的附着物、尖锐毛刺、突起现象。

防治措施：

①原有管道经检查，其损坏程度经设计认可，修复施工方案满足设计要求。对照设计文件检查施工方案，按现行标准进行 CCTV 检查，同步形成原有管道 CCTV 检测与评估报告、与设计的洽商文件记录等。

②原有管道经预处理后，应无影响修复施工工艺的缺陷，管道内表面全数观察（CCTV 辅助检查）应全部合格，预处理施工记录、相关技术处理记录符合规范要求。

③对影响修复施工的缺陷进行修补处理，必要时对周边土体进行加固、改良处理，施工设备就位并经检查满足施工要求。

2. 速格垫焊缝出现焊透、夹渣、气孔等缺陷

防治措施：

①速格垫焊接应尽量减少弯管处和零星膜的焊接。速格垫表面应清除油脂、水分、灰尘、垃圾和其他杂物。

②施焊的焊工必须持有质量技术监督局颁发的《锅炉压力容器焊工合格证》且施焊项目与证书规定项目相一致。在焊接操作时应有一位焊接主管人员进行监督。

③如果焊接是在夜间操作，应有充足的照明。当环境温度和不利的天气条件严重影响速格垫焊接时，应停止作业。

④应对焊接机定时保养，要经常清理焊接机设备中的残留物。

3. 速格垫敷设过程中，出现破损现象

防治措施：

①速格垫敷设前，应保证管道预处理效果，原有管道内壁无刺破速格垫的物质。

②卷扬机牵引置入速格垫时，速度应在 0.2m/s，牵拉过程中牵拉力不应大于内衬管允许拉力的 50%，以免过急致使其损坏。应尽量保持平整，不可扭曲。

③管道封闭后，从下游端注水孔内注水，达到相应压力，压力水头应在上游端管口位置加上 7.5m 计算，并保证压力水头在拆除气囊前的恒定压力。

④专人监管施工，发现速格垫破损，要及时修补或更快。

4. 灌浆质量不达标

原因分析：

注浆过程中，因注浆压力偏小导致注浆不饱满或因注浆压力偏大导致速格垫内陷。

防治措施：

①浆液应具有较强的流动性及固化过程收缩小、放热量低的特性，固化后应具有一定的强度。

②注浆过程中，严格控制注浆压力，注浆终压必须达到设计要求，并稳压。防止出现压力偏小注浆不饱满或压力偏大速格垫内陷的情况。

③根据进浆量来检查注浆效果，当注浆量出现过大异常现象时，应停止注浆，检查速格垫情况。必要时应及时调整浆液配合比，改善注浆工艺。

④注浆完成后应密封内衬管上的注浆孔，且应对管道端口进行处理，使其平整。

5. 修复后的内衬管表面出现局部划伤、裂纹、磨损、孔洞、起泡、干斑、褶皱、拉伸变形和软弱带等影响管道结构、使用功能的损伤和缺陷

原因分析：

施工材料及工艺不达标。

防治措施：

①进入施工现场所用的主要原材料的规格、尺寸、性能等应符合工程的设计要求。每一个单位工程的同一生产厂家、同一批次产品均应按设计要求进行性能检测，速格垫焊接完成后应进行焊缝检测，符合要求后方可使用。

②速格垫的外观质量应符合表面无破损和表面无较大面积褶皱的要求。

③垫衬法施工应做好焊接温度、搭接宽度、气囊内水压、灌浆压力、灌浆用量、灌浆用时间、拆膜时间等记录和检验。

④修复更新后的管道内应无明显湿渍、渗水，严禁滴漏、线漏等现象。

⑤修复更新管道内衬管表面质量应符合下列规定：内衬管表面应光洁、平整，无局部划伤、裂纹、磨损、孔洞、起泡、干斑、褶皱、拉伸变形和软弱带等影响管道结构、使用功能的损伤和缺陷。内衬管应与原有管道贴附紧密，管内无明显突起、凹陷、空鼓等现象。

⑥工程完工后应按现行行业标准《城镇排水管道检测与评估技术规程》（CJJ 181—2012）等有关规定对修复更新管道进行检测。

9.5.8　不锈钢双胀环修复

不锈钢双胀环修复技术采用的主要材料为环状橡胶止水密封带与不锈钢套环，在管道接口或局部损坏部位安装橡胶圈双胀环，橡胶带就位后用2~3道不锈钢胀环固定，达到止水目的。不锈钢双胀环修复见图9-21。

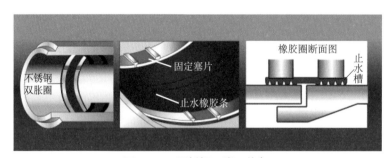

图9-21　不锈钢双胀环修复

9.5.8.1　质量控制标准

依据《城镇排水管道非开挖修复更新工程技术规程》（CJJ/T 210—2014）、《城镇排水管道检测与评估技术规程》（CJJ 181—2012）、《给水排水管道工程施工及验收规范》（GB 50268—2008）、《城镇排水管渠与泵站维护技术规程》（CJJ 68—2007）等规范进行质量控制及验收。

9.5.8.2 质量控制要点

1. 管道清淤堵漏

流程：封堵管道→抽水清淤→测毒与防护→寻找渗漏点与破损点→止水堵漏（堵漏材料采用快速堵水砂浆）。

2. 钻孔注浆管周隔水帷幕和加固土体

在橡胶圈双胀环修复前应对管周土体进行注浆加固，注浆液充满土层内部及空隙，形成防渗帷幕，加强管周土体的稳定，制止四周土体的流失，提高管基土体的承载力，再通过不锈钢双胀环修复技术进行修理，达到排水管道长期正常使用。

3. 橡胶圈双胀环修理施工方法

施工人员先对管道接口或局部损坏部位处进行清理，然后将环状橡胶带和不锈钢片带入管道内，在管道接口或局部损坏部位安装环状橡胶止水密封带，橡胶带就位后用 2～3 道不锈钢环固定，安装时，先用螺栓、楔形块、卡口等构件使套环连成整体，再紧贴母管内壁，使用液压千斤顶设备对不锈钢胀环施压。

9.5.8.3 质量通病及防治措施

质量通病索引见表 9-16。

表 9-16　质量通病索引表

序号	质量通病	主要原因分析	主要防治措施
1	不锈钢双胀圈安装不达标	安装松动；定位不准	安装不锈钢薄片；插入更大的锁定插片
2	存在泄漏点		扩张工字槽距离；插入更大的锁定插片

1. 不锈钢双胀圈安装不达标

原因分析：

①不锈钢双胀圈安装有松动。

②橡胶密封圈定位不准。

防治措施：

①安装橡胶密封圈之前对管道与橡胶密封圈接触部位进行相应处理以保证橡胶密封圈与管道可以紧密贴合，然后将橡胶密封圈外表面以及管道内表面润滑，并将橡胶密封圈送入待修复区域的中心。

②橡胶密封圈定位完成后，将不锈钢压板和橡胶密封圈的定位槽润滑，然后将 2 个不锈钢压板装入定位槽内，在 2 个压板管道连接处分别安装 1 块不锈钢薄片（不锈钢薄片可以防止在液压扩张器扩张过程中不锈钢压板接头挤压橡胶密封圈，从而导致橡胶密封圈损坏）。

③不锈钢压板定位完成后，用液压扩张器顶住不锈钢压板的 2 个支撑托，加压使 2 个不锈钢压板的工字槽距离增大，在工字槽插入 1 块更大的锁定插片，然后使用液压扩张器在另一个工字槽也插入 1 个更大的锁定插片。

2. 存在泄漏点

原因分析：

橡胶密封圈和管道内壁存在泄漏点。

防治措施：

①用薄片在橡胶密封圈和管道内壁处测试是否还有泄漏点，如果有泄漏点，则重新扩张工字槽距离并插入更大的锁定插片。然后再次进行密封检验。

②依据《给水排水管道工程施工及验收规范》（GB 50268—2008）进行严密性试验，整个不锈钢双胀圈安装完成后，静止 1d 重新检查不锈钢双胀圈是否有漏水现象。如果有漏水，则重新扩张插入更大的锁定插片确保密封。

9.5.9 不锈钢发泡筒修复

不锈钢发泡筒修复技术是一种管道非开挖局部套环修理方法。该技术采用的主要材料为遇水膨胀化学浆与带状不锈钢片，在管道接口或局部损坏部位安装不锈钢套环，不锈钢薄板卷成筒状，与同样卷成筒状并涂满发泡胶的泡沫塑料板一同就位，然后用膨胀气囊使之紧贴管口，发泡胶固化后即可发挥止水作用。

不锈钢发泡筒具有无须开挖路面、施工速度快、止水效果好、使用寿命长、可带水作业、对水流的影响小、质量稳定及造价低等特点。在排水管道非开挖修复中，通常与土体注浆技术联合使用。不锈钢发泡筒修复见图 9-22。

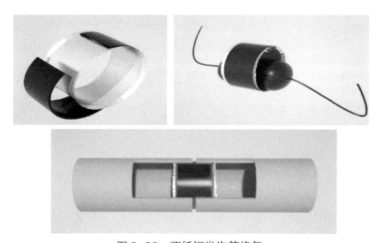

图 9-22　不锈钢发泡筒修复

9.5.9.1 质量控制标准

依据《城镇排水管道非开挖修复更新工程技术规程》（CJJ/T 210—2014）、《城镇排水管道检测与评估技术规程》（CJJ 181—2012）、《给水排水管道工程施工及验收规范》（GB 50268—2008）、《城镇排水管渠与泵站维护技术规程》（CJJ 68—2007）等规范进行质量控制及验收。

9.5.9.2 质量控制要点

（1）施工前检查所有设备运转是否正常，并对设备工具列清单。

（2）安装过程中，检查录像中修复点的情况，清理一切可能影响安装的障碍物。

（3）确保所用发泡胶的用量，正确锁上不锈钢发泡卡位，保证安装质量。

（4）质量控制标准可参考《城镇排水管渠与泵站维护技术规程》（CJJ 68—2007）及排水管道其他相关的国家标准。

（5）通过电视检查，判断修复质量是否合格，查看修复后接口是否光滑，接口是否搭接牢固，发泡剂是否均匀发泡等。

9.5.9.3 质量通病及防治措施

质量通病索引见表9-17。

表9-17 质量通病索引表

序号	质量通病	主要原因分析	主要防治措施
1	管道预处理不彻底，不锈钢筒定位不准确，发泡胶填充不密实	发泡胶质量问题；施工不到位	进场验收检验；按方案施工

管道预处理不彻底，不锈钢筒定位不准确，发泡胶填充不密实

原因分析：

①管道预处理未按设计要求。

②用于定位的仪器有偏差或操作人员操作不当。

③发泡胶本身存在质量问题或施工不到位。

防治措施：

①在地面将不锈钢发泡卷筒套在带轮子的橡胶气囊外面，最里面是气囊，中间是不锈钢卷筒，最外层是涂满发泡胶的海绵卷筒。

②在发泡卷筒最外面的海绵层用油漆滚筒均匀涂上发泡胶。有两种浆液可供选择：G-101 为双组分浆，101-A 和 101-B 混合后 18min 开始发泡，体积膨胀 3 倍。G-200 为单一组分浆，遇水后 20min 发泡，体积膨胀 7 倍。

③将电视摄像机、橡胶气囊及不锈钢发泡卷筒串联起来，在线缆的牵引下，带轮子的气囊、卷筒从窨井进入管道。

④在电视摄像机的指引下使卷筒在所需要修理的接口处就位。

⑤开动气泵对橡胶气囊进行充气，气囊的膨胀使卷缩的卷筒胀开，并紧贴水泥管的管壁，$\phi150 \sim \phi380mm$ 卷筒的充气压力为 $2kg/cm^2$，$\phi450 \sim \phi600mm$ 卷筒的充气压力为 $1.75kg/cm^2$。

⑥当卷筒膨胀到位时，不锈钢卷筒的定位卡会将卷筒锁住，使之在气囊放气缩小后不会回弹。就这样，不锈钢套环、海绵发泡胶和水泥管粘在一起，几小时后，发泡胶固结，一个接口就修好了。

9.5.10 点状原位固化修复

点状原位固化修复技术是一种排水管道非开挖局部内衬修理方法。利用毡筒气囊局部成型技术，将涂灌树脂的毡筒用气囊使之紧贴母管，然后用紫外线等方法加热固化。实际上是将整体现场固化成型法用于局部修理。

点状原位固化主要分为人工玻璃钢接口和毡筒气囊局部成型两种技术，部分地区常用毡筒气囊局部成型技术，在损坏点固化树脂，增加管道强度达到修复目的，并可提供一定

的结构强度。

管径 800mm 以上管道局部修理采用点状原位固化修复方法最具有经济性和可靠性。管径为 1500mm 以上大型或特大型管道的修理采用点状原位固化修复方法具有较强的可靠性和可操作性。点状原位固化修复见图 9-23。

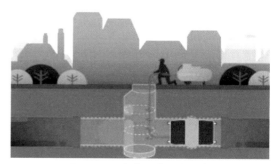

图 9-23 点状原位固化修复

在排水管道非开挖修复中，通常与土体注浆技术联合使用，保护环境，节省资源。不开挖路面，不产生垃圾，不堵塞交通，使管道修复施工的形象大为改观。总体的社会效益和经济效益好。

9.5.10.1 质量控制标准

依据《城镇排水管道非开挖修复更新工程技术规程》（CJJ/T 210—2014）、《城镇排水管道检测与评估技术规程》（CJJ 181—2012）、《给水排水管道工程施工及验收规范》（GB 50268—2008）、《城镇排水管渠与泵站维护技术规程》（CJJ 68—2007）等规范进行质量控制及验收。

9.5.10.2 质量控制要点

（1）主控项目。

①所用树脂和毡布的质量符合工程要求。

②内衬蠕变符合设计要求。

（2）一般项目。

①内衬厚度应符合设计要求。

②管道内衬表面光滑，无褶皱，无脱皮。原有管道待修复部位及其前后 500mm 范围内管道内表面应洁净，无附着物、尖锐毛刺和突起，修复材料应超出原有管道 300mm。

③管道接口裂缝应严密，接口处理要贯通、平顺、均匀，均符合设计要求。修复后毡筒宽度应在 50cm 左右，接口平滑，保证水流畅通。毡筒表面应光洁、平整、与接口老壁粘结牢固并连成一体，无空鼓、裂纹和麻面现象。

9.5.10.3 质量通病及防治措施

质量通病索引见表 9-18。

表 9-18 质量通病索引表

序号	质量通病	主要原因分析	主要防治措施
1	管周土体流失，土路基失稳，管道下沉，路面沉陷	流沙或软土地层	土体加固
2	树脂固化剂材料不达标	配比不合理	树脂和辅料的配比为 2:1
3	固化效果差	用量不足；操作不规范	给足余量；均匀涂抹；连接空气管

1. 管周土体流失，土路基失稳，管道下沉，路面沉陷

原因分析：

排水管道处于流沙或软土暗浜层，由于接口产生缝隙，管周流沙软土从缝隙渗入排水管道内，致使管周土体流失，土路基失稳，管道下沉，路面沉陷。

防治措施：

在点状原位固化修理前应对管周土体进行注浆加固，注浆液充满土层内部及空隙，形成防渗帷幕，加强管周土体的稳定，防止四周土体的流失，提高管基土体的承载力，再通过点状原位固化修复技术进行修理，达到排水管道长期正常使用。

2. 树脂固化剂材料不达标

原因分析：

树脂与辅料的配比不合理。

防治措施：

树脂和辅料的配比为 2 : 1 较合理。

3. 固化效果差

原因分析：

①树脂材料用量不足。

②修复操作不规范。

防治措施：

①树脂体积应给足余量，要考虑到树脂聚合作用及渗入管道缝隙和连接部位的可能性。

②使用适当的抹刀将树脂混合液均匀涂抹于玻璃纤维毡布之上。通过折叠使毡布厚度达到设计值，并在这些过程中将树脂涂覆于新的表面之上。为避免挟带空气，应使用滚筒将树脂压入毡布之中。

③经树脂浸透的毡筒通过气囊进行安装。为使施工时气囊与管道之间形成一层隔离层，使用聚乙烯（PE）保护膜捆扎气囊，再将毡筒捆绑于气囊之上，防止其滑动或掉下。

④气囊在送入修复管段时，应连接空气管，并防止毡筒接触管道内壁。

⑤气囊就位以后，使用空气压缩机加压使气囊膨胀，毡筒紧贴管壁。

⑥该气压需保持一定时间，直到毡布通过常温（或加热或光照）达到完全固化为止。

⑦释放气囊压力，将其拖出管道。

⑧记录固化时间和压力。

第10章 路面恢复

10.1 基层恢复

10.1.1 国家、行业相关标准、规范

（1）《城市道路工程设计规范》（CJJ 37—2012）

（2）《城镇道路工程施工与质量验收规范》（CJJ 1—2008）

（3）《城市道路照明工程施工及验收规范》（CJJ 89—2012）

（4）《给水排水管道工程施工及验收规范》（GB 50268—2008）

（5）《道路交通标志和标线》（GB 5768—2009）

（6）《路面标线涂料》（JT/T 280—1995）

（7）《公路路基施工技术规范》（JTG F10—2019）

（8）《公路工程集料试验规程》（JTG E42—2005）

（9）《公路工程质量检验评定标准》（JTG F80/1—2017）

10.1.2 接茬处理

10.1.2.1 质量控制标准

（1）水泥稳定碎石外观，不应有松散、蜂窝、麻面、裂缝、掉角、印痕和轮迹等现象。接缝填缝应平实、粘结牢固和缝缘清洁整齐。

（2）平整度检验要求：市政道路道面，平整度：每200m测2处，每处连续10尺（3m直尺）。路面宽度：每40m 1处。横坡度：每100m³ 1处。具体检验要求符合表10-1的规定。

表 10-1 平整度检验要求

工程类别	项目		频率	质量控制标准
基层	纵断高程		每20m 1个断面，每个断面3～5点	+5，-10
	厚度（mm）	均值	每1500～2000m² 6点	≥-8
		单个值		≥-10
	宽度（mm）		每40m 1处	>0

续表

工程类别	项目		频率	质量控制标准
基层	横坡度（%）		每 100m 3 处	0.3
	平整度（mm）		每 200m 2 处，每处连续 10 尺（3m 直尺）	≤8
			连续式平整度仪的标准差	≤3.0
	水泥剂量（%）		每 2000m² 1 次	−0.5%
底基层	纵断高程		每 20m 1 个断面，每个断面 3～5 点	+5、−15
	厚度（mm）	均值	每 1500～2000m² 6 点	≥−10
		单个值		≥−25
	宽度（mm）		每 40m 1 处	>0
	横坡度（%）		每 100m 3 处	0.3
	平整度（mm）		每 200m 2 处，每处连续 10 尺（3m 直尺）	≤12
	水泥剂量（%）		每 2000m² 1 次	−0.5%

10.1.2.2 质量控制要点

（1）在新旧路面结构搭接处应按照设计图纸铺筑玻璃纤维土工格栅，具体施工要求如下：

①铺筑玻璃纤维土工格栅时，应将一端用固定器固定，然后用机械和人工拉紧，并用固定器固定另一端，中间每隔 100cm 设置加 1 个固定器，固定器包括固定钉及固定铁皮，固定钉可用 8～10cm 射钉，固定铁皮尺寸为 30mm×30mm×1mm。

②玻璃纤维土工格栅横向应搭接 8～10cm，并根据摊铺方向，将后一端压在前一端之下。

③玻璃纤维土工格栅铺筑时必须保证平整顺直，绝不能出现拥鼓现象，以防止铺设失效，路面施工出现推挤、拥包现象。

（2）每天施工完成后，做横向接缝，横缝与路面车道中心线垂直设置，具体做法如下：

①人工将含水量合适的混合料末端整理齐平，其略高出混合料松铺高度，将混合料碾压密实。施工结束后，在施工路段的末端用 3m 直尺沿纵向检测，在 3m 直尺悬离处设横向接缝，平整度不合格段用装载机铲除，废料由运输车运回指定弃料地点。横向施工缝处理见图 10-1。

②重新施工时，将作业面顶面清扫干净，用水泥净浆涂刷横向断面，将摊铺机返回到已压实层的末端，重新开始摊铺混合料。纵缝清洗润湿见图 10-2。

③碾压时压路机先沿横向接缝碾

图 10-1　横向施工缝处理

压，从已压实层逐渐向新铺混合料碾压，然后再正常碾压。接缝喷洒水泥净浆见图10-3。

图 10-2　纵缝清洗湿润

图 10-3　接缝喷洒水泥净浆

④压实过程中，用 3m 直尺不断检查接缝处平整度，必须满足要求。施工中宜避免纵向接缝，存在纵向接缝时，应垂直相接。

（3）施工完成后及时对压实度、平整度、高程、宽度、厚度、横坡和强度等指标进行检测，合格后进行下道工序施工。基层达到表面平整密实、边线整齐，无松散、坑洼现象，施工接茬平顺。纵向施工缝处理见图10-4。

图 10-4　纵向施工缝处理

（4）宜采用集中厂拌和机械摊铺的施工方法，确保平整度、高程、路拱、纵坡和厚度达到设计及规范要求，从而避免了人工或平地机械工中配料不准、拌和不均、反复找平、厚度难以控制等问题，不仅提高了工程质量，而且加快了工程进度。

（5）从摊铺到碾压结束，应特别注意时间的控制，即不宜超过水泥的终凝时间。必须确定适当的作业段长度，采用流水作业法，各工序紧密衔接，尽量缩短从拌和到碾压的时间。一般情况下，每一流水作业段长度以 200m 为宜。

10.1.2.3　质量通病及防治措施

质量通病索引见表10-2。

表 10-2　质量通病索引表

序号	质量通病	主要原因分析	主要防治措施
1	施工接缝不顺	未做翻松；边端未碾压	预留 3~5m 不压；已压部分翻松至松铺厚度

施工接缝不顺

原因分析：

①先铺的混合料压至边端时，由于推挤原因，造成"低头"现象，而在拼缝时未做翻松，直接加新料，由于压缩系数不同，使该处升高。

②先铺的边端部分碾压时未压，后摊铺部分接下去摊铺，虽然标高一致，但先摊铺部分含水量较低，压缩性较小，碾压后形成高带。

③摊铺机摊铺时，纵向拼缝未搭接好。先铺段边缘的成型密度较低，后铺段搭接时抛高控制不到位，碾压后形成接缝不顺直，或高或低。

防治措施：

①精心组织施工，尽可能减少施工段落和纵向拼缝，减少接缝。

②在分段碾压时，拼缝一端应预留一部分不压（3～5m）以防止推移、影响压实，同时又利于拼接。

③摊铺前，应将拼缝处已压实的一端先翻松（长度约 0.5～1m）至松铺厚度，连同未压部分及新铺材料一起整平碾压，使之成为一体。基层贯通性裂缝见图 10-5。

④对横向接缝压路机可以人工摊铺时，尽可能整个路幅摊铺，以消除纵向拼缝。摊铺机摊铺时，应考虑新铺的一端要与已摊好的结构层有 0.5m 左右的搭接，发现接缝局部漏料应随即修整。待第二幅摊好后，再开始第一幅的碾压，以防止碾压时的横向推移。

图 10-5 基层因横向接缝不平整出现贯通性裂缝

10.1.3 摊铺

10.1.3.1 质量控制标准

（1）集料符合图纸和《城镇道路工程施工与质量验收规范》（CJJ 1—2008）要求。

（2）水泥用量按图纸要求控制准确。

（3）混合料拌和均匀，无粗细颗粒离析现象。

（4）碾压达到要求的压实度。

（5）养生符合《城镇道路工程施工与质量验收规范》（CJJ 1—2008）要求。

10.1.3.2 质量控制要点

1. 水泥稳定碎石的搅拌和运输

①水泥稳定碎石应采用机械搅拌施工，其搅拌站宜根据施工顺序和运输工具设置，搅拌机的容量应根据工程量大小和施工进度配置。施工工地宜有备用的搅拌机和发电机组。

②根据日施工进度来选择拌和楼。产量建议大于 400 t/h。

③计量系统必须经过标定电子计量，水的计量系统严禁采用手动阀门控制流量。

④水泥罐应安装破拱器，稳定土中水泥宜采用气吹破拱。

⑤拌和系统。拌缸要足够长，其有效长宽比应大于 2。

⑥输送皮带角度要合适，驱动滚筒线速度不宜太大，防止抛料离析。

⑦料仓上部应设有相应于水稳碎石最大粒径 5 倍孔径的格网，格网应倾斜设置。料仓间应有分隔板，防止串料。水稳层摊铺见图 10-6。

图 10-6 水稳层摊铺

⑧从拌和机向运料车上装料时，按前、后、中多次挪动汽车位置，平衡装料，以减少混合料离析。

⑨运料车运输过程中，车厢顶必须覆盖防雨篷布。

⑩发料时认真填写发料单，发料单内容包括车号、拌和机出料时间及吨位，由司机带至摊铺现场，然后由收料人员进行核对查收，确保混合料从拌和到碾压成型不超过3h，若超过3h，则将全车料废弃。

⑪自卸汽车将混合料卸入摊铺机喂料斗时，严禁撞击摊铺机。

2. 水泥稳定碎石摊铺

①摊铺前，放出模板边线，支设模板，模板支设采用高度为20cm、厚度为5mm、长度为3m的槽钢，槽钢上设置钢套圈，将钢筋前端穿入钢套圈内，钢筋后端用钢钎固定。

②摊铺前派工人将路床上的浮土、杂物全部清除，保证路床表面整洁，并适当洒水湿润。根据摊铺机的宽度进行路中铝合金控制导梁的安放，导梁由4根6m长铝合金、5个顶部焊接好凹槽的T型支架组成。导梁安放由四人完成，准备好一根25m长的细线绳，由一人站在边桩位置手持细线绳一端搭放在边桩挂好的钢绞线上，另一人站在土路肩位置手持细线绳的另一端搭放在土路肩挂好的钢绞线上，两人同时将细线绳拉紧，中间两人按照细线绳拉紧时的高度来摆放铝合金直尺。铝合金直尺放置在托板支架顶部的凹槽上。考虑到细线绳两边拉紧后中间会因下垂而产生挠度，因此放置好的铝合金直尺顶面应比拉好的细线绳高出0.5～1cm左右。导梁安放好后，将摊铺机驶到摊铺路段的起点进行就位，事先按虚铺厚度在摊铺熨平板底部垫27cm厚的木垫块，作为摊铺机起步时的虚铺厚度。由摊铺机司机、负责看电脑人员将摊铺机电脑、小滑靴安装好，使调平装置处于最佳状态。导梁安装见图10-7。

③摊铺时采用两机成梯队形式进行摊铺，摊铺机前后相距各5～10m，前台摊铺机采用路侧钢丝和设置在路中的导梁控制路面高程，后台摊铺机路侧采用钢丝、路中采用小滑靴控制高程和厚度。前后两台摊铺机摊铺重叠10～20cm，中缝辅以人工进行修整。

图10-7 导梁安装

④根据摊铺速度、厚度、宽度等因素调整摊铺机夯锤频率，使其碾压前的密实度达80%以上。并将螺旋送料器调整到最佳状态，使螺旋送料器中混合料的高度将螺旋器直径的2/3埋没，以避免离析现象和大料在底面现象发生，一般情况螺旋器轮边距底基层面为15～17cm。

⑤当拌和好的混合料运至现场，在交通指挥人员指挥下，运料车在摊铺机前10～30cm处停住，不得撞击摊铺机，卸料过程中运料车挂空挡，依靠摊铺机推力前进。开始摊铺前，人工将摊铺机两侧分料器接头处（约50～60cm宽）离析混合料清除。摊铺中如有离析现象（尤其两侧边缘），用人工撒补细料。

⑥开始摊铺3～6m长时，立即用高度为10cm、长为2m的铝合金直尺检测虚铺时摊铺面的标高和横坡。由于摊铺机行走时以固定好的钢绞线作为基准线，而作为基准线的钢绞线标高为虚铺面设计标高另加10cm的虚数，因此用一高度为10cm、长为2m的铝合金直尺垂直于中线、一端平放在摊铺面上、一端靠近钢绞线来检测虚铺时摊铺面的标高和横坡。

若放在摊铺面上的铝合金直尺顶面与钢绞线顶面在同一平面上，则表示此时摊铺面的标高和横坡符合设计要求。若铝合金直尺顶面高于或低于钢绞线顶面，则表示此时摊铺面的标高和横坡不符合设计要求，要立即适当调整摊铺机熨平板高度和横坡，直到合格后接着进行摊铺。正常施工时，摊铺机每前进 10m，检测人员应检测一次摊铺面的标高、横坡，并做好虚铺厚度记录。摊铺系数测量见图 10-8。

⑦摊铺过程中要保持摊铺机的速度恒定，考虑到拌和机的生产能力（拌和机生产率为 450～500t/h）与摊铺速度相匹配，为避免中途不必要的停机，摊铺速度宜在 2.0～3.0m/min。另外，也要保证摊铺机的夯锤或夯板的振捣频率均匀一致。

图 10-8 摊铺系数测量

⑧当天施工现场具体摊铺速度随时与拌和能力进行协调，摊铺现场和拌和站之间建立快捷有效的通信联络，及时进行调度和指挥，每台摊铺机前确保有 2 辆运输车等候，禁止摊铺机停机待料，确保成型路面的平整度。

⑨施工过程中，现场检测人员进行平整度的检查，对平整度超出 12mm 的部位，用人工予以铲除，然后用新拌混合料填补。在摊铺机后面设专人消除集料离析现象，特别是局部粗集料"窝"进行全部铲除，并用新拌混合料填补，混合料与模板接触部位灌注水泥浆，保证混合料的成型质量。

10.1.3.3 质量通病及防治措施

质量通病索引见表 10-3。

表 10-3 质量通病索引表

序号	质量通病	主要原因分析	主要防治措施
1	碎石材质不合格	原材不合格；污染	选择质地坚韧、耐磨的花岗石或石灰石
2	摊铺时粗细料分离	搅拌时间不充分；离析	已离析的混合料人工重新搅拌
3	基层出现松散	碾压、养护不规范	封闭交通；潮湿状态养生

1. 碎石材质不合格

碎石材质不合格见图 10-9。

原因分析：

料源选择不当，材料未经强度试验和外观检验，即进场使用。材料倒运次数过多或存放时被车辆走轧，棱角被碰撞掉。材料存放污染，且未过筛。材质软，易轧碎，材质规格不合格或含有杂物，不能形成嵌挤密实的基层。碾压面层时，易搓动，裂纹，达不到要求的密实度。

图 10-9 碎石材质不合格

防治措施：

严格把住进料质量关。材料应该选择质地坚韧、耐磨的花岗石或石灰石。材料应经试验合格后方能使用。碎石形状应是多棱角块体，清洁，不含石粉及风化杂质。

2. 摊铺时粗细料分离

粗细骨料分离见图10-10。

原因分析：

搅拌时间不充分，混合料均匀性差，或搅拌机计量不准，细集料少下或未下，致使粗集料集中。装卸运输中出现离析现象。

防治措施：

加强操作工人的质量意识，保证搅拌过程的规范性。定期对搅拌机的计量装置进行检验，确保其计量精度。摊铺前对已离析的混合料人工重新搅拌。

图 10-10 粗细骨料分离

如果在碾压过程发现粗细集料集中现象，将其挖除，分别掺入粗细料搅拌均匀，再摊铺碾压。

3. 基层出现松散

原因分析：

碾压成活后不养护，或养护不规范。交通管制不严，过境车辆或施工车辆在基层面上通行，致使基层顶面遭受破坏。碾压过程不规范，压路机在刚碾压成活的基层面上转弯、掉头。基础表面裂纹见图10-11。

防治措施：

加强技术教育，提高操作人员、管理人员对混合料养生重要性的认识，严肃技术纪律，严格管理，

图 10-11 基础表面裂纹

严格执行混合料压实成型后在潮湿状态下养生的规定。养护至铺筑上层面层时为止。如施工区域封闭交通，则严禁施工车辆在已形成的基层面上通行。如施工区域未封闭交通，则尽可能在结构层外修筑临时便道让车辆通行，如确实无法避免，则至少保证限制重车通行。加强操作工人的技术教育，保证操作过程的规范性，严禁压路机在已碾压成活的基层面上转弯、掉头。

10.1.4 碾压

10.1.4.1 质量控制标准

碾压质量控制标准见表10-4。

表 10-4 碾压质量控制标准

检查项目	质量要求		检查规定		备注
	要求值或容许误差	质量要求	最低频率	方法	
压实度（％）	不小于98	符合技术规范要求	4处/层	每处每车道测一点，用灌砂法检查，采用重型击实标准	

续表

检查项目	质量要求		检查规定		备注
	要求值或容许误差	质量要求	最低频率	方法	
平整度（mm）	8	平整、无起伏	2 处	用直尺连续量 10 尺，每尺取最大间隙	
纵横高程（mm）	+5，−10	平整顺直	1 断面	每断面 3～5 点用水准仪测量	
	代表值 −8	均匀一致	1 处 / 车道	每处 3 点，路中及边缘任选挖坑丈量	
厚度（mm）	合格值 −15			用皮尺丈量	
宽度（mm）	不小于设计	边缘线整齐，顺适，无曲折	1 处	用水准仪测量	
横坡度（%）	± 0.3		3 个断面	EDTA 滴定及总量校核	拌和机拌和后取样
水泥剂量（%）	± 0.5		每 2000m² 6 个以上样品		
级配		符合规范范围	每 m² 1 次	水洗筛分	拌和机拌和后取样
强度（MPa）	3～5	符合设计要求	2 组 /d	7d 浸水抗压强度	上、下午各一组
含水量（%）	± 2	最佳含水量	随时	烘干法	
外观要求	表面平整密实，无浮石，弹簧现象。无明显压路机轮迹				

10.1.4.2 质量控制要点

（1）碾压遵循"紧跟、慢压、高频、低幅"的原则，碾压时后轮重叠 1/2 轮宽，碾压组合方式和遍数遵循先稳压、后轻压、再重压的原则。为保证边部压实度，对两侧模板边部先采用大型压路机进行碾压，再采用小型振动压路机进行补压。水稳层碾压施工见图 10-12。

（2）压路机启动、停止时减速缓行，稳压要充分，振动不起浪、不推移，出现个别拥包时，采用人工进行铲平处理。压路机倒车、换挡轻且平顺，在第一遍初步稳压后，倒车时尽量按原路返回。压路机操作手在停车之前必须先停振，每个碾压段落的终点呈斜线错开状，检查平整度时压路机宜停在已压好的段落上。换挡位置应位于已压好的段落上。压路机禁止急停、急转弯。

（3）严格控制碾压含水量，在最佳含水量 ±1% 时及时碾压。碾压过程中始终保持水稳层表面湿润，若因高温、大风等天气使水分蒸发过快，应及时喷洒少量水，洒水时向上喷洒，使水成雾状自由落到底基层表面。

图10-12　水稳层碾压

（4）在碾压过程中对高程、平整度及时进行跟踪检测，平整度采用路面平整度仪（或3m直尺）跟进检查，对平整度大于1cm的部分，及时进行修整。

（5）碾压至第5遍时，组织试验人员采用灌砂法进行压实度检测，检验不合格时，及时报告给碾压负责人，重复再碾压至达到要求压实度。

（6）碾压在水泥初凝前完成，并达到要求的压实度，同时没有明显的轮迹。

10.1.4.3 质量通病及防治措施

质量通病索引见表10-5。

表10-5 质量通病索引表

序号	质量通病	主要原因分析	主要防治措施
1	不按分层、分段夯实	抢进度或偷工	分段、分层回填，端头重叠碾压

不按分层、分段夯实

原因分析：

施工过程中不按照分段、分层技术要求回填，为抢进度或偷工，接茬处不留台阶。无法碾压的边角位置未进行人工夯实。

防治措施：

严格按照规范要求，分段、分层回填，段落端头每层倒退台阶长度不小于1m，在接填下一段落时碾轮要与上一段碾压密实的端头重叠碾压。沟槽弯曲不齐的要进行整修，使碾轮靠边碾压，不漏压。

10.1.5 养护

10.1.5.1 质量控制标准

（1）碾压结束后，应封闭交通，除洒水车外，其他车辆不得通行。每一段碾压完成以后应立即进行质量检查，并开始养生。

（2）养生方法：底基层，应将土工布湿润，然后人工覆盖在碾压完成的底基层顶面上。覆盖2h后，再用洒水车洒水，或用塑料薄膜覆盖养生。在7d内应保持基层处于湿润状态。上基层采用喷洒慢裂乳化沥青养生，养生结束后，应将覆盖物清除干净。

（3）用洒水车洒水养生时，洒水车的喷头要用喷雾式，不得用高压式喷管，以免破坏水稳层结构，每天洒水次数应视气候而定，整个养生期间应始终保持水泥稳定碎石层表面湿润。水稳层养护见图10-13。

（4）水稳层养生期不应少于7d。养生期内洒水车必须在另外一侧车道上行驶，工人手持水带，跨过中央分隔带喷洒水养生。

（5）在养生期间应封闭交通。

10.1.5.2 质量控制要点

每一段碾压完成且自检压实度合格后，立即进行养生，不能延误。在条件许可的情

图10-13 水稳层养护

况下可采取覆盖土工布或麻袋片的方法，增强保水性能，提高养护效果，也可以用草袋等，覆盖后用洒水车洒水，根据覆盖物表面含水情况确定洒水周期。在养生中特别应注意对两个侧边的养护，通常养护不宜少于 7d，在养生期间应封闭交通，严禁车辆通行。养生结束后应立即清除覆盖物及浮土杂物，喷洒透层油（乳化沥青），待 2h 后，均匀洒铺 0~5mm 石子，用 6~8t 轻型压路机碾压后方可开放交通。

10.1.5.3　质量通病及防治措施

质量通病索引见表 10-6。

表 10-6　质量通病索引表

序号	质量通病	主要原因分析	主要防治措施
1	干碾压或过湿碾压	水分蒸发；拌和时加水过少或过多	碾压前检验含水量；补洒水或晾晒
2	碾压成型后不养护		潮湿养生，养生时间一般不少于 7d

（1）干碾压或过湿碾压。

原因分析：

含水量对混合料压实后的强度影响较大。试验证明：当含水量处于最佳含水量 +1.5% 和 −1% 时，强度下降 15%，处于 −1.5% 时，强度下降 30%。混合料在装卸、运输、摊铺过程中，水分蒸发，碾压时未洒水、洒水不足或过量，拌和时加水过少或过多。

防治措施：

混合料出厂时的含水量应控制在最佳含水量 −1%~+1.5%，碾压前需检验混合料的含水量，在整个压实期间，含水量必须保持在接近最佳状态。如含水量过低需要补洒水，含水量过高需在路槽内晾晒，待接近最佳含水量状态时再行碾压。水稳层洒水过量碾压见图 10-14。

（2）碾压成型后不养护。

图 10-14　水稳层洒水过量碾压

原因分析：

施工人员不了解粉煤灰在加入石灰后必须要在适当水分下才能激发其活性，生成水硬性化合物，将砂砾料固结成板体。水源较困难，洒水措施不力，未采取积极措施予以保证。

防治措施：

加强技术教育，提高管理人员和操作人员对混合料养生重要性的认识。严肃技术纪律，严格管理，必须执行混合料压实成型后在潮湿状态下养生的规定。养生时间一般不少于 7d，直至铺筑上层面层为止，有条件的也可以洒布沥青乳液覆盖养生。

10.2　沥青混凝土面层恢复

10.2.1　国家、行业相关标准、规范

（1）《城市道路工程设计规范》（CJJ 37—2012）

（2）《城镇道路工程施工与质量验收规范》（CJJ 1—2008）

（3）《城市道路照明工程施工及验收规范》（CJJ 89—2012）

（4）《给排水管道工程施工及验收规范》（GB 50268—2008）

（5）《道路交通标志和标线》（GB 5768—2009）

（6）《路面标线涂料》（JT/T 280—1995）

（7）《公路路基施工技术规范》（JTG F10—2019）

（8）《公路工程集料试验规程》（JTG E42—2005）

（9）《公路工程质量检验评定标准》（JTG F80/1—2017）

10.2.2 接茬处理

10.2.2.1 质量控制标准

沥青混合料施工质量控制标准见表10-7。

表10-7　沥青混合料施工过程中的质量控制标准

项目		检查频度及单点检验评价方法	质量要求或允许偏差		试验方法
			高速公路、一级公路	二级公路	
外观		随时	表面平整密实、不得有明显轮迹、裂缝、推挤、油丁、油包等缺陷，且无明显离析		目测
接缝		随时	密实平整、顺直、无跳车		目测
		逐条缝检测评定	3mm	5mm	T0931
施工温度	摊铺温度	逐车检测评定	符合《城镇道路工程施工与质量验收规范》（CJJ 1—2008）规定		T0981
	碾压温度	随时	符合《城镇道路工程施工与质量验收规范》（CJJ 1—2008）规定		插入式温度计测量
厚度	每一层次	随时，厚度51mm以下	设计值的5%	设计值8%	施工时用插入法测量松铺厚度及压实厚度
		随时，厚度50mm以上	设计值的8%	设计值的10%	

10.2.2.2 质量控制重点

1. 横向施工缝

①全部采用平接缝，在铺设当天混合料冷却且未结硬时，用3m直尺沿纵向放置。在摊铺段端部的直尺呈悬臂状，以摊铺层与直尺脱离接触处定出接缝位置，用凿岩机或人工用镐垂直刨除端部层后不足的部分，使接缝能成直角连接，并涂抹改性乳化沥青。继续摊铺时，刨除的断面应保持干燥，摊铺机熨平板从接缝处起步摊铺。碾压时用钢轮压路机进行横向压实，从先铺面层上跨缝逐渐移向新铺面层。接缝碾压完毕再碾压新铺面层，横向缝接续施工前应在断面涂刷粘层油。上、下层横缝应错开1m以上。横向冷接缝见图10-15。

②当天碾压完毕应将压路机开至未铺面层上过夜，第二天压路机开回新施工面层上后，再按要求铲除接缝处斜坡层继续摊铺沥青混合料。

③上面层横向施工缝应远离桥梁伸缩缝20m以外，以确保伸缩缝两边铺装层表面的平

顺。横向接缝平整度检测见图 10-16。

图 10-15 横向冷接缝

图 10-16 横向接缝平整度检测

2. 纵向施工缝

①采用梯队作业的纵缝应采用热接缝，将已铺部分留下 100~200mm 宽暂不碾压，作为后续部分的基准面，然后跨缝碾压以消除缝迹。纵向热接缝见图 10-17。

②纵向冷接缝。摊铺时宜加设挡板或加设切刀切齐，也可在混合料尚未完全冷却前用镐刨除边缘留下毛茬，不宜在冷却后采用切割机做出纵向切缝。铺筑另半幅前应在接缝面涂洒少量沥青，铺料应与已铺层重叠 50~100mm，再铲前半幅上面的多余混合料。碾压时，由边向中碾压，留下 100~150mm 再跨缝挤紧压实，或者从已压实路面先碾压新铺层 150mm 左右，之后逐步压实新铺部分。纵向冷接缝见图 10-18。

图 10-17 纵向热接缝

图 10-18 纵向冷接缝

10.2.2.3 质量通病及防治措施

质量通病索引见表 10-8。

表 10-8 质量通病索引表

序号	质量通病	主要原因分析	主要防治措施
1	路面接茬不平、松散，路面有轮迹	纵向接茬不平；热或冷接的横向接茬不平	摊铺虚实厚度一致；人工补充或修整
2	路面横向开裂	断裂，路基下沉	铺设土工格栅

1. 路面接茬不平、松散，路面有轮迹

原因分析：

①纵向接茬不平。一是由于两幅虚铺厚度不一致，造成高差；二是两幅之间皆属每幅

边缘，油层较虚，碾压不实，出现松散出沟现象。表面松散见图 10-19。

②热或冷接的横向接茬不平，通常是虚铺厚度的偏差、碾轮在铺筑端头的摊挤作业所导致。

③油路面与侧石或与其他构筑物接茬部位，碾轮未经边碾压，又未用墩锤、烙铁夯实，亏油部分又未及时找补，造成边缘部位坑洼不平、松散掉渣，或留下轮迹。

图 10-19　表面松散

防治措施：

①纵横向接茬均需力求使两次摊铺虚实厚度一致，如在碾压一遍发现不平或有涨油或亏油现象时，应即刻用人工补充或修整，冷接茬仍需刨立茬，刷边油，使用热烙铁将接茬烫平整后再压实。

②对侧石根部和构筑物接茬，碾轮压不到的部位，要有专人进行找平，用热墩锤和热烙铁夯烙密实，并同时消除轮迹。

2. 路面横向开裂

路面横向开裂见图 10-20。

原因分析：

①基层出现断裂易发生在基层接茬部位。

②路基下沉造成基层断裂，引起裂缝反射到沥青面，裂缝呈现扩展趋势。

防治措施：

①加强道路回填质量的控制，严格控制回填厚度，防止出现下沉引发路面整体下沉。

图 10-20　路面横向开裂

②两种材质的交接处，由于采用不同材质引发不均匀沉降，因此在该部位铺设土工格栅，防止反射裂缝上穿。

10.2.3　摊铺

10.2.3.1　质量控制标准

（1）沥青混合料面层压实度：城市快速路、主干路不应小于 96%；次干路及以下道路不应小于 95%。

（2）面层厚度应符合设计规定，允许偏差为 +10～-5mm。

（3）弯沉值不应大于设计规定。

10.2.3.2　质量控制要点

（1）摊铺机应匀速行驶，速度和拌和站产量相匹配，以确保所摊铺路面的均匀不间断摊铺。在摊铺过程中不准随意变换速度，尽量避免中途停顿。聚合物改性沥青混合料搅拌及施工温度应根据实践经验经试验确定，通常宜较普通沥青混合料温度提高 10～20℃，初压开始温度不低于 150℃。沥青摊铺见图 10-21。

（2）下面层采用挂线摊铺施工，上面层采用平衡梁施工。摊铺沥青混合料应均匀、连续不间断，不得随意变换摊铺速度或中途停顿，摊铺速度宜为 2～6m/min，摊铺时螺旋送料器应不停顿地转动，两侧应保持有不少于送料器高度 2/3 的混合料，并保证在摊铺机全宽度断面上不发生离析。

图 10-21　沥青摊铺

（3）沥青混合料的摊铺温度在过程中随时检查并做好记录，沥青混合料的施工温度采用具有金属探测针的插入式数显温度计测量，表面温度可采用表面接触式温度计测定，当用红外线温度计测量表面温度时，应进行标定。

（4）摊铺机施工前应提前 0.5～1h 预热熨平板，使其温度不低于 100℃。铺筑过程中，应使熨平板的振捣或夯锤压实装置具有适宜的振动频率和振幅，以保证面层的初压实度达到 85% 左右。熨平板连接应紧密，避免摊铺的混合料出现划痕。

（5）在摊铺过程中，随时检查摊铺质量，出现离析、边角缺料等情况时人工及时补撒料，换补料。

（6）在摊铺过程中，随时检查摊铺厚度，如不符合要求及时告知，由主管工程师确认后通知操作手调整。

（7）摊铺机集料斗应在刮板尚未露出，约有 10cm 厚的热料时，下一辆运输车即开始卸料，做到连续供料，避免粗料集中。

（8）摊铺应选择在当日高温时段进行，路表温度低于 15℃ 时不宜摊铺。摊铺遇雨时，立即停止摊铺，并及时将已摊铺的混合料压实成型。

（9）摊铺机无法作业的地方，在监理工程师同意后采取人工摊铺施工。

（10）路面局部出现油包，应予以挖除后补填合格料。

（11）边缘线型不整齐、厚度不够等，应予补填和修整。

（12）摊铺带两侧边缘线型不整齐等，应予补填和修整，确保线型整齐。

（13）碾压过程中，要有专人负责质量检测控制，发现缺陷及时进行修整，压实成型的沥青路面应符合压实度及平整度的要求。

10.2.3.3　质量通病及防治措施

检查井与路面衔接不顺

原因分析：

①建设管线时，在检查井周边从槽底至路床，各层结构均没有压实。即使检查井周边各层已经压实，也存在检查井结构本身属于刚性，路面属于柔性，在车辆反复重压下，路面较检查井仍存在沉降量大的问题。

②升降检查井时，检查井圈未与路面高度和路面纵、横坡吻合。

防治措施：

①检查井周的回填土，应从检查井肥槽底开始用动力夯转圈分层夯实。夯至路床下80cm时，将检查井用厚铁板封住，其上至路床顶范围内分层碾压密实。达到统一的密实度标准后将检查井挖出，砌筑至路床顶。肥槽内浇筑低标号混凝土，当强度达到100%后仍用铁板封住。其上路面结构做至表面层下，再反挖至路床顶，将检查井砌筑至表面层高。其肥槽浇筑C20以上混凝土，并振捣密实。

②不论是新铺路面还是旧路加铺面层，在升降检查井时，检查井圈的升降高度要用小线仔细校核，使井圈与路面高度和纵、横坡完全吻合。

10.2.4 碾压

流程：旧沥青混凝土路面治理→铺筑改性沥青砂粒式缓冲层→加铺防裂布等土工材料→铺筑改性沥青中面层→铺筑改性沥青面层。

10.2.4.1 质量控制标准

（1）沥青、乳化沥青、集料、嵌缝料的质量应符合设计及《城镇道路工程施工与质量验收规范》（CJJ 1—2008）的有关规定。

（2）压实度不应小于95%。

（3）弯沉值不得大于设计规定。

（4）面层厚度应符合设计规定，允许偏差为 -5～+15mm。

10.2.4.2 质量控制要点

（1）碾压沥青混合料时振动压路机应遵循"紧跟、慢压、高频、低幅"的原则。

（2）初压应尽量在较高温度下进行，复压应紧跟初压，当出现粘轮现象时，轮胎压路机碾压轮只允许涂抹食用油或专用隔离剂，严禁涂抹柴油。路面碾压见图10-22。

图 10-22 路面碾压

（3）为避免碾压时混合料推挤产生拥包，碾压时应将驱动轮朝向摊铺机。碾压路线及方向不应突然改变。压路机启动、停止必须减速缓行，不准刹车制动。压路机折回不应处在同横断面上。沥青混凝土面层碾压效果见图10-23。

（4）要对初压、复压、终压段落设置明显标志，便于司机辨认。对松铺厚度、碾压顺序、压路机组合、碾压遍数、碾压速度及碾压温度应设专岗管理和检查，做到既不漏压也不超压，相邻碾压带应重叠 1/3～1/2 轮宽。

（5）进入弯道碾压时，应从内侧向外侧高处依次碾压，纵坡段时应使驱动轮朝向坡底方向，转向轮朝坡面方向，以免温度较高的混合料产生

图 10-23 沥青混凝土面层碾压效果

滑移。沥青面层碾压见图 10-24。

（6）在当天碾压的尚未冷却的沥青面上，不得停放压路机或其他车辆，并防止矿料、油料和杂物散落在沥青面上。改性沥青初压开始温度不低于 150℃，压实完成 12h 后且路表温度低于 50℃，方能允许施工车辆通行。

图 10-24 沥青面层碾压

（7）当天碾压的路段，第二天采用钻芯取样法跟踪检测压实度，现场检测压实度应控制在 93%～97%（采用最大理论密度），合格率应为 100%。

（8）碾压应在集料撒布后立即进行，并在当日完成。撒布一段集料后即用钢筒双轮压路机碾压，每层集料应按撒布的全宽初压一遍，并应按需要进行补充碾压。碾压时每次轮迹重叠约 300mm，从路边逐渐移向路中心，然后再从另一边开始移向路中心。以此作为一遍，一般全宽的碾压宜不少于 3～4 遍，碾压速度初始时以不大于 1.5～2km/h 为宜，后续碾压适当增大速度。双钢轮初压见图 10-25，双钢轮复压见图 10-26，胶轮压路机终压见图 10-27，边部路缘石压实见图 10-28。

（9）沥青材料的各项指标和石料的质量规格用量应符合设计要求和施工规范的规定。沥青浇洒应均匀，无露白，不得污染其他建筑物。

（10）嵌缝料扫布均匀，不应有重叠现象，压实平整。沥青表面应平整密实，不应有松散、油包、油丁、波浪、泛油、封面料明显散失等现象，有上述缺陷的面积之和不超过受检面积的 0.2%。无明显碾压轮迹。

图 10-25 双钢轮初压

图 10-26 双钢轮复压

图 10-27 胶轮压路机终压

图 10-28 边部路缘石压实

10.2.4.3 质量通病及防治措施

质量通病索引见表10-9。

表10-9 质量通病索引表

序号	质量通病	主要原因分析	主要防治措施
1	路面平整度差	料底清除不净；摊铺方法不当	铣刨；平衡梁或钢丝绳
2	由于路面发生冻胀，产生的路面拱起开裂	石灰未消解；接茬处理不合理	胶轮压路机复压；热沥青灌缝

1. 路面平整度差

原因分析：

①底层平整度差。因为各类沥青混合料压实系数有差别，而虚铺厚度有薄有厚，碾压后，表面平整度则差。

②料底清除不净。沥青混合料直接倾卸在底层上，粘结在底层上的料底清除不净，或把头天的冷料、压实料胡乱摊在底层上，充当摊铺料，导致局部高突、不平整。

③摊铺方法不当。摊铺机械调平装置不稳定，或摊铺控制高程不准确，或无控高依据，或摊铺速度过快，沥青料温度不一致或松密度不同即铺筑在路面上而造成平整度差。

④碾压操作失当。一是油温过高，二是碾压速度过快，造成油料推挤，碾压无序造成平整度降低。平整度测量见图10-29。

⑤油料供应不上，机械故障，或人为因素中途停机，或在未冷却的油面上停碾，造成局部不平整。

防治措施：

①首先解决底层的平整度问题。摊铺施工过程中，每一层的平整度对上一层的平整度都很重要，要按照质量检验评定标准对路面各层严格控制、检验。特别是在保证各层压

图10-29 平整度测量

实度和纵横断面的基础上，把平整度提高标准进行控制，才能保证表面层的高质量。在实际施工过程中，如发现未摊铺面上有明显的洼兜、鼓包等现象，应提前处理（做垫层或铣刨）。

②人工摊铺时或当天施工开始和结束时，沥青混合料不应直接卸在路面上，保证底层在施工结束后没有粘结的沥青混合细料。剩余的冷料不得进行摊铺，应当加热另做他用或堆积废弃。

③机械摊铺。

a）摊铺机械应加强维修保养，防止施工过程中出现停机故障或调平系统失灵，必须经试验检验。

b）摊铺所需要的路面高程及参照下反数据应事先设定。设立道牙的道路应在道牙上弹出各层墨线，路面边缘高程一般不应以缘石、平石顶为依据，应走平衡梁或钢丝绳。

c）油料的供应必须连续，摊铺开始前，一般不得少于5辆供料车待铺，过程中不得少于3辆。沥青拌和站应配备专门人员做好料站和现场之间的沟通，如果料站出现问题应第一

时间通知现场施工员。

d）摊铺机械要按规范规定速度（2～6m/min）行进，且必须匀速行进。

④沥青混合料的碾压油温、碾压速度、碾压程序应严格按规范规定的要求控制。

a）沥青混合料的碾压油温应严格管理，设置专人、专用测温设备控制各施工阶段的油温，根据沥青品种、标号、黏度、气温条件及层铺厚度规定选择。

b）碾压程序及碾压速度：压实应按初压、复压、终压三个阶段进行，压路机应以慢而均匀的速度碾压，其碾压路线及碾压方向不应该突然改变，导致混合料推移。碾压区的长度应大体稳定，两端折返位置应随摊铺机前进而推进，横向不得在同一断面上。

2. 由于路面发生冻胀，产生的路面拱起开裂

原因分析：

①由于石灰石、石灰粉煤灰砂砾中有未消解灰块，当压实后消解膨胀，造成其上沥青混合料膨胀开裂（开花）。

②当沥青混合料分幅碾压或纵向接茬时，由于接茬处理不符合操作规程要求而造成接茬开裂。路面裂缝见图 10-30。

防治措施：

①对于碾压中出现的横向微裂缝，可在终压前，用胶轮压路机进行复压，往往可予

图 10-30　裂缝

以消除。（胶轮压路机复压完成后往往油面灰暗，相对而言平整度较难保持。）

②对由于半刚性基层开裂产生的反射裂缝，缝宽在 6mm 以内的，可用热沥青灌缝。缝宽大于 6mm 的，将裂缝内杂物处理干净后，用沥青砂或细粒式沥青混凝土进行填充、捣实，并用烙铁熨平。

10.3　水泥混凝土面层恢复

10.3.1　接茬处理

10.3.1.1　国家、行业相关标准、规范

（1）《城市道路工程设计规范》（CJJ 37—2012）

（2）《城镇道路工程施工与质量验收规范》（CJJ 1—2008）

（3）《城市道路照明工程施工及验收规范》（CJJ 89—2012）

（4）《给排水管道工程施工及验收规范》（GB 50268—2008）

（5）《道路交通标志和标线》（GB 5768—2009）

（6）《路面标线涂料》（JT/T 280—1995）

（7）《公路路基施工技术规范》（JTG F10—2019）

（8）《公路工程集料试验规程》（JTG E42—2005）

（9）《公路工程质量检验评定标准》（JTG F80/1—2017）

10.3.1.2 质量控制标准

（1）混凝土板面外观不应有露石、蜂窝、麻面、裂缝、脱皮、啃边、掉角、印痕和轮迹等现象。接缝填缝应平实、粘结牢固和缝缘清洁整齐。

（2）平整度检验要求：民航机场道面，每 50m 长测一断面，横向测点间距≤10m。高速公路，每 50m 长测一断面。路面宽 <9m，横向测 1 点。路面宽 9～15m，横向测 2 点。路面宽 >15m，横向测 3 点。

（3）横坡检验要求：民航机场道面，每 10m 长测一断面，横向测点间距≤10m。高速公路，每 100m 长测一断面。路面宽 <9m，横向测 3 点。路面宽 9～15m，横向测 5 点。路面宽 >15m，横向测 7 点。水泥混凝土面层允许偏差应符合表 10-10 的规定。

表 10-10 水泥混凝土面层允许偏差

验收项目		质量控制标准和允许误差	检验要求		验收方法
			范围	点数	
抗折强度		不小于规定合格强度	每天或每 200m³	2 组	1. 小梁抗折试件；2. 现场钻圆柱体试件作校核
			每 1000～2000m³	增 1 组	
纵缝顺直度		15mm	100m 缝长	1	拉 20m 小线量取最大值
横缝顺直度		10mm	20 条缩缝	2 条	沿板宽拉线量取最大值
板边垂直度		±5mm，胀缝板边垂直度无误差	100m	2	沿板边垂直拉线量取最大值
平整度	路面宽 <9m	5mm	50m	1	用 3m 直尺连量三次，取最大三点平均值
	路面宽 9～15m	5mm	50m	2	
	路面宽 <15m	5mm	50m	3	
相邻板高差		±3mm	每条胀缝	2	用尺量
			20 条横缝抽量 2 条	2	
纵坡高程		±10mm	20m		用水准仪测量
横度	路面宽 <9m	±0.25%	100m	3	用水准仪测量
	路面宽 9～15m	±0.25%	100m	5	
	路面宽 >15m	±0.25%	100m	7	
板厚度		±10mm	100m	2	用尺量或现场钻孔
板宽度		±20mm	100m	2	用尺量
板长度		±20mm	100m	2	用尺量两缩缝间板长
板面拉毛压槽深度		1～2mm	100m	2 块	用尺量

10.3.1.3 质量控制要点

1. 胀缝质量控制要点

①胀缝应与路面中心线垂直。缝壁必须垂直。缝隙宽度必须一致。缝中不得连浆。缝隙上部应浇灌填缝料，下部应设置胀缝板。

②胀缝传力杆的活动端可设在缝的一边或交错布置。

③固定后的传力杆必须平行于板面及路面中心线，其误差不得大于 5mm。传力杆的固

定可采用顶头木模固定或支架固定安装的方法，并应符合下列规定：

a）顶头木模固定传力杆安装方法宜用于混凝土板不连续浇筑时设置的胀缝。传力杆长度的一半应穿过端头挡板，固定于外侧定位模板中。混凝土拌合物浇筑前应检查传力杆位置。浇筑时，应先摊铺下层混凝土拌合物，用插入式振捣器振实，并应在校正传力杆位置后，再浇筑上层混凝土拌合物。浇筑邻板时应拆除顶头木模，并应设置胀缝板、木制嵌条和传力杆套。

b）支架固定传力杆安装方法宜用于混凝土板连续浇筑时设置的胀缝。传力杆长度的一半应穿过胀缝板和端头挡板，并用钢筋支架固定就位。浇筑时应先检查传力杆位置，再在胀缝两侧摊铺混凝土拌合物至板面，振捣密实后，抽出端头挡板，空隙部分填补混凝土拌合物，并用插入式振捣器振实。

2. 施工缝质量控制要点

①施工缝的位置宜与胀缝或缩缝设计位置吻合。施工缝应与路面中心线垂直。多车道路面及民航机场道面的施工缝应避免设在同一横断面上。施工缝传力杆长度的一半锚固于混凝土中，另一半应涂沥青，允许滑动。传力杆必须与缝壁垂直。

②纵缝施工方法应按纵缝设计要求确定，并应分别符合下列规定：

a）平缝纵缝：对已浇混凝土板的缝壁应涂刷沥青，并应避免涂在拉杆上。浇筑邻板时，缝的上部应压成规定深度的缝槽。

b）企口缝纵缝：宜先浇筑混凝土板凹榫的一边。缝壁应涂刷沥青。浇筑邻板时应靠缝壁浇筑。

c）整幅浇筑纵缝的切缝或压缝，应符合设计规范要求。

③纵缝设置拉杆时，拉杆应采用螺纹钢筋，并应设置在板厚中间。设置拉杆的纵缝模板，应预先根据拉杆的设计位置放样打眼。

3. 缩缝质量控制要点

缩缝的施工方法应采用切缝法。当受条件限制时，可采用压缝法。民航机场道面和高速公路必须采用切缝法。切缝法和压缝法的施工，应符合下列规定：

a）切缝法施工：当混凝土达到设计强度25%～30%时，应采用切缝机进行切割。切缝用水冷却时，应防止切缝水渗入基层和土基。切缝机具及施工工艺应符合附录三的要求。

b）压缝法施工：当混凝土拌合物做面后，应立即用振动压缝刀压缝。当压至规定深度时，应提出压缝刀，用原浆修平缝槽，严禁另外调浆。然后，应放入铁制或木制嵌条，再次修平缝槽，待混凝土拌合物初凝前泌水后，取出嵌条，形成缝槽。

10.3.1.4 质量通病及防治措施

质量通病索引见表 10-11。

表 10-11 质量通病索引表

序号	质量通病	主要原因分析	主要防治措施
1	胀缝处破损、拱胀、错台、填缝料失落	胀缝缝板歪斜；胀缝间距较长	胀缝缝板外加模板；土基和基层的强度均匀
2	混凝土板块裂缝	养生不够；角隅处的裂缝	覆盖养生；增设钢筋，加强振捣

序号	质量通病	主要原因分析	主要防治措施
3	纵横缝不顺直	模板固定不牢固；顺直度控制不严	连接紧密，整体性好，不变位；经纬仪检查
4	相邻板面高差过大	高程控制不严；基础不均匀	检查高程，随时调整；软基处理

1. 胀缝处破损、拱胀、错台、填缝料失落

原因分析：

①胀缝板歪斜，与上部填缝料不在一个垂直面内，通车产生裂缝，引起破坏。

②缝板长度不够，使相邻两板混凝土连接，或胀缝填料脱落，缝内落入坚硬杂物，热胀时混凝土板上部产生集中压应力，当超过混凝土的抗压强度时板即发生挤碎。

③胀缝间距较大，由于年复一年的热胀冷缩，使伸缩缝内掉入砂、石等杂物，导致伸缩缝宽度逐年加大，热胀时，混凝土板产生的压应力大于基层与混凝土板间的摩擦力（但未超过混凝土的抗压强度时），以致出现相邻两板拱起。胀缝间距大引起拱胀见图10-31。

④胀缝下部接缝板与上部缝隙未对齐，或胀缝不垂直，则缝旁两板在伸胀挤压过程中会上下错动形成错台。由于水的渗入使板的基层软化。或传力杆放置不合理，降低传力效果。或交通量、基层承载力在横向各幅分布不均，形成各幅运营中沉陷量不一致。或路基填方土质不均、地下水位高、碾压不密实，冬季产生不均匀冻胀。上述四种情况均会产生错台现象。

图10-31　胀缝间距大引起拱胀

⑤由于板的胀缝填缝料材质不良或填灌工艺不当，在板的胀缩和车辆行驶振动作用下，被挤出带走而脱落散失。道路拱胀见图10-32。

防治措施：

①胀缝板要放正，应在两条胀缝一个浇筑段将胀缝缝板外加模板，以控制缝板的正确位置。缝板的长度要贯通整条缝长，严格控制使胀缝中的混凝土不能连接。

②认真细致做好胀缝的清缝和灌缝操作。

图10-32　道路拱胀

a）清缝作业要点。

（a）对缝内遗留的石子、灰浆、尘土、锯末等杂物，应仔细剔除刷洗干净，胀缝要求全部贯通看得见下部缝板，混凝土板的侧面不得有连浆现象。

（b）将缝修成等宽、等深、直顺贯通的状况。

（c）用空压机的高压气流吹净胀缝并晾一下。

b）灌缝作业要点。

（a）缝口上的板面刷石灰水浆（1:2）做防粘。缝底及缝壁内涂一层冷底子油。（沥青与汽油掺和比例为 4:6 或 5:5。）

（b）将长嘴漏斗插入缝内，灌入混合料。边灌／塞边插杆、捣实，可分成两次灌／塞，灌／塞满后铲平。

（c）冷缩后用加热的"缝溜子"烫熨光平，并撒少量滑石粉。

③填缝料要选择耐热耐寒性能好，粘结力好，不易脱落的材料。目前采用的有沥青橡胶填料和聚氯乙烯胶泥。

④定期对伸缩缝填料。一般是在冬季伸缩缝间距最大时，将失效的填料和缝中的杂物剔除，重新填入新料，确保伸缩缝有效。

⑤要求土基和基层的强度要均匀。当冰冻深度较大时，要设置足够厚度的隔温垫层，如石灰稳定炉渣、矿渣层等。水泥混凝土路面应有防冻最小厚度。当对现有路基加宽时，应使新、旧路基结合良好，压实度符合有关标准要求。基层和垫层的压实工作，必须在冻结前达到要求密实度和强度。

⑥胀缝设传力杆的，传力杆必须平行于板面和中心线。传力杆要采取模板打眼或用固定支架的方法予以固定。如在浇筑混凝土过程中被撞碰移位，要注意随时调正。如果加活动端套管的，要保证伸缩有效。

⑦接缝产生挤碎面积不大，只有 1～3cm 的啃边时，可清除接缝中杂物，用沥青砂或密级配沥青混凝土补平夯实。当挤碎较严重时，可用切割机械将挤碎部分开出正规和直壁的槽形，然后清洗槽内杂物并晾干，用沥青砂或密级配沥青混凝土夯实补平。

⑧当接缝部分或裂缝部分产生轻微错台时（板间差 3cm 以内），应扫净路面用沥青砂或密级配沥青混凝土进行顺接。如错台较严重（板间差大于 3cm），且相邻两板一平顺、一翘起，要用切割机将翘起部分割去，重新浇注混凝土路面。

⑨当胀缝相邻两块板拱起损坏时，拆除破坏的混凝土板块，重新修建水泥混凝土路面。重新施工时，应去掉面层与基层之间的石粉和砂，加大面层与基层间的摩擦力。为尽快开放交通，浇注混凝土时掺早强剂，切割成 1m 以下 0.5m 以上的正方形。

2. 混凝土板块裂缝

原因分析：

①浅表层发状裂纹主要是养生不够，表层风干收缩所致。混凝土板裂缝见图 10-33。

②角隅处的裂缝，是由于角隅处于基层，接触面积较小，单位面积所承受的压力大，基层相对沉降就大，造成板下脱空，失去支承，角隅处便易断裂。角隅处振捣不实也是一个原因。

图 10-33　混凝土板裂缝

防治措施：

①混凝土板浇筑完成后，按规范规定时间（终凝）及时覆盖养生，养生期间必须保持湿润，绝不能暴晒和风干，养生时间一般不应少于 14d。

②混凝土的工作缝不得在板块中间，应设置在胀缝处。

③控制切缝时间，当混凝土达到设计强度 25%～30% 时（一般不超过 24h）可以切缝。从观感看，以切缝锯片两侧边不出现超过 5mm 毛茬为宜。

④水泥混凝土路面对路基各种沉降是敏感的，即使很小的变形也会使板块断裂，因此对路基和基层的密实度、稳定性、均匀性应更严格要求。

⑤角隅处要注意对混凝土的振捣，必要时可加设钢筋。软路基路段，可作加固设计做成钢筋混凝土路面板。

⑥控制拌制混凝土所用原材料，特别是水泥的技术指标，要符合相应标准要求。

⑦混凝土振捣时，注意底基层振捣密实。防止发生过振产生混凝土分层。

⑧注意处理好真空吸水搭接处，半幅路施工浇注中防止混凝土振动开裂等特殊问题。

3. 纵横缝不顺直

横缝不顺直见图 10-34。

原因分析：

纵缝：

①主要是模板固定不牢固，造成混凝土浇筑过程中跑模。

②模板直顺度控制不严。

③成活过程中，没有用抹子压边修饰，砂浆毛刺互相搭接，影响直顺度。

图 10-34　横缝不顺直

横缝：

①胀缝，主要是分缝板移动、倾斜、歪倒造成不顺直。

②缩缝，主要是切缝操作不细、要求不严，造成弯曲。

防治措施：

纵缝：

①模板的刚度要符合要求，板块与板块之间要连接紧密，整体性好，不变位。模板固定在基层上要牢固，要具有抵抗混凝土侧压力和施工干扰的足够强度。

②应严格控制模板的直顺度。应用经纬仪控制安装，同时在浇筑过程中还要随时用经纬仪检查，如有变位要及时调正。

③在成活过程中，对板缝边缘要用"L"形抹子抹直、压实。

横缝：

①要保证胀缝缝板的正确位置，必须采取胀缝外加模板，以固定胀缝板不移动。

②砂轮机切缝。要事先在路面上扣好直线，沿直线仔细操作，严防歪斜。

4. 相邻板面高差过大

相邻板面高差大见图 10-35。

原因分析：

①主要是对模板高程控制不严，在摊铺、振捣过程中，模板浮起或下降，或者混凝土

图 10-35　相邻板面高差大

板面高程未用模板顶高控制，都可能是造成混凝土板顶高偏离的原因。

②未注意与相邻已完板面高度是否匹配，造成与相邻板的高差。

③由于相邻两板下的基础一侧不实，通车后造成一侧沉降。

防治措施：

①按规范要求用模板顶高程控制路面板高程。

②在摊铺、振捣过程中要随时检查模板高程的变化，如有变化应及时调整。

③在摊铺、振捣、成活全过程中，应时刻注意与相邻已完板面高度相匹配。

④对土基、基层的密实度、强度与柔性路面一样也应严格要求，对薄弱土基同样应做认真处理。

10.3.2 浇筑

10.3.2.1 国家、行业相关标准、规范

（1）《城市道路工程设计规范》（CJJ 37—2012）

（2）《城镇道路工程施工与质量验收规范》（CJJ1—2008）

（3）《城市道路照明工程施工及验收规范》（CJJ 89—2012）

（4）《给排水管道工程施工及验收规范》（GB 50268—2008）

（5）《道路交通标志和标线》（GB 5768—2009）

（6）《路面标线涂料》（JT/T 280—1995）

（7）《公路路基施工技术规范》（JTG F10—2019）

（8）《公路工程集料试验规程》（JTG E42—2005）

（9）《公路工程质量检验评定标准》（JTG F80/1—2017）

10.3.2.2 质量控制标准

在进行混凝土浇筑前，必须要做好相关的准备工作，确保各种机械设备正常运转使用，技术人员和普通工人到位，供电供水系统完善且工作正常，各方面协调合理后才能进行混凝土浇筑工作。混凝土路面浇筑施工见图 10-36。

图 10-36 混凝土路面浇筑

10.3.2.3 质量控制要点

（1）混凝土拌合物应采用机械搅拌施工，其搅拌站宜根据施工顺序和运输工具设置，搅拌机的容量应根据工程量大小和施工进度配置。施工工地有备用的搅拌机和发电机组。

（2）投入搅拌每盘的拌合物数量，应按混凝土施工配合比和搅拌机容量计算确定，并应满足以下要求：

①路面混凝土最大水灰比和最小单位水泥用量应符合《城镇道路工程施工与质量验收规范》（CJJ 1—2008）的规定。最大单位水泥用量不宜大于 $400kg/m^3$。

②严寒地区路面混凝土抗冻标号不宜小于 F250，寒冷地区不宜小于 F200。

③配合比调整时，水灰比不得增大，单位水泥用量、钢纤维体积率不得减小。

④施工期间应根据气温和运距等的变化，微调外加剂掺量，微调加水量与砂石料称量。

⑤当需要掺加粉煤灰时，对粉煤灰原材料及配合比设计的其他相关要求应参照国家现行标准《公路水泥混凝土路面施工技术细则》（JTG/T F30—2014）的有关规定执行。

（3）搅拌第一盘混凝土拌合物前，应选用适量的混凝土拌合物或砂浆搅拌，拌后排弃，然后再按规定的配合比进行搅拌。

（4）搅拌机装料顺序，宜为砂、水泥、碎（砾）石，或碎（砾）石、水泥、砂。进料后，边搅拌边加水。

（5）混凝土拌合物每盘的搅拌时间，应根据搅拌机的性能和拌合物的和易性确定。混凝土拌合物的最短搅拌时间（即自材料全部进入搅拌鼓起，至拌合物开始出料止的连续搅拌时间）应符合表10-12的规定。搅拌最长时间不得超过最短时间的3倍。

表10-12　混凝土拌合物最短搅拌时间

搅拌机容量（L）		转速（r/min）	搅拌时间（s）	
			低流动性混凝土	干硬性混凝土
自由式	400	18	105	120
	800	14	165	210
强制式	375	38	90	100
	1500	20	180	240

（6）混凝土拌合物的运输，宜采用自卸机车运输。当运距较远时，宜采用搅拌运输车运输。混凝土拌合物从搅拌机出料后，运至铺筑地点进行摊铺、振捣、做面，直至浇筑完毕的允许最长时间，由试验室根据水泥初凝时间及施工气温确定，并应符合表10-13的规定。

表10-13　混凝土从搅拌机出料至浇筑完毕的允许最长时间

施工气温（℃）	允许最长时间（h）
5～10	2
10～20	1.5
20～30	1
30～35	0.75

（7）装运混凝土拌合物，不应漏浆，并应防止离析。夏季和冬季施工，必要时应有遮盖或保温措施。出料及铺筑时的卸料高度，不应超过1.5m。当有明显离析时，应在铺筑时重新拌匀。

（8）模板宜采用钢模板。模板的制作与立模应符合设计及相关规范有关规定。

（9）混凝土拌合物摊铺前，应对模板的间隔、高度、润滑、支撑稳定情况和基层的平整、润湿情况以及钢筋的位置和传力杆装置等进行全面检查。

（10）混凝土拌合物的摊铺，应满足以下要求：

①采用轨道摊铺机铺筑时，最小摊铺宽度不宜小于3.75m，并选择适宜的摊铺机；坍落度宜控制在20～40mm。

②施工钢筋混凝土面层时，宜选用两台箱型轨道摊铺机分两层两次布料。

③下层混凝土的布料长度应根据钢筋网片长度和混凝土凝结时间确定，且不宜超过20m。

（11）混凝土拌合物的振捣，应满足以下要求：

①轨道摊铺机应配备振捣器组，当面板厚度超过 150mm、坍落度小于 30mm 时，必须插入振捣。

②轨道摊铺机应配备振动梁或振动板对混凝土表面进行振捣和修整。使用振动板振动提浆饰面时，提浆厚度宜控制在 4mm ± 1mm。

③面层表面整平时，应及时清除余料，用抹平板完成表面整修。

（12）干硬性混凝土搅拌时可先增大水灰比，浇筑后采用真空吸水工艺再将水灰比降低，以提高混凝土在未凝结硬化前的表层结构强度。

（13）混凝土拌合物整平时，填补板面应选用碎（砾）石较细的混凝土拌合物，严禁使用纯砂浆填补找平。经用振动梁整平后，可再用铁滚筒进一步整平。设有路拱时，应使用路拱成形板整平。整平时必须保持模板顶面整洁，接缝处板面平整。

（14）混凝土板做面，应符合设计及相关规范有关规定。

10.3.2.4 质量通病及防治措施

质量通病索引见表 10-14。

表 10-14 质量通病索引表

序号	质量通病	主要原因分析	主要防治措施
1	路面产生不规则微裂缝	水泥使用不当；骨料质量不合适	选择低热水泥；添加外加剂
2	路面出现通缝	水化热；路基质量差	设置胀缝；切缝灌实
3	路面产生起皮、起砂的现象	离析；混凝土受冻；过早通车	不漏振、过振；覆盖洒水养护
4	路面平整度差	接缝处理不当，施工不当	翻拌均匀；避免过振或漏振

1. 路面产生不规则微裂缝

原因分析：

①水泥使用不当引起的路面微裂缝。

②骨料质量不合适造成早期微裂缝的产生。

防治措施：

①所选用水泥品种不适合施工环境。应根据现场环境、气温等条件及水泥品种的特性合理选用水泥品种。

②通过外加剂来提高混凝土强度、增加和易性和节约水泥，或在冬期施工中提高混凝土强度和抗冻性，或调整夏季施工混凝土的初凝时间，但使用不当或计量不准确也容易产生微裂缝。表面裂缝处置见图 10-37。

③首先避免在大风、炎热的天气条件下施工。其次要对新浇筑的混凝土进行遮盖、挡风和及时湿养护，保持混凝土表面湿润，养护时间一般不少于 7d。

图 10-37 表面裂缝处置

2. 路面出现通缝

原因分析：

①混凝土收缩产生通缝。混凝土在凝固过程中，水泥中活性物质与水发生化学反应，产生水化热，致使混凝土路面温度全面升高。根据资料显示及现场实际测量，采用普通硅酸盐水泥配制 C30 混凝土，用塑料薄膜覆盖养护，在混凝土浇筑 24h 内，温度升高 30~50℃，混凝土的线膨胀系数 $c=10 \times 10^{-6}/℃$，混凝土道路在 100m 的长度内，当混凝土由于水化反应提高温度高于外界温度 30℃时，恢复至环境温度后，混凝土收缩长度为 30mm，而混凝土的极限拉伸率只有 0.1~0.15mm/m，故混凝土的收缩长度足以使路面产生裂缝。另外，由于水泥中的有效成分在发生化学反应结晶后，晶体体积收缩，在混凝土内部产生拉应力，当拉应力积蓄到一定程度，超过混凝土自身抗拉强度时，混凝土路面也容易在较薄弱的地方被拉断，产生通缝。

②路基质量差产生通缝。路基质量达不到设计要求或路基被水浸泡后软化，在上部荷载作用下发生沉降变形引起路面断裂产生通缝。要避免这种情况的产生，就要加强监管力度，提高施工人员的质量意识，发现问题及时处理，保证路基达到设计要求，同时应避免雨季道路施工。

③面层施工质量差产生通缝。

防治措施：

①为防止路面断裂，通常在长 100~200m 范围内设置胀缝。具体设缝间距可根据环境温度适当调整，如果外部施工环境温度过高，胀缝的间距可略大一点，反之，间距可略小一些。胀缝的施工方法为，在胀缝设置处沿路面横断面做一个 20mm 厚的弹性材料隔断层，一般为沥青麻丝、经防腐处理的软木板等。也可用涂刷过沥青的桐木板，在施工过程中根据需要安放，待混凝土强度增长后，用切割机沿木板小心地剔出一部分，用沥青灌缝。这种做法简单方便，整齐美观。

②除了按要求设置胀缝外，还应设置缩缝。缩缝的设置是为防止混凝土在化学反应过程中因收缩产生拉应力而导致不规则裂缝的产生。缩缝间距通常为 3.5~6m，同时也可根据混凝土道路的宽度设定，一般混凝土路面切割后板块面积以不大于 25m² 为宜。缩缝的施工方法比较简单，沿道路横向切一条直缝，深度为道路厚度的 1/4~1/3，切缝清理干净后，用沥青将切缝灌实。通过沥青灌缝使道路有一定的收缩、膨胀的余地。

3. 路面产生起皮、起砂的现象

原因分析：

①使用质量不合格、过期或受潮水泥配制混凝土易产生离析、凝固不好等现象，导致路面起皮、起砂。表面起砂见图 10-38。

②骨料中含泥量超标、骨料表面粘附着灰尘等杂质，混凝土浇筑后泥浆浮在表面，当混凝土凝固后，表面强度较低，在外部荷载作用下容易破坏。

③道路的表面积大，混凝土中的水分容

图 10-38 表面起砂

易蒸发，尤其遇到高温、大风、干燥天气混凝土失水速度更快，往往来不及进行第三次压实抹光，混凝土表面就已经产生塑性干缩裂缝，这时工人往往在表面洒水，同时加少量水泥，进行压实抹光。其实，在路面上洒水、加水泥很难与原有混凝土结合成一个整体，而出现起皮、起砂现象。

④道路混凝土浇筑后，未采取有效的养护措施，影响水泥水化反应正常进行，减缓硬化速度，甚至停止硬化，致使表面水分丧失过多，表面强度大大降低，引起路面起皮、起砂。

⑤混凝土路面在尚未达到足够的强度时，人或车辆过早、过频地行走，使混凝土路面遭受破坏，导致起皮、起砂。

⑥施工中气温过低，保温措施不当，致使混凝土受冻，影响强度增长，导致道路起皮、起砂。

防治措施：

①不随意往混凝土搅拌车内加水，施工路基不能有积水，更不可过量洒水做面层。防止增大水灰比而影响路面强度和耐磨性。

②不漏振不过振，抹面应及时。出现泌水时不能简单采用撒干水泥粉的抹面处理方法。

③终凝后的混凝土表面不能雨淋，在混凝土终凝后应立即采取覆盖措施（比如草袋、麻袋、塑料薄膜等）。每天均匀洒水养护，始终保持混凝土处于潮湿状态，直至养护期满。

④施工后要注意及时养护，既要防止混凝土表面硬化之前被雨水冲刷造成混凝土表面水灰比过大，又要防止混凝土中的水分在表层建立起强度之前散失。尤其是掺有粉煤灰或矿渣的混凝土，由于其早期强度较低，表层没有足够多的水化产物来封堵表层大的毛细孔，若不注意早期充分的湿养护，混凝土表层水分散失较快较多，表层水泥得不到充分的水化，也会导致表层混凝土强度偏低，结构松散。通常，在混凝土接近终凝时，要对混凝土进行二次抹面（或压面），使混凝土表层结构更加致密。

4. 路面平整度差

原因分析：

①质量管理部门未进行质量技术交底，或一线施工人员责任心差，未按照相关的技术规程施工。路面高差过大见图 10-39。

②测量仪器存在误差，同时施工组织不合理，任意留置施工缝，且接缝处理不当。

防治措施：

①对拌和不匀或运料发生离析的混合料，摊铺前须重新翻拌均匀，否则不得进行下道工序施工，摊铺时混凝土不得抛掷，尤其是近模处要反扣铁锹铺放。摊铺高度要考虑振捣下沉值并尽量铺平。

②应用平板振捣器纵横全面振捣，相邻行列重叠 20cm 左右，防止漏振。既要防

图 10-39 路面高差过大

止漏振或振捣不足，也要防止振捣过度，以混合料停止下沉、表面泛浆不再冒泡为度，以免产生分层离析。应用振捣棒（插入式振捣器）仔细振捣，能减少接缝处的微鼓峰脊现象。

③振动梁移动速度不宜过快，每分钟约 1m 即可。边振拖边找补，直至表面平实为止。

经常检查振动梁有无下挠变形，应及时修正更换。

④先清净模顶砂浆，以保证提浆棒紧贴模顶拖滚。拖滚时若发现显露石子，可使提浆棒一头不动，另一头提起轻击数次，使其浆复平平实。

⑤购置滤布应先了解滤布缩水率大小，适当加大所需尺寸。脱水开始应采用 400mmHg 真空度，3～5min 内逐步上升到 600mmHg，以防开始便采用高真空度使表层过早致密，堵塞下层出水通道，影响脱水效果。结束前也应逐渐减弱真空度并先掀开吸垫四角，以利残留水排出。

10.3.3 养护

10.3.3.1 国家、行业相关标准、规范

（1）《城市道路工程设计规范》（CJJ 37—2012）

（2）《城镇道路工程施工与质量验收规范》（CJJ 1—2008）

（3）《城市道路照明工程施工及验收规范》（CJJ 89—2012）

（4）《给排水管道工程施工及验收规范》（GB 50268—2008）

（5）《道路交通标志和标线》（GB 5768—2009）

（6）《路面标线涂料》（JT/T 280—1995）

（7）《公路路基施工技术规范》（JTG F10—2019）

（8）《公路工程集料试验规程》（JTG E42—2005）

（9）《公路工程质量检验评定标准》（JTG F80/1—2017）

10.3.3.2 质量控制要点

混凝土板做面完毕，应及时养护。养护应根据施工工地情况及条件，选用湿治养护和塑料薄膜养护等方法。

（1）洒水养护应符合下列规定：

①宜用草袋、草帘等，在混凝土终凝以后覆盖于混凝土板表面，每天应均匀洒水，经常保持潮湿状态。面层洒水养护见图 10-40。

②昼夜温差大的地区，混凝土板浇筑后 3h 应采取保温措施，防止混凝土板产生收缩裂缝。

③混凝土板在养护期间和填缝前，应禁止车辆通行。在达到设计强度的 40% 以后，方可允许行人通行。

图 10-40　面层洒水养护

④养护时间应根据混凝土强度增长情况而定，一般宜为 14～21d。养护期满方可将覆盖物清除，板面不得留痕迹。

（2）塑料薄膜养护应符合下列规定：

①塑料薄膜溶液的配合比应由试验确定。薄膜溶剂一般具有易燃或有毒等特性，应做好贮运。混凝土面层薄膜养护见图 10-41。

②塑料薄膜施工，宜采用喷洒法。当混凝土表面不见浮水和用手指压无痕迹时，应进行喷洒。

图 10-41　混凝土面层薄膜养护

③喷洒厚度以能形成薄膜为宜。用量宜控制在每千克溶剂洒 $3m^2$。

④在高温、干燥、刮风时，在喷膜前后，应用遮阴棚加以遮盖。

⑤养护期间应保护塑料薄膜的完整，当破裂时应立即修补。薄膜喷洒后 3d 内应禁止行人通行，养护期和填缝前禁止一切车辆行驶。

（3）模板的拆除，应符合下列规定：

①拆模时间应根据气温和混凝土强度增长情况确定，采用普通水泥时，一般允许拆模时间，应符合表 10-15 的规定。

表 10-15　混凝土板允许拆模时间

昼夜平均气温（℃）	允许拆模时间（h）
5	72
10	48
15	36
20	30
25	24
30 以上	18

注：①允许拆模时间自混凝土成型后至开始拆模时计算。②使用矿渣水泥时，允许拆模时间宜延长 50%～100%。

②拆模应仔细，不得损坏混凝土板的边、角，尽量保持模板完好。

（4）混凝土板达到设计强度时，可允许开放交通。当遇特殊情况需要提前开放交通时（不包括民航机场跑道和高速公路），混凝土板应达到设计强度 80% 以上，其车辆荷载不得大于设计荷载。混凝土板的强度，应以混凝土试块强度作为依据，也可按现行《钢筋混凝土工程施工及验收规范》中的温度、龄期对混凝土强度影响的规定执行。

10.4 "白改黑"施工

10.4.1 水泥混凝土破碎

10.4.1.1 国家、行业相关标准、规范

（1）《公路沥青路面再生技术规范》（JTG F41—2008）

（2）《硬质道路石油沥青》（GB/T 38075—2019）

（3）《城镇道路工程施工与质量验收规范》（CJJ 1—2008）

10.4.1.2 质量控制标准

1. 水泥混凝土破碎技术质量控制标准

在进行充分碾压后，要求水泥混凝土破碎率达到 75%，表面粒径最大尺寸不超过 7.5cm，中间层不超过 22.5cm，底部不超过 37.5cm。以上检验应在碾压 2 遍稳定后通过刨根过筛或卡尺检测。

2. 破碎顺序和搭接

破碎顺序应先从路面高处向低处过渡，路面沥青混合料摊铺也按此顺序进行，以避免由于先摊铺低处路面造成排水不畅。破碎长度应超过一个车道，搭接宽度在 15cm 以上。对于水泥混凝土左右两幅面板中缝应进行搭接破碎，以保证彻底消除中缝的反射缝问题。

10.4.1.3 质量控制要点

（1）碎石化过程中，要注意单幅路面破碎长度超过 1km 时，每 1km 要补充 1 个试坑验证粒径是否满足要求，如果不满足要做小幅调整。在此过程中无须继续检测回弹模量指标，而以试坑粒径状况与试验段有无明显差别作为判断是否合格的依据。

（2）同一条路由于地质状况、路面强度的不一致，因此会产生不同的破碎程度，施工期间根据实际破碎状况及时调整冲压遍数，以防止出现过度破碎与破碎不够等现象。对于局部出现面积大于 1m² 的破碎混凝土面板时，调整设备破碎宽度，进行局部补充破碎，以保证破碎质量。

（3）对于下卧层强度差异较大的不同路段，要作不同的设备参数控制，可在其中一段控制参数的基础上，作小幅调整以满足其他段的破碎要求。

（4）对粒径的确认应通过开挖试坑后卷尺结合目测的方式进行（试坑面积为 1m×1m，深度要求达到基层），试坑位置的选取应有随机性。

（5）碎石化后路面顶面现场承载板回弹模量检测［检测方法见《公路路基路面现场测试规程》（JTG E60—2008）］：在经过 Z 型压路机碾压 1～3 遍使粒径达到施工工艺要求后，采用钢轮振动压路机碾压 1～3 遍，再进行路面顶面现场承载板回弹模量检测。分别选择原路面板完好路段、半填半挖路段。确定承载板试点时，每组数据（代表值）要有 3 个测点，尽可能选择状况一致的点，每路段选择 1～2 组数据。回弹模量应满足碎石化的要求。碎石化后喷洒乳化沥青并碾压后进行路面弯沉值检测（用贝克曼梁弯沉测定法）。

（6）多锤头破碎前，先清除沥青材料、填料等杂物，挖出严重破碎板块后回填碎石。多锤头破碎见图 10-42。

（7）尽可能封闭交通，待全部路面结构完成后开放交通。对于重交通路段，需开放交通时，路面破碎及封油后可以临时开放交通但应尽快铺筑加铺层，尽量缩短碎石化层通车时间。

图 10-42　多锤头破碎

（8）施工过程中主要控制好破碎粒径、碾压顺序及碾压遍数，机械操作人员应与质检人员合作，不定期检测路面破碎情况，以确保破碎质量。多锤头破碎后采用 Z 型压路机碾压 1～3 遍。严格控制振动压路机碾压遍数，振动压路机碾压会产生过多粉料，透层油难以下渗，不利于贯入式沥青层。碎石化施工质量控制标准及检测频率应符合表 10-16 的规定。

表 10-16 碎石化施工质量控制标准及检测频率

项次	检查内容	标准	保证率	检查方法
1	顶面粒径	<7.5cm	75%	直尺，20m 一处
2	中部粒径	<22.5cm	75%	直尺，试验段 50m 一处，正常施工不均匀抽检 5%
3	下部粒径	<37.5cm	75%	直尺，试验段 50m 一处，正常施工不均匀抽检 5%
4	顶面当量回弹模量	120～500MPa	75%	承载板，试验段 50m 一处，正常施工不均匀抽检 5%
5	平整度	<2cm	75%	3m 直尺，200m 两处
6	纵断高程	± 2cm	75%	水准仪，200m 两处
7	横坡	± 0.5%	75%	水准仪，200m 两处

10.4.1.4 质量通病及防治措施

质量通病索引见表 10-17。

表 10-17 质量通病索引表

序号	质量通病	主要原因分析	主要防治措施
1	水泥混凝土路面破碎粒径不符合要求导致反射裂缝	碎石化的粒径不符合要求	试验确定参数

水泥混凝土路面破碎粒径不符合要求导致反射裂缝

原因分析：

水泥混凝土路面碎石化容易出现粒径不在范围要求内，水泥混凝土破碎后应顶面粒径较小，下部粒径较大。一般情况下应要求把 75% 的水泥混凝土路面破碎成表面最大尺寸不超过 7.5cm，中间不超过 22.5cm，底部不超过 37.5cm 的粒径。路面碎石化的粒径是控制基层强度及新加铺路面不出现早期反射裂缝的关键参数，作为控制碎石化工艺的关键指标，后期易出现反射裂缝。

防治措施：

①在路面碎石化施工正式开始之前，应根据路况调查资料，由业主召集相关单位参加会议，在有代表性的路段选择至少长 50m、宽 4m（或一个车道）的路面作为试验段。根据经验一般取落锤高度为 1.1～1.2m，落锤间距为 10cm，逐级调整破碎参数对路面进行破碎，目测破碎效果，当碎石化后的路表呈鳞片状时，表明碎石化的效果能满足规定要求，记录此时采用的破碎参数。

②为了确保路面被破碎成规定的尺寸，在试验区内随机选取 2 个独立的位置开挖 1m² 的试坑，试坑的选择应避开有横向接缝或工作缝的位置。试坑开挖至基层，以在全深度范围内检查碎石化后的颗粒是否在规定的颗粒范围内。如果破碎的混凝土路面颗粒没有达到要求，那么设备控制参数必须进行相应调整，并相应增加试验区，循环上一过程，直至要求达到满足，并记录符合要求的 MHB 碎石化参数备查。

10.4.2 面板脱空处理

10.4.2.1 国家、行业相关标准、规范

（1）《公路路基路面现场测试规程》（JTG E60—2008）

（2）《公路路基施工技术规范》（JTG/T 3610—2019）

（3）《公路水泥混凝土路面施工技术细则》（JTG/T F30—2014）

（4）《公路路面基层施工技术细则》（JTG/T F20—2015）

（5）《水泥混凝土路面嵌缝密封材料》（JT/T 589—2004）

（6）《沥青路面用木质素纤维》（JT/T 533—2004）

（7）《公路水泥混凝土路面再生利用技术细则》（JTG/T F31—2014）

10.4.2.2 质量控制标准

（1）注浆指标要求：水灰比 0.4～0.6，压浆压力小于 2.0MPa，推荐的配合比为水泥∶粉煤灰∶水∶早强剂∶铝粉 =1∶1∶1∶0.16∶0.001，粉煤灰应选用 Ⅱ级粉煤灰，具体参数及配合比以现场试验为准，要求水泥浆液流动度≤140s，粘度≤49×10^{-3}Pa·s，泌水率≤1.0%，膨胀率 >0.02%，12h 抗压强度应达到 3.5MPa，3d 抗压强度不小于 10MPa。

（2）结合现场压浆实践，脱空板注浆质量检查验收评价指标如下：弯沉值要求小于0.2mm，同时每批次检测结果中小于 0.1mm 的弯沉值比例应大于 90%，并采用路面雷达按不小于 30% 的比例对板底注浆部位进行抽检，对于不满足要求的部位，可以采用抽芯进行验证，若仍不满足要求，应重新注浆直至满足要求。

10.4.2.3 质量控制要点

目前国内常用的脱空检测方法主要有目测法、贝克曼梁弯沉测定法、FWD 多级加载法、路面雷达扫描法以及路面钻芯法。结合目前现有的检测设备和工程现场条件，本工程旧路面板块脱空判定以诚安检测的路面雷达扫描结果为主，辅以人工目测法和弯沉检测法进行判断。

1. 目测法（经验判断法）

目测法是通过肉眼观察接缝、裂缝、唧泥等情况初步判定脱空。常用的板底脱空区的定性判断方法有以下几种：

①雨后观察是否有唧泥现象。

②重型车辆驶过时，明显感觉到两块板之间有较大的相对垂直位移和板块翘动，并伴有一定的空洞声响时就可确定为板底已脱空。

③板角相邻两条缝的填缝材料产生严重剥落破坏。

④相邻板出现错台 5mm 以上时，位置较低板一般有脱空存在。

⑤板的接缝和裂缝产生唧泥的位置（一般在行车道或路肩的接缝和裂缝附近有积存的细屑）。

2. 贝克曼梁弯沉测定法

①对目测外观不易判断的板块，结合弯沉检测判定脱空板、确定压浆位置。

②凡弯沉值超过 0.2mm 的，应确定为脱空。

③板的接缝两侧弯沉差大于 0.06mm 的，应确定为脱空。

3. 脱空弯沉检测要点

①使用 5.4m 长杆贝克曼梁，后轴重 10t 的 BZZ-100 重型加载车。

②路面每幅每条横向接缝或裂缝测 4 个点位，测点在接、裂缝两侧的 4 个角点上。

③弯沉仪的测点与支座应放在交叉板上，后轮着地矩形的边缘离横向接缝的距离不大于 10cm。

④贝克曼梁的变位感应支点尽量接近缝边，不必将感应支点落在两轮胎之间的间隙处。

⑤贝克曼梁的中间支点及百分表支座点，应与变位感应点保持相隔一道缝，尽可能落在交叉板上，不能落在同一块面板块上，待弯沉车驶离测试板块，方可读取百分表值。

10.4.2.4 质量通病及防治措施

质量通病索引见表 10-18。

表 10-18　质量通病索引表

序号	质量通病	主要原因分析	主要防治措施
1	水泥路面脱空	弯沉变形	压浆处置；冲击压实

水泥路面脱空

板底脱空见图 10-43。

原因分析：

当重车荷载作用于路面上时，面层板会产生弯沉变形，从而使路基产生一定量的变形，虽然每次荷载作用后路基所残留的塑性变形量极其微小，经过数百万、数千万次荷载作用后的累积，塑性变形量就相当可观了。理论上，荷载作用于路面板上不同部位时，所产生的弯沉量是不同的，板角隅处大于板边缘处，而板中部的量最

图 10-43　板底脱空

小。由于不同部位板的弯沉量有所差异，路基的累计塑性变形量也不同，在板角隅下为最大，板边缘下次之，板中下部最小。

防治措施：

将检测的弯沉数据与所确定的脱空弯沉控制指标进行比照，判定出脱空的板块和脱空位置，当板块存在脱空时，采用所拟定的处置方案进行脱空处置。

①压浆处置技术。压浆处置的流程包括钻孔、清孔、配料、灌浆、堵孔及清扫等工序。压浆处置过程中应注意：

a）超车道和行车道压浆的钻孔位置需要根据实际的道路状况、路面损坏情况做出适当的调整。

b）为了达到自流灌满的效果，必须选用适宜的外加剂，通过调整配比，使灌浆液达到要求的流动度且尽可能减小流动度损失。

②冲击压实处置技术。冲击压实多采用五边形的重型冲击压路机。当钢轮滚动时，利用钢轮轮面与路面的阻力作用，使轮轴反复抬升和落下，从而使钢轮对路面产生冲击力。

冲击压路机在冲击旧水泥混凝土路面板的同时，还将冲击影响到路基以下，能检查出旧路面的薄弱部位，消除旧水泥混凝土路面板下的脱空，并起到加固地基的作用。

10.4.3 面板表面处理

10.4.3.1 国家、行业相关标准、规范

（1）《公路工程土工合成材料试验规程》（JTG E50—2006）
（2）《公路土工合成材料应用技术规范》（JTG/T D32—2012）
（3）《公路工程沥青及沥青混合料试验规程》（JTG E20—2011）
（4）《公路工程集料试验规程》（JTG E42—2005）
（5）《市政工程地质勘察规范》（DB J50—174—2014）
（6）《路面稀浆罩面技术规程》（CJJ/T 66—2011）

10.4.3.2 质量控制标准

通过对旧水泥混凝土路面进行灌浆、更换旧水泥混凝土路面破碎板、增设抗裂补强钢筋、更换填缝料等处置措施，减少其作为新道路下卧结构层时的应力集中状况。在铺筑沥青罩面层前加铺砂粒式沥青混凝土缓冲层、加铺土工布、经编复合增强防裂布和聚酯玻纤布，提高新道路面层的抗变形能力。采用多种处置措施综合防治反射裂缝的形成与扩展，有效增强旧水泥混凝土路面沥青罩面改造完成后路面实体抵抗反射裂缝的能力。

10.4.3.3 质量控制要点

1. 坏板的处理

如个别混凝土板已被压烂、压碎，不能继续使用，则必须将旧板彻底砸除，将混凝土石渣挖出外运，然后重新浇注标号不低于原路面的水泥混凝土。将旧板破碎时，不得使用大油锤，可采用人工或小型号油锤破碎的方法，破碎后不得采用装载机下去铲装，可采用人工将碎石搬出的方法，以严格避免施工扰动更深的底基础。二要注意破碎时不要损坏相邻混凝土板，同时石渣土清除后还要清除坑底浮土，注意相邻板的下面是否有空洞等，如有，也必须同样处理。重新浇注混凝土后，要严格按照规范要求进行振捣、赶光、拉毛、养护等施工，最后尽早切割好与相邻板的伸缩缝，以防天气炎热造成混凝土板胀裂。

2. 顺接段施工

在原水泥混凝土路面与沥青混凝土路面的纵向顺接段，由于混凝土路面上要铺沥青混凝土从而造成新旧路面高程不一致，因此要进行二者顺接段施工处理。处理方法是将接头处长约10～15m的混凝土板按处理坏板的方法砸除，重新按顺接高程要求浇注混凝土路面，为保证顺接处的施工质量，往往还要在新浇注混凝土路面布设钢筋网及传力杆，形成钢筋混凝土底基层。

3. 接缝处理

伸缩缝处理是基层处理施工中的重要内容。首先采用割缝机对缝隙进行割缝清理，然后用灌缝机向清理后的缝中灌注沥青玛蹄脂，割缝机清缝主要是将缝中的杂物彻底清除，清缝时要保证一定的锯深，即清出的缝要有足够的深度，一般最少也要8～10cm，清除后要及时打扫附近卫生并尽快进行灌缝，以免杂物再次进入缝隙。

灌缝指向清出的伸缩缝中灌注沥青玛蹄脂，一般由专用的灌缝机来完成。灌缝前要调整好灌缝机，使流出的沥青玛蹄脂油底细腻、均匀。灌缝要有专门的操作人员来完成，灌缝时速度要慢，要保证缝中的沥青玛蹄脂均匀密实，使之慢慢静化凝固。灌缝施工还要尽量选择在气温适宜的时段施工，天气炎热时，可采取夜间施工，以防止过高的气温使浇灌的沥青玛蹄脂表面出现小气泡，影响质量。

4. 错台处理

常年的车流可能造成相邻旧混凝土板高低不平，形成错台现象。错台现象不但会对新铺的沥青混凝土路面平整度产生影响，而且完工后新铺的沥青混凝土路面也会在此处形成裂缝，严重影响工程质量，因此必须进行处理。处理方法视相邻板的错台严重程度而定：

当错台较小（不高于 5mm 时），可用人工将稍高板的高出部位按倒三角断面凿一部分，使二者处在同一水平面上。

当错台较大（大于 5mm 小于 3cm）时，不但要将稍高板凿一部分，还要在稍低板上洒 $1.2kg/m^2$ 的乳化沥青透层油，并铺上一层细细的沥青砂混合料，用衬平的方式使二者处在同一水平面上。

当错台大于 3cm 时，就要像处理坏板的方法那样将下沉板破除，重新浇注新混凝土板补强。

5. 卫生清扫及其他

洒热沥青、铺土工布之前还有一项重要的工作就是搞好混凝土基层表面的处理与卫生清扫工作。原混凝土路面上所有的突出棱角都要清除。为保证平整度，原路面上的路面标线也都必须进行人工清除。为了保证旧混凝土路面与新铺沥青路面很好地结合，对混凝土路面上光滑的部分区域要采用专用的混凝土铣刨设备进行拉毛施工。

6. 土工布铺设与沥青混凝土路面摊铺

原水泥混凝土路面变成路基的施工完毕后，即可进行热沥青喷洒、土工布铺设以及沥青混凝土路面的摊铺施工。土工布遇水便失去其应有作用，所以施工前一定要充分了解当地的天气预报，详细掌握天气变化趋势，若有雨天可能出现时，坚决不能施工。

混凝土基层处理完毕并全部清扫干净后，利用专门大吨位沥青路面喷洒机将粘层油加热至 150～170℃后进行仔细喷洒，喷洒时一定要喷均匀（严格掌握"喷薄了不行，喷厚了也不行，个别地方没喷到更不行"的原则），喷洒量控制在 $1.2kg/m^2$ 左右为宜。

在粘层油高温状态下利用专用设备迅速及时铺设土工布，铺时要求平整无褶皱，局部不到位时采用人工辅助处理，接口处要相互搭接 15cm，铺完后及时采用胶轮压路机碾压，保证土工布与热沥青粘接密实。

7. 沥青混凝土面层的摊铺施工

土工布铺设完成后，要马上转入沥青混凝土面层的施工，除按正常摊铺方法进行施工外，还要特别注意以下几点：

①摊铺速度不能过快，防止摊铺机履带碾坏土工布。

②分幅施工时，摊出的沥青混凝土不能将土工布全盖住，边部至少留出 10cm 左右便于以后搭接土工布。

③除即将卸料摊铺的运料车外，其余车辆都要在土工布以外区域等候。料车在土工布上倒车时要缓慢，严禁急刹车，严禁转弯、调头等，防止轮胎搓烂土工布。

10.4.3.4　质量通病及防治措施

质量通病索引见表10-19。

表 10-19　质量通病索引表

序号	质量通病	主要原因分析	主要防治措施
1	路基不均匀沉降	填料控制不当	严禁采用建筑垃圾、工业垃圾填筑路基
2	特殊地基路段，路基防护排水不完善	软基；排水不畅	加铺经编复合增强防裂布或聚酯玻纤布

1. 路基不均匀沉降

路面不均匀沉降见图10-44。

原因分析：

造成已铺筑水泥路面出现坑凹。路基是路面的基础，路基不均匀沉陷，必然会引起路面的不平整，分析其原因，不外乎路基填料控制不好。

防治措施：

严禁采用建筑垃圾、工业垃圾填筑路基，特别是不可以采用高液限黏土，否则会不同程度地出现路基不均匀沉陷。

图 10-44　路基不均匀沉降

2. 特殊地基路段，路基防护排水不完善

原因分析：

某些路的部分路基发生了沉陷，是由于对原地基勘探不详，有部分路基修筑在软土地段，因软土的压缩性大，在自重的作用下产生沉降，部分路段是由于路基的防护、排水系统不完善，造成湿陷性黄土的不均匀沉陷、水流不畅，引起路基变形。

防治措施：

加铺经编复合增强防裂布或聚酯玻纤布。加铺粘结层见图10-45。

10.4.4　沥青混凝土摊铺

做法参照10.2.3节相关内容。

图 10-45　加铺粘结层

第11章 案例分析

11.1 岳阳市城区王家河水环境综合治理控源截污工程

11.1.1 工程概况

王家河水环境综合治理工程地处湖南省岳阳市中心城区。工程项目总投资约 7.32 亿元，建安费约 5.55 亿元，分为控源截污工程、河道治理工程及调蓄池工程三个子项。其中控源截污工程包含道路管网雨污分流、小区管网改造、泵站施工及管道清淤修复，新建管网约 55km。

11.1.2 施工工艺流程

施工工艺流程见图 11-1。

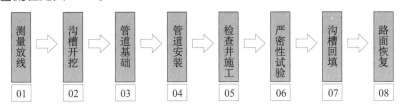

图 11-1 施工工艺流程图

11.1.3 质量控制措施

11.1.3.1 准备工作

（1）按照设计图纸放出管道中心线、开挖边线、坡脚线、检查井位置，并用红色油漆等做好标记。

（2）直线段每 10m 设置一个高程控制点。

（3）路面切缝应平整顺直，切缝深度宜大于 10cm。

（4）路面破除前应先进行打洞，孔洞呈梅花形布置，间距 400mm 左右。

11.1.3.2　沟槽开挖

（1）深度≥3m或地质复杂的，应按设计要求做沟槽支护。沟槽支护见图11-2。

（2）深度≥3m时且人工开挖的沟槽，应分层开挖，每层厚度不大于2m。

（3）全面开挖前，应按要求进行人工探挖，探挖点宜根据管线产权单位交底确定。

（4）深度≤3m的沟槽，放坡比例宜为1:0.25～1:1.25，具体以设计要求为准。

（5）槽底宽度应根据管材类型、管道规格、管道连接方式确定。

（6）堆土距沟槽边缘不小于1m，高度不应超过1.5m。

（7）采用机械开挖的沟槽，应预留20～30cm进行人工清底。开挖成型效果见图11-3。

图11-2　沟槽支护　　　　　　　　　图11-3　开挖成型效果

11.1.3.3　管道基础

（1）沟槽地基承载力不小于100kPa，不满足要求时应按设计要求进行地基处理。

（2）管道基础垫层为中粗砂，聚乙烯缠绕结构壁管（B型）、聚乙烯（PE100）管厚度为150mm（具体以设计图纸为准），钢筋混凝土管材垫层厚度依据设计图纸和《06MS201：市政排水管道工程及附属设施》图集确定。管道砂石基础施工见图11-4。

（3）管道基础施工完成后，应及时进行标高复测和压实度检测。

图11-4　管道砂石基础

11.1.3.4 管道连接

（1）聚乙烯缠绕结构壁管（B型）采用电热熔连接，聚乙烯（PE100）管采用热熔对接，钢筋混凝土管采用橡胶圈承插连接。管道电熔连接见图 11-5，管道热熔连接见图 11-6。

（2）化学管材连接时应注意控制连接参数，防止熔接过度或熔接不足。

（3）管道连接前，应对管口进行清理。

图 11-5　电熔连接　　　　　　　　　　　图 11-6　热熔连接

11.1.3.5 管道安装

（1）管道安装应平整顺直，管道连接处应采用密实沙袋进行固定，管道端口应采用编织袋等进行临时封闭。管道临时封堵见图 11-7，管道固定见图 11-8。

（2）管道铺设完成后，应及时对标高进行复测。

图 11-7　临时封堵　　　　　　　　　　　图 11-8　管道固定

11.1.3.6 闭水试验

（1）污水、雨污水合流管道及湿陷土、膨胀土、流砂地区的雨水管，必须经严密性试验合格后方可投入运行。

（2）应在回填前进行，并检查沟槽、管道、检查井质量情况，无问题后准备好封堵设施进行封堵。

（3）无压管道一般选择闭水试验，原则上一次试验段长度不超过五个连续井段。管径700mm及以上的，抽取三分之一进行闭水试验，管径小于700mm的，全段做闭水试验。

（4）依据《给水排水管道工程施工及验收规范》（GB 50268—2008）要求，当实际渗水量小于等于允许渗水量时，即试验合格。

（5）当施工单位自检合格后，通知建设单位、监理单位、设计单位、运维单位（若建设单位要求）进行现场举牌验收，现场验收观测时间不少于30min。验收合格后，各方在验收记录表上签字确认。闭水试验举牌验收见图11-9。

图 11-9　举牌验收

11.1.3.7　管道回填

（1）沟槽底至管顶500mm范围内均采用设计要求的材料进行分层回填，每层回填厚度不宜大于200mm。回填方式应采用人工对称回填，并采用轻型压实设备进行夯实。

（2）管顶500mm以上至道路结构层底部范围内，采用符合要求的原状土或素土进行分层、对称回填，采用机械碾压，分层厚度不宜大于400mm。管道回填夯实见图11-10。

（3）沟槽回填接茬位置应留设阶梯型台阶。

图 11-10　回填夯实

11.2 芜湖市城区污水系统提质增效（一期）项目污水管网整治工程

11.2.1 工程概况

工程地处安徽省芜湖市中心城区。芜湖市位于安徽省东南部，地处长江下游，长江自芜湖市城区西南向东北缓缓流过，青弋江自芜湖市城区东南向西北穿城区而过，汇入长江。工程整治区域具体涵盖朱家桥、城南、城东、三山（滨江）4 大污水系统纳污范围。工程整治内容为芜湖市管网混接点整治和非开挖管网修复，目前主要采用的非开挖管网修复方法有紫外光原位固化法、热水翻转原位固化法、点状原位固化法。

11.2.2 施工工艺

11.2.2.1 紫外光原位固化法

本工程三小路 74ws4450～74ws4454 管段采用紫外光原位固化法对原有管道进行修复，修复前及修复后见图 11-11、图 11-12。

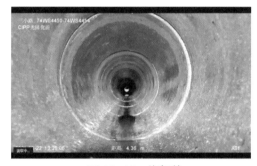 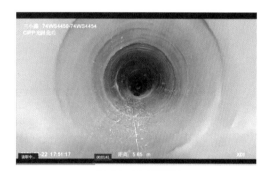

图 11-11 修复前   图 11-12 修复后

紫外光固化内衬修复技术施工工艺流程主要包括施工准备、软管拉入、安装扎头、软管固化、端口处理 5 个阶段。现场施工过程见图 11-13。

图 11-13 现场施工过程

施工准备阶段主要包括管道预处理及场地布置。紫外光固化内衬修复技术是依托原有管道形状形成内衬管的技术。因此，施工前需对原有管道进行预处理，对于存在功能性缺陷的管道，必须疏通干净，不得有淤积及障碍物。对于存在结构性缺陷的管道，必须进行预处理后再进行内衬修复。预处理完成后，应根据现场情况合理安排进场设备、材料。紫外光固化内衬修复技术对管道施工顺序没有明确规定，既可以从上游管道开始施工，也可以从下游管道开始施工。

　　软管拉入阶段主要包括牵拉底膜、滑轮安装、软管拉入等工作内容。底膜的作用主要是防止软管拉入过程中磨损，同时可以减少拉入过程中的摩擦力，施工时应将底膜放置于原有管道底部，并应覆盖大于 1/3 的管道周长。底膜拉入见图 11-14。滑轮安装主要包括井底滑轮安装和井口滑轮安装，其作用都是为了方便牵拉软管时牵拉绳的转向及减小摩擦力。井底滑轮安装见图 11-15。

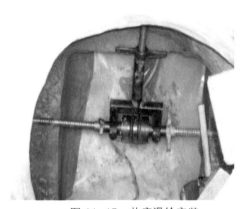

图 11-14　底膜拉入　　　　　　　　　　图 11-15　井底滑轮安装

　　检查井口直径一般为 600～700mm，因此软管拉入前应先将软管折叠。软管牵拉过程中应边牵拉，边折叠，边送入检查井内，整个过程确保软管沿底膜平稳、平整、缓慢地拉入原有管道，拉入速度不得大于 5m/min，不得发生软管纵向拥挤现象，必要时可加工折叠下料架辅助施工。软管牵拉见图 11-16。

图 11-16　软管牵拉

　　安装扎头的目的是为后面充气做准备，每个扎头上应捆绑至少三条扎带。扎头应安装在软管内膜之间。扎头安装见图 11-17。

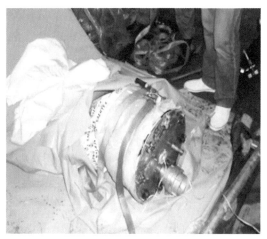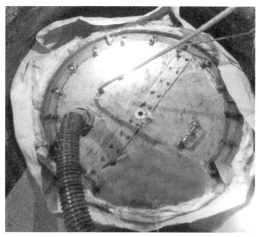

图 11-17 扎头安装

软管固化阶段主要包括灯架放入、充气保压、回拉固化等工作内容。首先应将紫外光灯安装在灯架上，然后将灯架通过扎头放入软管内，灯架放入时应采用空气锁技术逐渐放入，放入过程中避免损害软管内膜。

灯架放入后锁紧扎头，接入充气管道，通过压缩空气使软管充分扩张紧贴原有管道内壁，充气过程中压力应缓慢升到工作压力，并维持一定时间。不同规格软管的工作压力不同，一般管径越大，工作压力越小，在保压过程中应将灯架牵拉至管道另一端。

保持压力一定时间后开始固化，按规定依次打开灯架上的紫外光灯，然后以一定速度回拉灯架，整个固化过程中应根据温度感应器显示的温度调整回拉速度，一般管内温度在80℃以上表明固化情况较好。

回拉灯架到检查井处管口后，顺次关掉紫外光灯。固化过程中内衬管内部应保持压力使内衬管与原有管道紧密接触。图 11-18 为软管充气膨胀时灯架上的摄像头反馈的照片，图 11-19 为固化阶段灯架上的摄像头反馈的照片。待软管固化完成后，缓慢释放管道内的压力，待管道内压力降到和周围压力相等后，卸掉扎头，取出灯架，将内膜拉出。

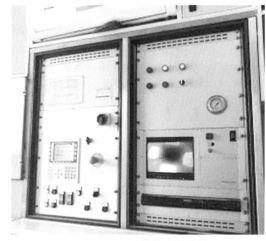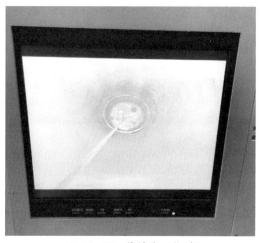

图 11-18 软管充气膨胀   图 11-19 紫外光固化过程

端口处理阶段主要包括端口切割、中间检查井切割等工作内容。采用专用工具切除内衬管端口的多余部位，使得内衬管端口与原有管道端口平齐。对于多段管道一起修复的内衬管，中间检查井处也应切开。

11.2.2.2 热水翻转原位固化法

本工程经二路 127WS1449～127WS1448 管段采用的就是热水翻转原位固化法对原有管道进行修复，修复前见图 11-20，修复后见图 11-21。

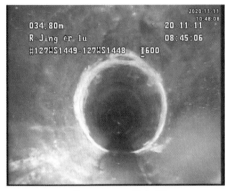
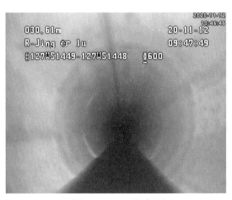

图 11-20 修复前　　　　　　　　　　图 11-21 修复后

热水翻转原位固化法修复工艺是将浸满热固性树脂的毡制软管用注水翻转的方法将其送入旧管内，送入后，利用水使树脂软管膨胀并紧贴在旧管内，然后通过温水循环加热，使具有热硬化性的树脂软管硬化成型，旧管内形成一层高强度的内衬新管。现场施工过程见图 11-22。

图 11-22 现场施工过程

1. 施工前

（1）在管道封堵、抽水、冲洗施工后，管道缺陷点情况达到管道修复施工的要求时，方可进行管道修复施工。

（2）现场负责人及现场班组对需施工路段管道资料进行核对与研究，决定施工时间。

（3）现场施工安全交底，并对现场负责人及小组长进行具体工作安排。

（4）进入施工现场前，先对施工设备及施工车辆进行安检及调试工作，试运转 10min。

（5）进入现场，在现场施工处设置安全维护，检查道路施工围栏是否安全，每天设置一名安全交通疏导员，安全标语、安全带摆放合理。

（6）在施工井上部制作翻转作业台。要使之坚固、稳定，以防止发生事故影响正常工作。

2. 施工中

（1）树脂软管的翻转准备工作。

在事先已准备的翻转作业台上，把通过保冷运到工地的树脂软管安装在翻转头上，同时做好接上空压机等翻转准备工作。如果天气炎热，要在树脂软管上加盖防护材料以免提前发生固化反应而影响工程进度及质量。

（2）翻转送入树脂软管。

在事先已铺设好的辅助内衬管内，应用压缩空气和水把树脂软管通过翻转送入管内。此时要防止材料被某一部分障碍物勾住或卡住而不能正常翻转。这样会影响施工时间，给后续工序造成不便。树脂软管作业示意图见图 11-23。

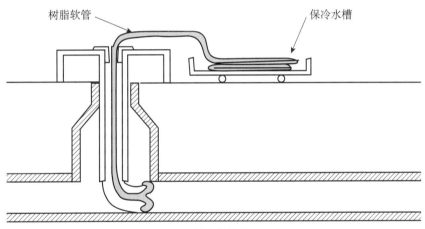

图 11-23 树脂软管作业示意图

（3）树脂管加热固化。

树脂软管翻转送入管内后，在管内接入温水输送管。同时把温水泵、锅炉等连接起来，开始树脂管加热固化工作。此时要注意不要接错接口，以免发生热水不能送入等情况。在温水管、温水泵、锅炉、空压机等连接后，对树脂管开始加热固化。此时要严格做好温度管理和掌握好时间，以免发生管道质量问题。

一般的加热温度分两个阶段，第一阶段约为 70℃，第二阶段约为 80℃，固化加热时间每阶段约为 3～5h。每阶段的时间根据管径、材料厚度、地下水温度、气温以及其他因素确定。

（4）管头部的切开。

树脂管加热固化完毕以后，把管的端部用特殊机械切开。同时为了保证良好的水流条件，在井的底部做一个斜坡。树脂软管端部操作示意图见图 11-24。

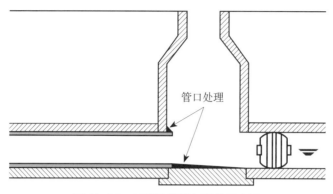

图 11-24　树脂软管端部操作示意图

3. 施工后

（1）施工后管内检测。为了了解固化施工后管道内部的质量情况，在管端部切开之后，对管道内部进行调查。调查采用 CCTV 检测设备，把调查结果拍成录像资料。根据调查结果和拍成的录像，把结果提供给发包方。

（2）整理和善后工作。整个工作完成以后，工地现场恢复到原来的状况。

11.2.2.3　点状原位固化法

本工程中江大道 483WS4621～204WS591 管段采用点状原位固化法对原有管道进行修复。修复前见图 11-25，修复后见图 11-26，现场施工过程见图 11-27。

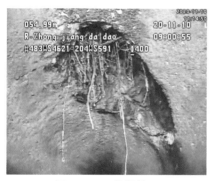

图 11-25　修复前

图 11-26　修复后

图 11-27　现场施工过程

点状原位固化法修复工艺如下:

(1)根据管道闭路电视(CCTV)检测的数据资料,确定所要修复的管径及缺陷尺寸,然后确定玻璃纤维布的尺寸,并进行裁剪。

(2)按照玻璃纤维布的用量计算树脂用量,并用量具称量,按照一定的比例、时间混合、搅拌,见图 11-28。

(3)将搅拌后的混合树脂倒在玻璃纤维布上,采用滚筒进行碾刮,使树脂充分浸润玻璃纤维布,见图 11-29。

图 11-28 树脂混合

图 11-29 浸润树脂

(4)把充分浸润树脂的玻璃纤维布缠绕在专用管道内衬修补器上,修补器应事先缠绕一层塑料薄膜,然后将浸润树脂的玻璃纤维布包裹在橡胶气囊上,并用细铁丝捆紧,见图 11-30、图 11-31。

(5)将包裹玻璃纤维布的修补器牵拉进入待修复的管道内,并在 CCTV 的监控下牵拉至管道缺陷部位。

(6)保持充气气囊压力 1h 使材料固化。

图 11-30 缠绕塑料薄膜

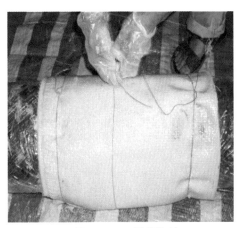

图 11-31 捆绑铁丝

(7)向修补器内充气,使其膨胀,使材料与管壁紧密粘贴在一起。对于接口错位、脱节部位，由于玻璃纤维材料在固化前本身没有刚度，因此在气压作用下玻璃纤维材料在接口错位、脱节部位处可与管壁粘贴在一起，内衬材料强度以及与原有管道的粘结强度足以承受管道外侧水压及管内水流冲刷。

（8）管道内衬修补器放气、撤离，固化后的玻璃纤维紧密粘贴在管道内壁上，修复工作完成。

11.2.3　质量控制要点

（1）采用原位固化法进行局部修复施工时，每一个单位工程在相同施工条件下的同一批次产品应现场制作样品板进行取样检测。

（2）不含玻璃纤维原位固化法内衬管的短期力学性能和测试方法应符合 GB/T 9341—2008 及 GB/T 1040.2—2006 的规定，含玻璃纤维的原位固化法内衬管的短期力学性能要求和测试方法应符合 GB/T 1449—2005 及 GB/T 1040.4—2006 的规定。

（3）修复后应按照《给排水管道工程施工及验收规范》（GB 50268—2008）的要求进行验收。

（4）修复后的管道内应无湿渍，不得出现滴漏、线漏等渗水现象。

（5）内衬管表观质量应符合下列规定：

①内衬管表面应光洁，无局部孔洞、贯穿性裂纹和软弱带。

②局部划伤、磨损、气泡或干斑的出现频次每 10m 不大于 1 处。

③内衬管褶皱应满足设计要求，当设计无要求时，最大褶皱不应超过 6mm。

④内衬管应与原有管道贴附紧密。

附录　参考指南、规范

附录A　指南、导则

（1）住建部《海绵城市建设技术指南——低影响开发雨水系统构建（试行）》

（2）住建部《海绵城市建设绩效评价与考核指标（试行）》

（3）《公路水泥混凝土路面再生利用技术细则》（JTG/T F31—2014）

（4）《公路水泥混凝土路面施工技术细则》（JTG/T F30—2014）

（5）《公路路面基层施工技术细则》（JTG/T F20—2015）

附录B　设计、技术类相关规范

（1）《市政工程地质勘察规范》（DBJ 50-174—2014）

（2）《工程测量规范》（GB 50026—2007）

（3）《泵站设计规范》（GB 50265—2010）

（4）《公路桥涵设计通用规范》（JTG D60—2015）

（5）《室外给水设计标准》（GB 50013—2018）

（6）《室外给水排水和燃气热力工程抗震设计规范》（GB 50032—2003）

（7）《给水排水工程管道结构设计规范》（GB 50332—2002）

（8）《给水排水工程构筑物结构设计规范》（GB 50069—2002）

（9）《混凝土结构设计规范》（GB 50010—2010）（2015版）

（10）《砌体结构设计规范》（GB 50003—2011）

（11）《城市道路工程设计规范》（CJJ 37—2012）

（12）《岩土锚杆与喷射混凝土支护工程技术规范》（GB 50086—2015）

（13）《建筑基坑支护技术规程》（JGJ 120—2012）

（14）《建筑边坡工程技术规范》（GB 50330—2013）

（15）《基坑工程内支撑技术规程》（DB 11/940—2012）

（16）《建筑桩基检测技术规范》（JGJ 106—2014）

（17）《锚杆喷射混凝土支护技术规范》（GB 50086—2001）

（18）《城镇给水排水技术规范》（GB 50788—2012）

（19）《城市综合管廊工程技术规范》（GB 50838—2015）

（20）《装配式混凝土结构技术规程》（JGJ 1—2014）

（21）《建筑与小区雨水利用工程技术规范》（GB 50400—2016）

（22）《土工合成材料应用技术规范》（GB/T 50290—2014）

（23）《雨水集蓄利用工程技术规范》（GB/T 50596—2010）

（24）《透水水泥混凝土路面技术规程》（CJJ/T 135—2009）

（25）《透水砖路面技术规程》（CJJ/T 188—2012）

（26）《种植屋面工程技术规程》（JGJ 155—2013）

（27）《给水排水工程顶管技术规程》（CECS 246：2008）

（28）地下工程防水技术规范（GB 50108—2008）

（29）《水平定向钻法管道穿越工程技术规程》（CECS 382—2014）

（30）《地下管道非开挖铺设工程水平定向钻施工技术规程》（DB13/T 5188—2020）

（31）《城镇给水管道非开挖修复更新工程技术规程》（CJJ/T 210—2016）

（32）《城镇排水管道检测与评估技术规程》（CJJ 181—2012）

（33）《翻转式原位固化法排水管道修复技术规程》（DB33/T 1076—2011）

（34）《城镇排水管渠与泵站运行维护安全技术规程》（CJJ 68—2016）

（35）《排水管道电视和声纳检测评估技术规程》（DB31/T 444—2009）

（36）《公路路基施工技术规范》（JTG F10—2019）

（37）《路面稀浆罩面技术规程》（CJJ/T 66—2011）

（38）《公路土工合成材料应用技术规范》（JTG/T D32—2012）

（39）《公路沥青路面再生技术规范》（JTG F41—2008）

（40）《涂覆涂料前钢材表面处理 表面清洁度的目视评定 第 1 部分：未涂覆过的钢材表面和全面清除原有涂层后的钢材表面的锈蚀等级和处理等级》（GB/T 8923.1—2011）

（41）《道路交通标志和标线》（GB 5768—2009）

（42）《路面标线涂料》（JT/T 280—1995）

（43）《硬质道路石油沥青》（GB/T 38075—2019）

（44）《水泥混凝土路面嵌缝密封材料》（JT/T 589—2004）

（45）《沥青路面用木质素纤维》（JT/T 533—2004）

（46）《绿化种植土壤》（CJ/T 340—2016）

（47）《顶进施工法用钢筒混凝土管》（JC/T 2092—2011）

（48）《土工合成材料聚乙烯土工膜》（GB/T 17643—2011）

（49）《透水路面砖和透水路面板》（GB/T 25993—2010）

（50）《预应力混凝土用钢绞线》（GB/T 5224—2014）

（51）《预应力混凝土用钢棒》（GB/T 5223.3—2017）

附录C 施工、验收类相关规范

（1）《钢结构焊接规范》（GB 50661—2011）

（2）混凝土质量控制标准（GB 50164—2011）

（3）《盾构隧道管片质量检测技术标准》（CJJ/T 164—2011）

（4）《混凝土强度检验评定标准》（GB/T 50107—2010）

（5）《公路工程质量检验评定标准》（JTG F80/1—2017）

（6）《公路路基路面现场测试规程》（JTG E60—2008）

（7）《公路工程集料试验规程》（JTG E42—2005）

（8）《公路工程土工合成材料试验规程》（JTG E50—2006）

（9）《公路工程沥青及沥青混合料试验规程》（JTG E20—2011）

（10）《给水排水管道工程施工及验收规范》（GB 50268—2008）

（11）《建筑地基基础工程施工质量验收标准》（GB 50202—2018）

（12）《建筑工程施工质量验收统一标准》（GB 50300—2013）

（13）《给水排水构筑物工程施工及验收规范》（GB 50141—2008）

（14）《工业金属管道工程施工规范》（GB 50235—2010）

（15）《砌体工程施工质量验收规范》（GB 50203—2011）

（16）《现场设备、工业管道焊接工程施工规范》（GB 50236—2011）

（17）《水利泵站施工及验收规范》（GB/T 51033—2014）

（18）《钢筋焊接及验收规范》（JGJ 18—2012）

（19）《地下防水工程质量验收规范》（GB 50208—2011）

（20）《园林绿化工程施工及验收规范》（CJJ 82—2012）

（21）《混凝土结构工程施工质量验收规范》（GB 50204—2015）

（22）《盾构法隧道施工及验收规范》（GB 50446—2017）

（23）《顶管工程施工及验收技术规程》（DB13/T 2815—2018）

（24）《城镇道路工程施工与质量验收规范》（CJJ 1—2008）

（25）《城市道路照明工程施工及验收规范》（CJJ 89—2012）